Statistique descriptive et inférentielle avec Excel

Collection « Pratique de la Statistique »

Pierre-André CORNILLON et autres,
Statistiques avec R, 2e édition augmentée, 2010, 276 p.

François HUSSON, Sébastien LÊ et Jérôme PAGÈS,
Analyse de données avec R, 2009, 226 p.

Agnès HAMON et Nicolas JÉGOU,
Statistique descriptive. Cours et exercices corrigés, 2008, 210 p.

Jean-Pierre GEORGIN et Michel GOUET,
Statistiques avec Excel. Descriptives, tests paramétriques et non paramétriques à partir de la version Excel 2000, 2005, 344 p.

François HUSSON et Jérôme PAGÈS,
Statistiques générales pour utilisateurs, 2. Exercices et corrigés, 2005, 326 p.

Jérôme PAGÈS,
Statistiques générales pour utilisateurs, 1. Méthodologie, 2005, 212 p.

Argentine VIDAL,
Statistique descriptive et inférentielle avec Excel. Approche par l'exemple, 2004, 290 p.

Laurent FERRARA et Dominique GUÉGAN,
Analyser les séries chronologiques avec S-Plus. Une approche paramétrique, 2002, 160 p.

Jean-Pierre GEORGIN,
Analyse interactive des données avec Excel 2000, 2002, 188 p.

Jean-Jacques DAUDIN, Stéphane ROBIN et Colette VUILLET,
Statistique inférentielle. Idées, démarches, exemples, 1999, 186 p.

Brigitte ESCOFIER et Jérôme PAGÈS,
Initiation aux traitements statistiques. Méthodes, méthodologie, 1997, 264 p.

Thierry FOUCART,
L'analyse des données. Mode d'emploi, 1997, 200 p.

Argentine Vidal

Statistique descriptive et inférentielle avec Excel

Approche par l'exemple

2e édition

Pratique de la statistique
Presses universitaires de Rennes
2010

UHB Rennes 2 – Campus La Harpe
2, rue du doyen Denis-Leroy
35044 Rennes Cedex

www.pur-editions.fr

Dépôt légal : 2e semestre 2010
ISBN : 978-2-7535-1182-8

1. INTRODUCTION

Actuellement, l'informatique s'impose presque partout. Elle est à la portée d'un très grand nombre de personnes tant par sa facilité d'utilisation que par la saine boulimie de connaissance (passion d'Internet!) ainsi que par le prix de plus en plus abordable des produits informatiques. Par ailleurs, l'homme cherche en permanence à progresser dans sa vie professionnelle, dans ses études, dans sa vie personnelle,... Le plus souvent, l'informatique est l'outil fondamental dans ces avancées d'où la multiplicité d'études, expériences, enquêtes dans pratiquement tous les domaines: biologie, agronomie, santé, commerce, sécurité, sociologie, etc. Ainsi sont recueillis divers ensembles de données chiffrées et qualitatives. Selon les domaines et les objectifs, les bases de données peuvent être grandes ou limitées.

Ensuite apparaît l'exploitation de cette information et là intervient la **statistique appliquée**, objet de notre ouvrage.

Voici un schéma *d'étude globale synthétisant la démarche statistique à adopter.*

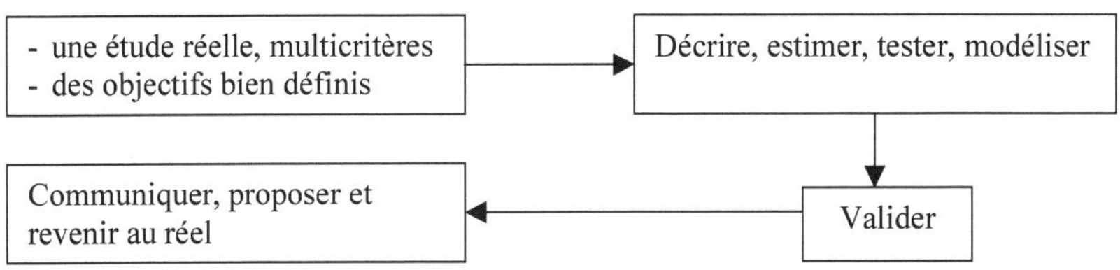

La première étape consiste à classer les données, les décrire, "les faire parler". C'est l'objet de la **statistique descriptive**. Les données sont résumées à l'aide de paramètres, synthétisées au moyen de tableaux et de graphiques. Dans cette étape, on se limite à l'espace de ses données. On peut décrire une population. Indépendamment, on peut décrire un échantillon. Mais on ne fait aucune relation "échantillon, population". L'étude peut n'être que descriptive, soit parce que c'est la seule possible, soit par choix personnel (pour diverses raisons, on considère qu'elle est suffisante). Ce type d'études est d'ailleurs très fréquent ; il suffit de penser aux nombreux résultats d'enquêtes publiées dans les médias.

Fréquemment, il est nécessaire de replacer ses données dans un environnement "population, échantillon" : c'est la **statistique inférentielle**. Soit on connaît bien la population dans un "bon état" et le prélèvement périodique d'un échantillon permet de vérifier précisément le "bon état" de la population, soit on ne connaît pas une population et on l'approche à partir d'échantillons. C'est ici qu' intervient la prise de conscience de l'existence de risques, parfois difficiles à évaluer.

En ce qui concerne les tests statistiques, pour guider les praticiens vers le test le plus approprié au problème qui leur est soumis, nous proposons un tableau récapitulatif des tests associés aux exemples étudiés dans cet ouvrage.

Cet ouvrage, plus destiné aux utilisateurs professionnels qu'aux chercheurs, vise à fournir les principaux outils de la statistique descriptive et surtout de la statistique inférentielle. Après que l'utilisateur ait bien défini son objectif, il s'agit de lui indiquer comment aborder son problème, comment fiabiliser ses résultats, et quels risques sont attachés à ses conclusions. L'objectif est de fournir les premiers outils indispensables, souples et malléables.

Notre ambition est d'apprendre à l'utilisateur à "apprivoiser les données". Par exemple, les variables se prêtent à divers recodages, donc diverses "déformations". De prime abord, cette diversité peut inquiéter, car spontanément, chacun aspire à une réponse binaire certaine :

oui ou non. La réalité est cependant beaucoup plus complexe, la diversité des "déformations" est une richesse. Les divers recodages possibles fournissent un outil souple permettant de s'adapter plus facilement à l'originalité de son cas, un outil favorisant les initiatives.

Concernant la *méthode de pédagogie*, l'ouvrage est conçu pour faciliter la pratique statistique des utilisateurs. Chaque technique statistique est introduite à partir d'un exemple. Ensuite, sont exposés l'outil théorique et la démarche statistique. Ces concepts sont suivis des calculs réalisés au moyen d'Excel. Généralement, plusieurs résolutions sont proposées : une première solution de type "manuel", destinée à comprendre l'outil, suivie de solutions plus rapides. Ce choix, à visée pédagogique, permet à l'utilisateur de maîtriser la méthode statistique sous-jacente.

Les exemples sont divers : études techniques, problèmes commerciaux, études d'images et d'évaluation, etc... La plupart des exemples et études de cas sont inspirés d'études réelles proposées par divers organismes (Chambres d'Agriculture, laboratoires d'analyse physico-chimiques, INRA, laboratoires d'analyses sensorielles, banques, sociétés agro-alimentaires, PME, etc...). Pour des raisons évidentes de confidentialité, l'intégralité des données, les données précises, les noms des sociétés, des produits,... n'ont pu être indiqués.

L'outil de calcul proposé est Excel, logiciel présent un peu partout, particulièrement convivial, et, de plus, pourvu de nombreuses fonctions statistiques et mathématiques. Il permet de tester en direct la stabilité des résultats : on peut modifier ou écarter une ou plusieurs valeurs, et visualiser instantanément les conséquences. C'est aussi un outil de simulation particulièrement intéressant. Excel permet de "piloter" ses données, d'adapter ses calculs, ses feuilles à ses besoins.

C'est dans un esprit de communication "vivante" avec ses propres données que nous faisons le choix de privilégier l'utilisation des fonctions Excel plutôt que celle de l'utilitaire d'analyse (complément statistique des macros complémentaires). Ce choix favorise l'initiative et la création appropriée à son propre type de problème ainsi que la réutilisation des procédures de calcul, on peut ainsi créer des modèles.

Il est vrai que l'utilitaire d'analyse fournit rapidement de nombreux résultats numériques ce qui peut être précieux dans certains cas, notamment quand l'enchaînement des formules et des calculs est relativement long comme par exemple la régression linéaire multiple. Cependant, ses résultats sont figés. De plus, quelques maladresses de traduction entraînent parfois des erreurs d'interprétation. Nous décrirons néanmoins les résultats fournis par l'utilitaire mais nous les présenterons de façon presque systématique comme une "dernière méthode".

A l'inverse, aucune "macro" n'est présente dans cet ouvrage. Nous considérons que l'intérêt n'est pas de créer un logiciel de statistique, le marché en offre déjà suffisamment.

Régulièrement, de nouvelles versions d'Excel apparaissent. La dernière est datée de 2007 (et bientôt 2010...). Aux utilisateurs des versions antérieures, nous indiquons dans l'Annexe comment accéder aux fonctionnalités statistiques dans Excel 2007.

Cet ouvrage est destiné aux professionnels (ingénieurs et techniciens en agronomie et agro-alimentaire, vétérinaires, sociologues, responsables marketing et études de marché, ...), aux étudiants en agronomie, biologie, commerce, sociologie,..., et aussi à mes collègues Professeurs de Statistique et autres matières.

Première Partie

STATISTIQUE DESCRIPTIVE

2. STATISTIQUE DESCRIPTIVE UNIVARIEE

2.1. INTRODUCTION

Dans toute étude concrète, dès que la collecte des données est terminée, on en organise la saisie : d'abord mise en ordre de l'information, classement par thème puis par type de variable.

L'exploitation des résultats débute généralement par la description de chacune des variables, considérée isolément. On réalise une "photo" de chacune des variables. C'est ce que l'on appelle "*Analyse statistique descriptive univariée (ou unidimensionnelle)*".

On distingue différents types de variables.

- Les variables qualitatives comme par exemple le sexe, les questions à réponse "oui" ou "non", mais aussi la région géographique, la variété ou la race (élevage), professions, etc.
- Les variables quantitatives, parmi lesquelles on peut encore distinguer :
  - les variables discrètes (nombre d'enfants par foyer, nombre de grappes de raisin par souche, etc.) Entre deux valeurs successives, aucune autre valeur n'est possible. L'ensemble des valeurs prises par de telles variables aléatoires est dénombrable.
  - les variables continues comme la taille, le poids, la teneur en sucre d'un fruit et, de façon générale, toutes les variables mesurables à l'aide d'un instrument. Entre deux valeurs successives, il peut exister une infinité de valeurs. L'ensemble des valeurs prises par de telles variables est une partie de R.

➢ *Remarque :* entre ces différentes familles de variables, les frontières sont rarement infranchissables. Par exemple, les variables quantitatives continues, de type mesure, pourront être considérées comme discrètes si l'on prend en compte la précision de l'instrument de mesure. Les variables discrètes prenant un très grand nombre de valeurs pourront être traitées comme les variables continues.

Toutes les variables quantitatives pourront être découpées en classes et ainsi transformées en variables qualitatives (comme par exemple les "tranches" d'imposition).

Les variables qualitatives ordinales comme le niveau d'appréciation d'un produit ("pas apprécié", "peu apprécié", "apprécié", "très apprécié") peuvent être codées selon une note exprimant le gradient et, par suite, traitées statistiquement comme des variables quantitatives.

EXEMPLE	TYPE DE VARIABLE	OUTILS	
		RESUME TABLEAUX	GRAPHIQUES
Crises alimentaires	qualitative	Distributions des fréquences absolues et relatives	Diagrammes à secteurs, en bâtons, à barres
Nombre de grappes de raisins par souche	quantitative discrète	- Paramètres statistiques - Distributions de fréquences absolues et relatives	Diagrammes en bâtons
Poids de 100 baies de raisin	quantitative continue	- Paramètres statistiques (moyenne, variance) - Distributions de fréquences sur données réparties en classes	Histogrammes

Tableau 2.1 Outils de statistique descriptive univariée selon le type de variable.

Dans ce chapitre, les principaux éléments de statistique descriptive univariée sont introduits à partir d'exemples concrets.

La description d'une variable qualitative est illustrée par la variable "catégorie socio-professionnelle" présente dans une enquête sur les crises alimentaires.

Celle des variables quantitatives discrètes et continues est illustrée respectivement par les variables "nombre de grappes de raisin par souche" et "poids de 100 baies" observées dans une même étude de terrain.

Les principaux outils statistiques choisis pour décrire ces trois types de variables sont synthétisés dans le tableau récapitulatif 2.1.

2.2. *VARIABLE QUALITATIVE*

Exemple : les crises alimentaires

2.2.1. Présentation des données et position du problème

En 2002, l'auteur a proposé aux étudiants de l'École Supérieure d'Agriculture de Purpan (ESAP) de réaliser une enquête de thème "Les crises alimentaires". Un premier objectif consiste à évaluer l'intérêt, le niveau de culture et le degré de sensibilisation des étudiants pour de tels problèmes d'actualité (ESB, OGM, dioxine, listeria, etc...). Un deuxième objectif, corollaire du précédent, est d'en déduire, pour l'équipe enseignante, une stratégie d'amélioration et de progrès tant au niveau de la formation que de l'éducation.

Dans cet exemple, nous n'aborderons que deux questions très simples permettant d'illustrer la description statistique de variables qualitatives.

Pour approfondir le dépouillement de l'enquête et voir si les réponses aux questions importantes de cette enquête pouvaient être liées à l'origine sociale de la famille, il a été demandé d'indiquer la profession des parents (chef de famille). Après avoir parcouru les fiches des participants, ce caractère intitulés CSP (catégorie socio-professionnelle) a été recodé selon 6 modalités ou classes suivantes :

- Ouvrier
- Employé
- Agriculteur
- Professions intermédiaires
- Chef d'entreprise
- Retraité.

278 étudiants ont répondu à l'enquête et on a obtenu les résultats indiqués sur le tableau 2.2 suivant.

CSP	OUVRIER	EMPLOYE	AGRICULTEUR	PROFESSION INTERMEDIAIRE	CHEF D'ENTREPRISE	RETRAITE
effectifs	3	17	86	156	10	6

Tableau 2.2 Effectifs selon les CSP

Dans cet exemple, nous nous intéresserons à une autre question posée aux étudiants qui, rappelons-le, deviendront, pour une bonne partie d'entre eux, ingénieurs dans des secteurs agricoles, agro-alimentaires, etc. Quel doit être, selon eux, le degré de responsabilité des gouvernements face à de telles questions de salubrité publique ? La réponse possible a été proposée sous la forme d'une échelle croissante de 1 (très peu important) à 5 (très important, fondamental).

Le tableau 2.3 indique les résultats obtenus.

Opinion	très peu important (1)	peu important (2)	assez important (3)	important (4)	très important (5)
Effectifs	5	23	67	104	79

Tableau 2.3 Effectifs selon l'opinion.

Question : réaliser une analyse descriptive de chacune de ces variables.

2.2.2. Outils statistiques et notations

2.2.2.1. Variable qualitative nominale

Notations

Le critère CSP définit une variable qualitative X à k modalités (ou classes) $x_1, x_2, \ldots, x_k$; dans notre exemple : x_1 = ouvrier, x_2 = employé, x_3 = agriculteur, x_4 = professions intermédiaires, x_5 = chef d'entreprise et x_6 = retraité.

L'ordre et le codage des modalités n'ont aucune importance.

La variable qualitative X est dite *nominale*.

Outil statistique

Pour décrire statistiquement une variable qualitative, on utilise les outils élémentaires de distributions de fréquence absolues (effectifs) et relatives visualisées par des graphiques élémentaires de son choix (diagrammes en bâtons, en barres, en secteurs, etc...).

Effectifs	Fréquences absolues	Fréquences relatives
x_1	n_1	n_1 / n
x_2	n_2	n_2 / n
...	...	...
x_k	n_k	n_k / n

avec $n = n_1 + n_2 + \ldots + n_k$

- *Remarque :* tout le monde connaît ce type de description de variables qualitatives, la plupart des médias utilisant ce mode de communication d'informations, clair et convivial.

2.2.2.2. Variable qualitative ordinale

Notations

Le critère étudié est l'opinion relative à l'importance de la responsabilité que doivent assumer les gouvernements face aux questions de sécurité alimentaire. Ce critère définit une variable qualitative Y à p modalités ou classes : $y_1, y_2, \ldots, y_p$. Dans notre exemple p est égal à 5, les modalités proposées étant y_1 = très peu important, y_2 = peu important, y_3 = assez important, y_4 = important et y_5 = très important.

Cette fois, les modalités sont ordonnées selon un gradient (ici, gradient d'importance croissante).

La variable qualitative Y est dite *ordinale* (ou encore de type "*échelle*").

Les distributions de fréquence, identiques à celles présentées pour une variable qualitative nominale, constituent l'outil statistique.

Il est important de remarquer la nuance entre les deux types de variables nominales et ordinales. La présence d'un gradient dans la variable qualitative ordinale permet d'enrichir les exploitations statistiques des cas concrets en assimilant la variable selon les cas à une variable quantitative de type note ou rang ou mesure. La description statistique d'une variable quantitative est présentée dans le paragraphe suivant.

2.2.3. Mise en œuvre sur Excel et résultats

2.2.3.1. Variable CSP des parents (X)

Le tableau 2.4 montre les distributions de fréquences absolues et relatives.

CSP	*FREQUENCES ABSOLUES*	*FREQUENCES RELATIVES*
OUVRIER	3	1%
EMPLOYE	17	6%
AGRICULTEUR	86	31%
PROFESSION INTERMEDIAIRE	156	56%
CHEF D'ENTREPRISE	10	4%
RETRAITE	6	2%
TOTAUX	278	100%

Tableau 2.4 Fréquences absolues et relatives de la variable CSP.

Les fréquences absolues sont les effectifs observés pour chaque modalité.
Les fréquences relatives sont les effectifs observés pour chaque modalité divisés par l'effectif total (278) exprimées ici en pourcentage.

➢*Remarque* : lorsque l'enquête a été saisie dans Excel sous la forme d'une base de données du type ci-contre, la distribution des effectifs peut être obtenue au moyen d'un tableau croisé Excel (guidage par assistant) ou à l'aide de la fonction NB.SI qui permet de calculer le nombre d'occurrences d'une valeur donnée (texte ou nombre) dans une plage de cellules.

Numéro de l'enquête	Profession Chef de famille
1	Employé
2	Agriculteur
3	Employé
...	...

Dans cette boîte, la plage désigne la colonne grisée du tableau ci-dessus. Le critère est la valeur de la CSP que l'on désire compter, ici "ouvrier" : on trouve 3. Cela qui signifie que trois enquêtés parmi les 278 sont issus d'un milieu ouvrier. Il suffit de tirer vers le bas la poignée de recopie pour obtenir les autres valeurs 17, 86, etc...

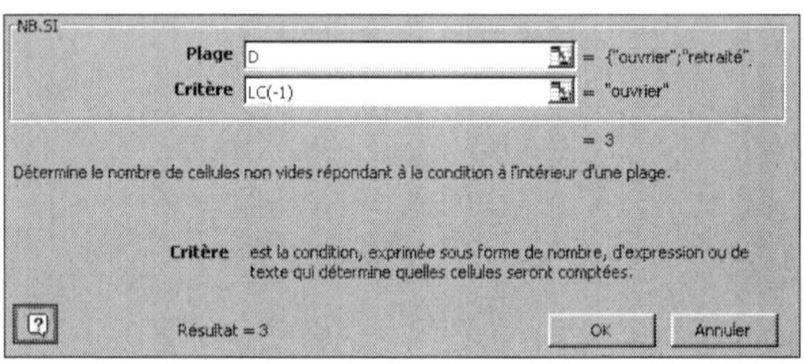

Représentations graphiques

<u>Diagrammes en bâtons et en barres</u>

- sélectionner la colonne des intitulés de CSP et celle des fréquences relatives
- appeler l'assistant graphique
- choisir un histogramme groupé
- choisir les options "esthétiques" voulues.

On obtient les diagrammes représentés sur les Figures 2.1 et 2.2.

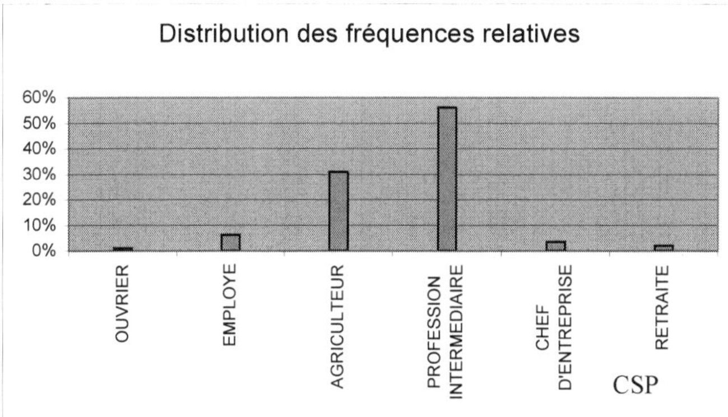

Figure 2.1 Diagramme en bâtons de la variable CSP.

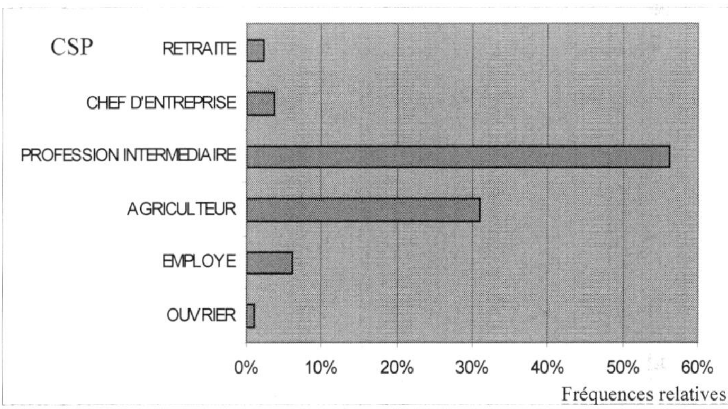

Figure 2.2 Diagramme en barres de la variable CSP.

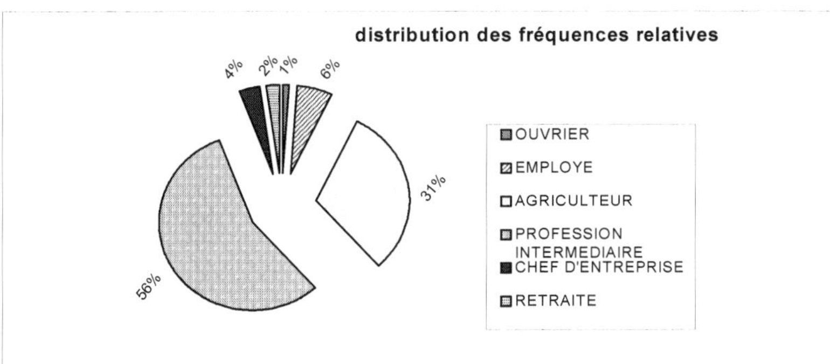

Figure 2.3 Diagramme en secteurs de la variable CSP.

Diagramme en secteurs

Le logiciel se souciant souvent peu d'esthétique, ce type de diagramme souvent appelé "camembert" par les amateurs est quelquefois très alourdi par les couleurs et les mentions de valeurs. Cela les rend illisibles dès que le nombre de modalités devient trop important ou que l' importance de certaines d'entre elles est faible comme l'illustre la Figure 2.3.

Commentaires

Il nous paraît superflu de commenter longuement des tableaux et graphiques très expressifs par nature. Remarquons seulement que deux origines sociales se démarquent.

La CSP "professions intermédiaires" (56%) rassemble plusieurs professions. Cela peut expliquer ce fort pourcentage

En ce qui concerne la CSP "agriculteurs" (31%), il n'est pas étonnant de trouver ce résultat dans l'échantillon enquêté puisqu'une forte proportion d'étudiants est issue de ce milieu.

2.2.3.2. Variable "opinion sur l'importance souhaitée des responsabilités gouvernementales" (Y)

L'analyse descriptive est réalisée de manière identique à la précédente.

- *Remarque :* rappelons que les classes (ou modalités) étant ordonnées selon un gradient de codage de 1 (très peu important) à 5 (très important), la variable qualitative peut être assimilée à une variable quantitative du type "note sur 5". D'autres analyses statistiques étudiées dans la suite peuvent alors enrichir l'exploitation des résultats.

Résultats

Le tableau des fréquences absolues et relatives se présente sous la forme suivante :

Opinion	Fréquences absolues	Fréquences relatives
1. très peu important	5	2%
2. peu important	23	8%
3. assez important	67	24%
4. important	104	37%
5. très important , fondamental	79	29%
TOTAUX	278	100%

Tableau 2.5 Fréquences absolues et relatives de l'opinion.

Les figures 2.4 et 2.5 représentent deux types de graphiques correspondant.

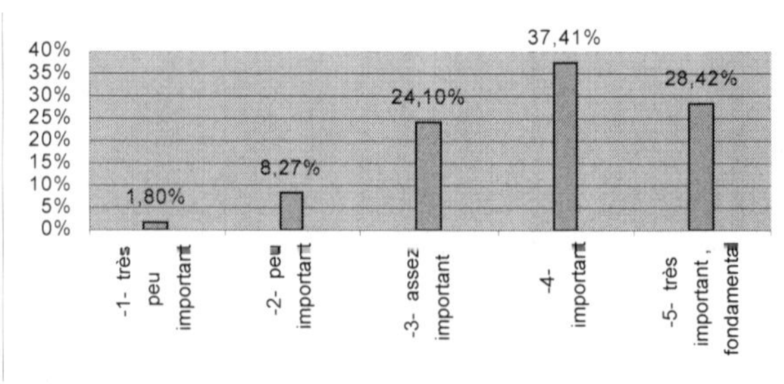

Figure 2.4 Diagramme en bâtons de l'opinion.

Il convient de noter que cette présentation en 3D peut fausser par distorsion visuelle la lecture de ce type de graphique. L'épaisseur des secteurs offre un attrait esthétique mais dangereux !

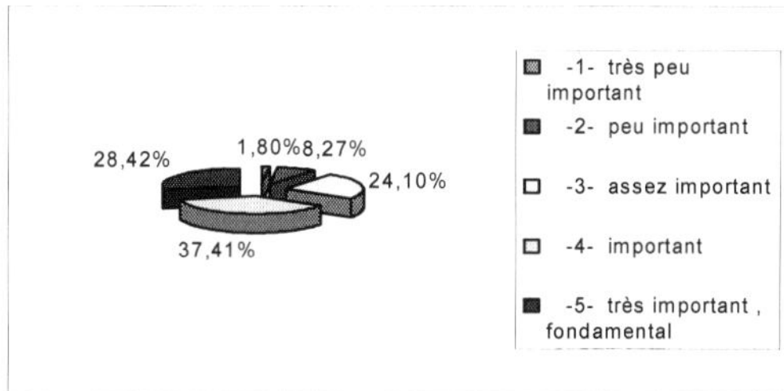

Figure 2.5 Diagramme en secteurs de l'opinion.

Ces représentation se passent de commentaires détaillés. Notons simplement que près de 66% des enquêtés pensent que les gouvernements doivent prendre une part importante, voire très importante à l'examen des problèmes de sécurité alimentaire. L'importance de ce score peut d'autant plus se comprendre si l'on indique au lecteur que, lors d'une question précédente, il était demandé aux enquêtés s'ils pensaient que les gouvernements avaient une part de responsabilité dans les crises alimentaires passées. Le dépouillement avait montré que près de 80% des interrogés en étaient convaincus.

2.3. VARIABLE QUANTITATIVE DISCRETE

Exemple : nombre de grappes de raisin par souche

2.3.1. Présentation des données et position du problème

Lors d'une étude de qualité d'un vin du Sud-Ouest, on est conduit à examiner la productivité de la vigne ; dans un premier temps, on s'intéresse au nombre de grappes par souche.

120 souches ont été tirées au hasard dans des parcelles semblables et on a compté le nombre de grappes portées par chacune d'elles. On observe les résultats suivants :

15	15	13	15	15	13	16	16	16	13	13	14	15	15	14	14	16	14	12	13
12	12	14	12	17	17	15	15	17	17	18	18	13	13	19	19	18	18	12	12
20	20	16	16	15	13	16	19	19	12	12	15	13	14	13	18	18	19	17	17
13	14	13	13	19	19	18	17	12	12	12	15	13	13	14	14	15	15	16	17
17	19	19	20	20	12	12	14	14	16	16	17	17	18	19	19	12	12	13	15
16	15	14	14	14	12	12	19	19	17	17	17	12	12	15	16	17	17	16	17

Tableau 2.6 Nombre de grappes par souche (NGS).

Question : réaliser une analyse statistique descriptive des données observées.

2.3.2. Approche statistique et notations

Nous distinguerons deux familles d'outils de statistique descriptive appropriées à cet exemple :

- les distributions de fréquences, tableaux et graphiques
- les paramètres statistiques.

On note n le nombre d'observations et X la variable statistique "nombre de grappes par souche". X ne prend que des valeurs entières. Entre deux valeurs distinctes successives aucune valeur n'est possible. Par conséquent, X est une variable quantitative discrète.

2.3.3. Distribution des fréquences : tableaux et graphiques (diagrammes en bâtons)

2.3.3.1. Définition des outils statistiques

Un tri des données permet de dégager l'ensemble des valeurs .

La fréquence absolue est le nombre de fois n_i (effectif) qu'une valeur x_i de X est observée :

Valeurs x_i	x_1	x_2	...	x_i	...	x_k
Effectif n_i	n_1	n_2	...	n_i	...	n_k

$n_1 + n_2 + \ldots + n_i + \ldots + n_k = n$

La série $x_1, x_2, \ldots$ est écrite au sens strict : $x_1 < x_2 < \ldots < x_k$.

La fréquence relative associée à x_i est $\frac{n_i}{n}$. La fréquence cumulée associée à x_i est $\sum_{j=1}^{i} \frac{n_j}{n}$.

x_i	Fréquences absolues	Fréquences relatives	Fréquences cumulées
x_1	n_1	n_1 / n	n_1 / n
x_2	n_2	n_2 / n	$(n_1 + n_2) / n$
...	...	...	...
x_k	n_k	n_k / n	1

Les représentations graphiques des fréquences absolues se font généralement au travers de diagrammes en bâtons. Les fréquences cumulées sont visualisées au moyen d'une courbe polygonale.

2.3.3.2. Mise en œuvre au moyen des fonctions Excel et interprétation des résultats

Afin de simplifier l'exposé, on nomme NGS la plage des valeurs observées saisies sur une colonne de 120 lignes.

NGS
15
15
13
...
16
17

Après avoir réalisé un tri de ces valeurs, on saisit la matrice des k valeurs distinctes prises par X. On observe toutes les valeurs distinctes de 12 à 20, soit 9 valeurs. Cette plage des valeurs de x_i sera dite "matrice des classes". On la nomme x_i .

x_i	Fréquences absolues	Fréquences relatives	Fréquences cumulées
12	19	16%	16%
13	16	13%	29%
14	14	12%	41%
15	16	13%	54%
16	13	11%	65%
17	17	14%	79%
18	8	7%	86%
19	13	11%	97%
20	4	3%	100%
Totaux	*120*	*100%*	

Tableau 2.7 Fréquences absolues, relatives et cumulées de NGS

La distribution des fréquences absolues est obtenue au moyen de la fonction FREQUENCE. Les distributions des fréquences relatives et cumulées sont calculées à l'aide du clavier.

Pour calculer les <u>fréquences absolues</u>, il faut

- sélectionner la plage d'accueil des résultats (2e colonne ci-dessus, de même dimension que celle des classes en 1re colonne)
- appeler la fonction FREQUENCE et renseigner la boîte de dialogue ci-dessous

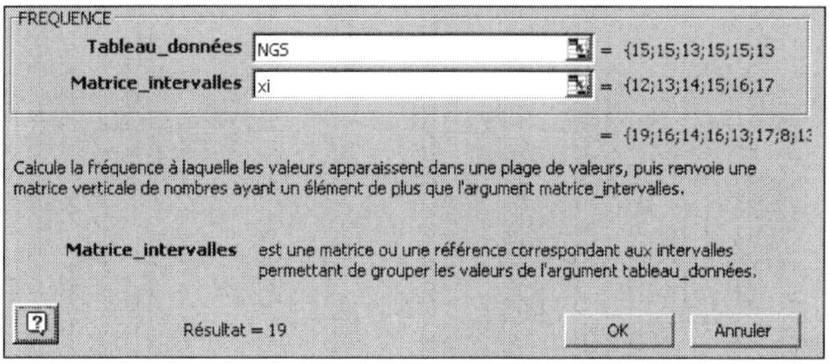

- *Attention* : ne pas cliquer OK ! La fonction FREQUENCE étant une fonction matricielle, la validation de la boîte de dialogue se fait par appui simultané des trois touches Ctrl + MAJ + Entrée (cf. Guide Excel en annexe). A l'aide de la fonction "SOMME" (ou par double-clic sur le bouton Σ s'il est installé dans une barre d'outils), on calcule les totaux et l'on vérifie que n est bien égal à 120.

En ce qui concerne les <u>fréquences relatives</u>, la procédure est la suivante :

- déterminer la première valeur à partir des données précédemment calculées (fréquences absolues et total) : 19 (réf. relative) / 20 (réf. absolue). On adopte le format de son choix (par exemple en %)
- tirer vers le bas la poignée de recopie jusqu'à la dernière classe. On vérifiera que le total est bien égal à 1 ou 100% selon le format adopté.

Enfin, on déterminera les <u>fréquences cumulées</u> de la façon suivante :

- pour la 1re valeur, recopier la 1re fréquence relative
- la 2e valeur est la somme (en références relatives) de la 1re fréquence cumulée et de la 2e fréquence relative.

En tirant vers le bas la poignée de recopie jusqu'à la dernière classe, on obtient les autres valeurs. On vérifie que la dernière est égale à 1 ou 100% selon le format adopté.

Représentations graphiques

<u>Diagramme en bâtons de la distribution des fréquences absolues</u>

- appeler l'assistant graphique
- choisir l'onglet "Types standard" et le type "Histogramme"
- cliquer "Suivant" pour obtenir la boîte de dialogue "Données source..."
- dans l'onglet "Plage de données", sélectionner la plage des Fréquences absolues (titre compris) ; en dessous, le type de série ("en colonnes") est automatiquement validé. Dans l'onglet "Série", la fenêtre "Série" est renseignée à "Fréquence absolue" ; les zones "Nom" et "Valeurs" portent les adresses du nom et de la plage de valeurs correspondantes. Dans la zone "Étiquettes des abscisses (X), il convient de saisir (en la sélectionnant) la plage des valeurs des classes (les x_i, de 12 à 20)

– cliquer sur "Suivant" pour obtenir la boîte des options du graphique dans laquelle les différents onglets permettent de choisir les options souhaitées (titre du graphique par exemple).

Le diagramme en bâtons que l'on a vu s'élaborer au fur et à mesure dans les boîtes de dialogue s'affiche (sur la même feuille ou sur une feuille à part selon l'option choisie). Bien entendu, le graphique obtenu peut toujours être repris pour en modifier certaines options et ... l'embellir ! On peut obtenir un graphique ressemblant à celui de la Figure 2.6.

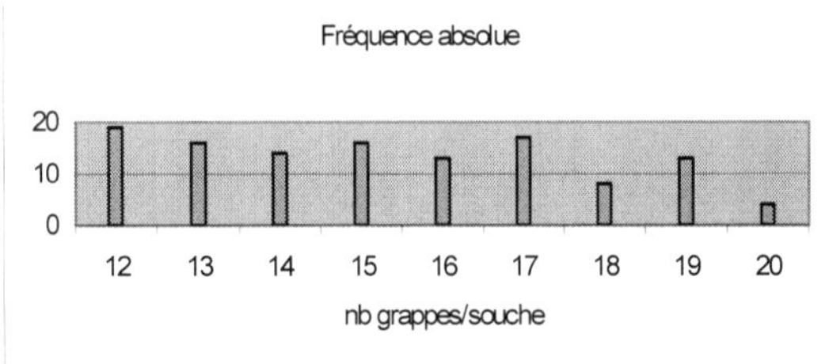

Figure 2.6 Diagramme en bâtons de NGS (fréquences absolues).

A première vue, la distribution étudiée ne présente aucune structure remarquable.

Diagramme en bâtons de la distribution des fréquences relatives

La procédure d'élaboration de ce diagramme est identique à la précédente sauf que la "plage des données" à sélectionner est bien entendu celle des fréquences relatives

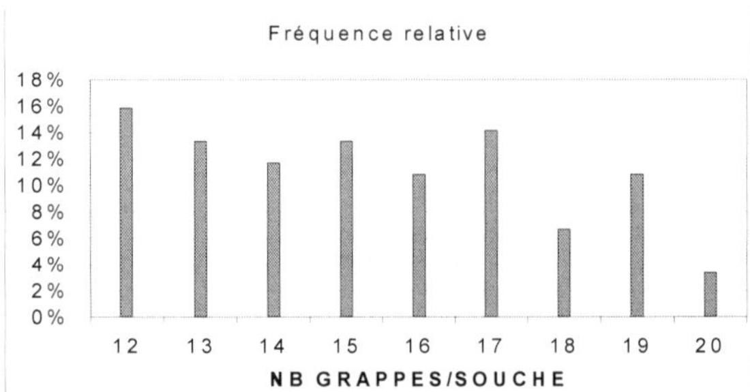

Figure 2.7 Diagramme en bâtons de NGS (fréquences relatives).

Les ordonnées étant proportionnelles, ce diagramme est identique au précédent. Mais sa lecture est plus explicite, plus générale puisqu'on y lit des pourcentages.

Polygone des fréquences cumulées

– appeler l'assistant graphique
  choisir l'onglet "Types standard" et le type "Courbe"
– cliquer "Suivant" pour obtenir la boîte de dialogue "Données source..."
– dans l'onglet "Plage de données", sélectionner la plage des Fréquences cumulées (titre compris).

La suite est identique à la procédure précédente. On obtient le graphique de la Figure 2.8.

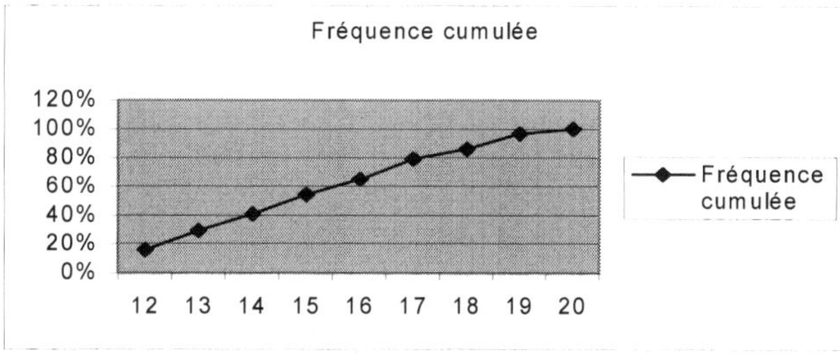

Figure 2.8 Courbe de fréquence cumulée

➢ *Remarques relatives aux distributions de fréquences et diagrammes en bâtons*

Matrice des classes (x_i)

Cette matrice (appelée matrice-intervalles dans la boîte de dialogue) a été ici parfaitement définie. Dans ce type d'étude, il est souvent intéressant d'ouvrir la dernière classe. Pour cela, on saisit dans cette cellule ">18"). Cette procédure peut, entre autre, faciliter l'utilisation de la feuille Excel pour d'autres données de même type, sans avoir à rechercher les valeurs supérieures à l'avant-dernière.

Découpage en classes

Lorsque le nombre de valeurs distinctes observées pour x_i est important, on réalise un découpage en classes. Bien que cet exemple ne l'exige pas, nous allons effectuer un découpage pour illustrer cette remarque et expliquer la procédure. Nous choisissons par exemple les classes $X \leq 14$, $14 < X \leq 16$, $16 < X \leq 18$, $X > 18$. Ceci se traduit par le choix de la plage de classes 14 / 16 / 18 / X>18.

Comme précédemment, la fonction FREQUENCE permet d'obtenir la nouvelle distribution des fréquences absolues indiquée sur le tableau 2.8 ci-contre. L'histogramme correspondant se trouve sur la Figure 2.9.

Classes	Fréquences
14	49
16	29
18	25
X>18	17
Total	120

Tableau 2.8 Fréquences absolues de la variable NGS en classes

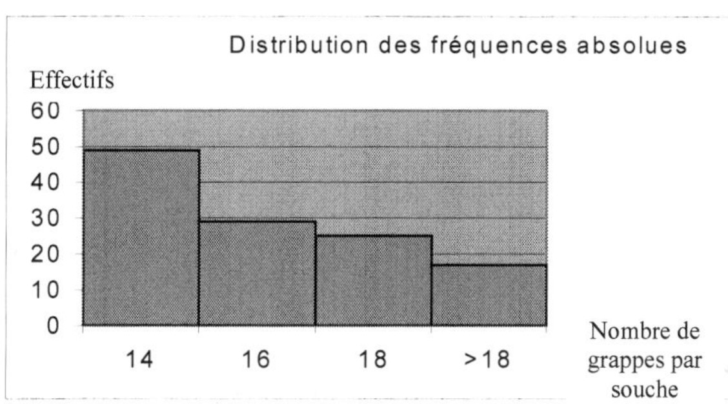

Figure 2.9 Histogramme de NGS

Cette pratique, très utilisée, est dépendante du choix des classes. L'interactivité avec les données et la facilité des "copier-coller" permet cependant de comparer rapidement plusieurs types de découpages et de choisir le plus adapté.

Intérêt des démarches proposées

L'intérêt majeur des approches précédentes réside dans l'interactivité avec les données et dans le choix des classes. Ceci permet de construire très facilement et rapidement le "modèle" de la (ou des) feuilles Excel approprié à son besoin spécifique. A chaque nouvelle étude, il suffit de "déverser" les nouvelles données à la place des autres. Les tableaux et les graphiques s'actualisent automatiquement.

2.3.3.3. Mise en œuvre au moyen de l'utilitaire d'analyse d' Excel

A partir de la barre de menu (Outils / Macro complémentaires / Utilitaire d'analyse ou directement Outils / Utilitaire d'analyse si ce dernier a déjà été validé), cet outil permet d'obtenir plusieurs résultats statistiques.

On sélectionne "Histogramme" et l'on renseigne la boîte de dialogue en indiquant la plage d'entrée, la plage des classes et en validant "Pourcentage cumulé" et "représentation graphique". Les "fréquences" (c'est à dire les fréquences absolues), les pourcentages cumulés ainsi que le diagramme en bâtons s'affichent.

- *Remarque* : cette méthode est rapide mais n'offre pas l'interactivité avec les données et avec les classes. Cette interactivité est particulièrement intéressante dans le cadre d'applications professionnelles.

2.3.4. Résumé de l'information : paramètres statistiques

2.3.4.1. Définition des outils statistiques

Paramètres de position (ou de tendance centrale)

Moyenne

C'est le résumé le plus connu de l'information. On note $\bar{x}$ la moyenne observée. Cette valeur peut s'exprimer sous 2 formes :

$\bar{x} = \frac{1}{n}\sum_{i=1}^{n} x_i$. En considérant la série observée et après avoir réalisé un tri des données, la série ordonnée s'écrit "au sens large" : $x_1 \leq x_2 \leq ... \leq x_i \leq ... \leq x_n$. Ceci correspond à la gestion habituelle des données dans les logiciels.

$\bar{x} = \frac{1}{n}\sum_{i=1}^{k} n_i x_i$ où k est le nombre de valeurs distinctes prises par X et n_i la fréquence absolue de x_i. La série est écrite au sens strict : $x_1 < x_2 < ... < x_k$

Valeurs x_i	x_1	x_2	...	x_k
Effectifs n_i	n_1	n_2	...	n_k

avec $n = \sum_{i=1}^{k} n_i = n$

Cela revient à considérer la distribution des fréquences absolues.

Écrite sous cette forme, la moyenne est le centre de gravité des "points" x_1, x_2, ... ,x_k affectés des poids respectifs $\frac{n_1}{n}, \frac{n_2}{n}, ..., \frac{n_k}{n}$. On dit parfois que la moyenne traduit un point d'équilibre.

Examinons les propriétés de la moyenne.

- La moyenne des écarts à la moyenne est nulle.
- Transformation affine : $y = ax + b \Rightarrow \bar{y} = a\bar{x} + b$ (a et b, coefficients réels).
- L'intérêt de la moyenne est d'être peu sensible aux fluctuations d'échantillonnage.
- Ses inconvénients sont d'être sensible aux valeurs extrêmes et de fournir un très mauvais résumé des données dans le cas de distributions très dispersées ou dissymétriques.

Médiane

Considérons la série observée, ordonnée, écrite au sens large : $x_i \leq x_{i+1}$. On appelle médiane de la série statistique tout nombre M tel qu'il y ait autant de valeurs qui lui soient inférieures que de valeurs supérieures ou égales.

1er cas : si l'effectif n est impair ($n = 2p + 1$), la médiane est la $(p+1)^{ie}$ valeur soit x_{p+1}.

2e cas : si l'effectif n est pair ($n = 2p$), il y a 2 valeurs centrales x_p et x_{p+1}. Généralement, on adopte pour médiane leur demi-somme $M = \frac{x_p + x_{p+1}}{2}$. On peut également prendre pour médiane toute valeur du segment $\left[x_p, x_{p+1}\right]$.

Considérons la série statistique , ordonnée, écrite au sens strict, les x_i étant pondérés par les effectifs n_i (distribution des fréquences absolues). On appelle médiane toute valeur M partageant la série en 2 parties telles que :

$$\text{pour } M \in \left[x_p, x_{p+1}\right], \text{ on ait : } n_1 + n_2 + ... + n_p \leq \frac{n}{2} \leq n_1 + n_2 + ... + n_{p+1}$$

La médiane a l'avantage d'être peu sensible aux valeurs extrêmes (robustesse) mais l'inconvénient de se prêter assez peu aux calculs mathématiques.

Mode

On appelle mode de la série statistique la valeur associée à la plus grande fréquence (absolue ou relative). On peut avoir plusieurs modes associés à la même fréquence absolue n_i (ou relative $\frac{n_i}{n}$).

Par extension (modes relatifs), on appelle mode toute valeur x_i précédée et suivie de valeurs de fréquences inférieures : x_i est un mode si $n_{i-1} < n_i > n_{i+1}$.

Si la série est classée avec des classes de même étendue, on appelle classe modale la classe de la plus grande fréquence. Comme pour les modes, on peut avoir plusieurs classes modales.

Comparaison des trois indicateurs

Dans le cas de distributions symétriques (Figure 2.10), les trois caractéristiques de centralité (mode, médiane et moyenne) coïncident ; en cas de dissymétries (Figure 2.11), elles sont décalées. Les figures 2.10 et 2.11 montrent les positions respectives de ces trois indicateurs dans ces différents cas.

Figure 2.10 Distribution symétrique

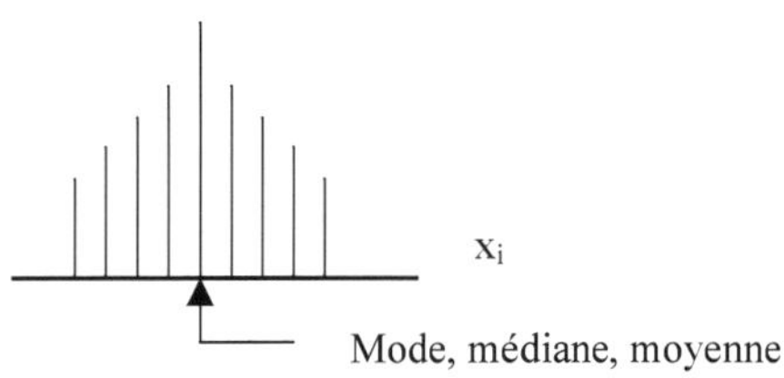

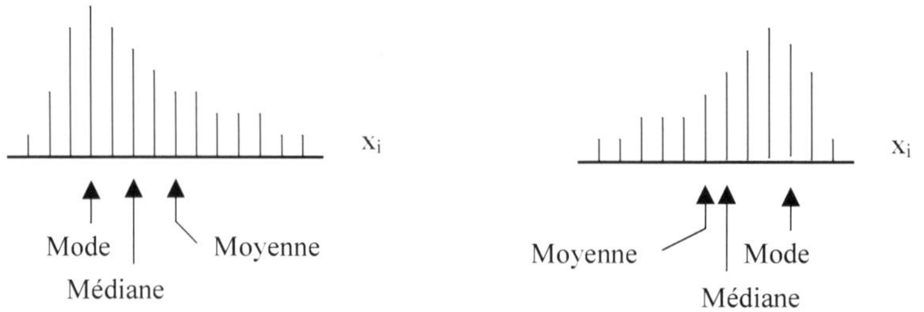

Figure 2.11 Distributions dissymétriques

La moyenne est toujours située du coté de la plus longue queue de la distribution. La médiane est située entre le mode et la moyenne.

Paramètres de dispersion

Valeur minimale et valeur maximale observées

L'étendue d'une série statistique est la différence entre les valeurs maximale et minimale. C'est l'indicateur de dispersion le plus simple mais il est dangereux car les valeurs intermédiaires sont occultées et il peut être dilaté par des valeurs extrêmes pouvant être aberrantes.

Dans le même ordre d'idée que la médiane, les quartiles partagent la série ordonnée en 4 sous-ensembles de même effectif (ou sensiblement de même effectif).

- Le 1er quartile est la valeur Q_1 telle que 25% des valeurs de la série sont inférieures (et donc 75% supérieures)
- le 2e quartile Q_2 est la médiane M
- le 3e quartile est la valeur Q_3 telle que 75% des valeurs de la série sont inférieures (et donc 25% supérieures).

➢ *Remarque :* selon les valeurs de n, comme on ne peut pas toujours obtenir exactement Q_1 et Q_3, on utilise fréquemment des formules approchées. On indique ainsi que Q_1 est la valeur dont le rang correspond sensiblement à $\frac{1}{4}(n+1)$ et Q_3 la valeur dont le rang correspond sensiblement à $\frac{3}{4}(n+1)$.

Intervalle (ou distance) inter-quartile

C'est l'écart Q_3-Q_1. Cet intervalle contient 50% des valeurs observées. On le note fréquemment IQR.

Quantiles (ou fractiles) d'ordre k

Ce sont les (k-1) valeurs segmentant la série en k sous-ensembles de mêmes effectifs ou d'effectifs approximativement identiques. Les fractiles d'ordre 10 et d'ordre 100 sont respectivement des déciles et des centiles. Les déterminations approchées sont du même type que celles indiquées pour les quartiles.

Variance

C'est un indicateur de dispersion par rapport à la moyenne.

La moyenne des écarts à la moyenne étant nulle, on considère la moyenne des carrés de ces écarts. On l'appelle variance et on la note Var x.

Lorsque la série statistique ordonnée est écrite au sens large,

$$\mathrm{Var}\,x = \frac{1}{n}\sum_{i=1}^{n}(x_i - \bar{x})^2 \quad \text{ou encore} \quad \mathrm{Var}\,x = \frac{SCE}{n}$$

SCE désigne la Somme des Carrés des Écarts à la moyenne $\sum_{i=1}^{n}(x_i - \bar{x})^2$.

Lorsque la série statistique ordonnée est écrite au sens strict (ou série décrite par la distribution des fréquences absolues) :

$$\mathrm{Var}\,x = \frac{1}{n}\sum_{i=1}^{k} n_i(x_i - \bar{x})^2$$ où k est le nombre de valeurs distinctes de X.

La variance a pour unité de mesure le carré de l'unité de x ce qui permet d'introduire l'écart-type qui est la racine carrée de la variance $\sqrt{\frac{SCE}{n}}$; il a donc la même unité de mesure que X.

Quant au Coefficient de Variation (CV), c'est le rapport de l'écart-type à la moyenne et donc l'expression de l'écart-type en pourcentage de la moyenne. Son intérêt est l'absence d'unité : il peut donc permettre de comparer l'homogénéité de variables d'unités différentes. Il n'a vraiment de sens que pour les variables à valeurs positives.

- *Remarque :* le coefficient de variation n'est pas défini si la moyenne est nulle.

Paramètres de forme : coefficients d'aplatissement et d'asymétrie

Ces paramètres sont nombreux et pas facilement utilisables dans les études concrètes courantes. Excel propose un coefficient d'aplatissement et un coefficient de forme.

Le *coefficient d'aplatissement de Kurtosis* renseigne sur l'aplatissement relatif d'une distribution comparée à la distribution de la loi normale ; sa formule est indiquée dans l'aide d'Excel. Pour une distribution normale, ce coefficient est nul ; une valeur positive indique une distribution plus pointue que la loi normale ; une valeur négative indique à l'inverse une distribution plus aplatie.

Comme son nom l'indique, le *coefficient d'asymétrie* dont la formule est également indiquée dans l'aide d'Excel renseigne sur l'asymétrie de la distribution par rapport à sa moyenne. Une valeur nulle ou approximativement nulle de ce coefficient indique une symétrie de la distribution par rapport à la moyenne. Une valeur positive indique une queue de distribution étalée vers la droite (valeurs plus élevées que la moyenne). Une valeur négative indique l'inverse.

2.3.4.2. Mise en œuvre au moyen des fonctions Excel

Le tableau ci-dessous indique les valeurs des paramètres statistiques obtenus dans l'exemple proposé dans un ordre que nous trouvons intéressant pour résumer rapidement une série statistique concrète quelconque. Cet ordre est légèrement différent de l'ordre plus conventionnel adopté dans la présentation des outils statistiques de données de même type. Nous avons rajouté NBVAL en 1re ligne de sorte que le nombre d'observations est calculé automatiquement.

En bon français, on dira par exemple que le plus petit "chargement" d'une souche est de 12 grappes (MIN), que 25% des souches ont un nombre de grappes inférieur ou égal à 13 (Q_1). Pour ce résultat, on appelle la fonction QUARTILE et l'on renseigne la boîte de dialogue:

- dans la zone "Matrice", il faut saisir la zone des valeurs observées que nous avons nommé ici NGS

– dans la zone "Quart", on saisit le numéro du quartile désiré.

Rappelons que le 2e quartile n'est autre que la médiane que l'on pourrait évidemment obtenir avec la fonction MEDIANE. Sa valeur montre que la moitié des souches ne portent pas plus de 15 grappes. Le 3e quartile indique que 75% des souches n'ont pas plus de 17 grappes. Cela donne une formule du type =QUARTILE(zone;2).

	PARAMETRES STATISTIQUES de NGS	
Nom statistique	**Fonctions Excel**	**Valeurs**
n	NBVAL	120
Minimum	MIN	12
Quartile 1 (Q_1)	QUARTILE	13
Médiane	MEDIANE	15
Quartile 3 (Q_3)	QUARTILE	17
Maximum	MAX	20
Centile (2,5%)	CENTILE	12
Centile(97,5%)	CENTILE	20
Mode	MODE	12
Moyenne	MOYENNE	15,333
Ecart-type	ECARTYPEP	2,409
Coefficient de variation (CV)	*(Calcul)*	*15,71%*
Variance	VAR.P	5,806
Coefficient de KURTOSIS	KURTOSIS	-1,105
Coefficient d'asymétrie	COEFFICIENT.ASYMETRIE	0,206

Tableau 2.9 Paramètres statistiques de NGS

En Analyse exploratoire des données, l'ensemble des cinq valeurs ci-contre est appelé "peigne". Il fournit un premier résumé précis et net des données observées.

MIN
QUARTILE 1
MEDIANE
QUARTILE 3
MAX

Le nombre de grappes par souche est compris entre 12 (MIN) et 20 (MAX). 50% des souches ont entre 13 et 17 grappes (Q_1, Q_3) et 50% des souches portent moins de 15 grappes.

En principe, les **centiles** 2,5% et 97,5% démarquent les valeurs les plus basses et les plus élevées, c'est à dire 5% de valeurs "marginales". Dans notre exemple où il y a beaucoup d'ex-æquo, ces valeurs sont peu significatives.

Rappelons que le **mode** donne la valeur la plus fréquente. Il convient ici de noter que s'il y a plusieurs modes de même fréquence, Excel ne fournit que le plus petit. Lorsque l'on s'intéresse à cet indicateur, il faut examiner la distribution des fréquences absolues, complète, précise et qui indique de plus les modes relatifs. Ainsi, dans notre exemple, il n'y a qu'un mode "12" de fréquence absolue 19. La fonction MODE indique ici un résultat correct. L'examen de cette distribution montre les modes "relatifs" 15, 17 et 19.

- *Remarque :* la fonction RANG ne présentant aucune difficulté de mise en œuvre peut, dans certains cas, s'avérer intéressante. En particulier, comme elle affiche les ex aequo, elle permet entre autre de retrouver les modes.

Le nombre **moyen** de grappes est 12.

Pour obtenir l'**écart-type** observé ($\sqrt{\frac{SCE}{n}}$), on doit appeler la fonction Excel ECARTYPEP et non ECARTYPE qui donne la valeur $\sqrt{\frac{SCE}{n-1}}$, estimation de l'écart-type d'une population à partir d'un échantillon que nous utiliserons dans la partie Statistique Inférentielle. Concrètement, la valeur de l'écart-type (2) est peu interprétable pour un non spécialiste de la vigne. En effet, la distribution des fréquences est tout à fait quelconque et sans rapport avec une distribution normale. De tels exemples sont relativement courants. Cependant, pour une personne connaissant bien le domaine étudié, l'écart-type peut être plus parlant et indiquer tout de suite une bonne ou une mauvaise homogénéité des données.

Le rôle du **coefficient de variation** est voisin de celui de l'écart-type. Il permet aux spécialistes de juger de la pertinence de la moyenne ; ce coefficient est cependant plus pratique car dépourvu d'unité. Malheureusement, il n'y a pas de référence standard, un seuil au delà duquel on dirait que la moyenne n'a pas de sens. Dans certains domaines de recherche, un CV supérieur à 8% "condamne" la moyenne alors que dans d'autres la pertinence de la moyenne sera rejetée pour un CV supérieur à 18% par exemple.

En ce qui concerne la **variance**, il convient comme précédemment d'utiliser la fonction VAR.P ; la fonction VAR sera elle aussi d'actualité en statistique inférentielle. Cette valeur de 5,8 n'est pas facile à interpréter.

La valeur négative du **coefficient de Kurtosis** indique une distribution plus aplatie que la loi Normale alors que le **coefficient d'asymétrie** (0,206) montre un décalage des données vers la droite.

En résumé, dans la pratique, pour décrire une série statistique à valeurs isolées, nous trouvons que la distribution des fréquences et sa visualisation au moyen d'un diagramme en bâtons est particulièrement instructive. Bien que, par nature moins synthétique que les paramètres statistiques, elle a l'avantage de bien refléter la réalité.

Dans le même ordre d'idée, les découpages en classes sont souvent d'un grand intérêt.

Pour résumer numériquement les données, le "peigne", défini ci-dessus (min, Q_1, médiane, Q_3 et max) offre une bonne segmentation des données.

Enfin, nous retiendrons que moyenne, écart-type et coefficient de variation sont plus intéressants pour le spécialiste du sujet étudié mais surtout pour des études futures allant au-delà de la statistique descriptive univariée.

2.3.4.3. Mise en œuvre au moyen de l'utilitaire d'analyse

On sélectionne "Statistiques descriptives" et l'on renseigne facilement la boîte de dialogue. Nous ne retiendrons pas le "Niveau de confiance pour la moyenne" car nous choisissons de rester dans un cadre de statistique descriptive.

- *Remarque :* on peut regretter que l'utilitaire ne fournisse pas les quartiles, indicateurs précieux en analyse descriptive, ni les centiles. Comme nous l'avons précisé précédemment, l'utilitaire donne rapidement des résultats, mais, en revanche, on ne peut utiliser l'interactivité des données ni les "copier-coller" pour des calculs similaires relatifs à d'autres jeux de variables.

Dans les résultats affichés sur le tableau ci-contre, nous constatons une différence pour l'écart-type puisque l'utilitaire fournit l'écart-type "estimé" $\sqrt{\frac{SCE}{n-1}}$. Notons la présence d'un paramètre intitulé "erreur-type" : il s'agit de l'écart-type de la moyenne $\sqrt{\frac{SCE}{n(n-1)}}$ que nous utiliserons en statistique inférentielle.

NGS	
Moyenne	15,33
Erreur-type	0,22
Médiane	15
Mode	12
Écart-type	2,42
Variance de l'échantillon	5,85
Kurtosis (aplatissement)	-1,10
Coefficient d'asymétrie	0,21
Plage	8
Minimum	12
Maximum	20
Somme	1840
Nombre d'échantillons	120

2.4. *VARIABLE QUANTITATIVE CONTINUE*

Exemple : poids de 100 baies de raisins

2.4.1. Présentation des données et position du problème

On poursuit l'étude précédente de la qualité du vin et on examine maintenant le poids de 100 baies. Le recueil de données a fourni 120 observations et on a noté pour chacune d'elles le poids de 100 baies (PCB) exprimé en grammes. Les résultats apparaissent sous forme d'une série classique à valeurs isolées comme sur le tableau 2.10

345	308	281	350	340	345	367	310	367	340
339	343	345	355	340	335	360	364	270	275
278	269	320	280	355	358	328	330	358	349
375	380	280	278	382	385	374	370	291	285
403	401	341	348	325	324	338	391	397	294
294	289	315	291	288	274	360	365	381	386
288	292	319	315	393	394	362	391	285	275
282	309	295	298	296	302	312	314	320	352
358	376	374	395	403	291	283	301	298	342
351	371	368	382	399	389	288	295	312	354
365	345	321	311	319	295	284	389	386	374
372	380	284	286	334	351	362	371	356	373

Tableau 2.10 Poids (en g) de 100 baies pour 120 observations

Question : réaliser une étude statistique descriptive de ces données.

2.4.2. Approche statistique et notations

Nous utiliserons les deux familles d'outils présentées dans le paragraphe précédent : tout d'abord les distributions de fréquences par le biais de tableaux et de graphiques et ensuite le calcul des paramètres statistiques.

On note X la variable aléatoire PCB (en grammes) et on appelle n le nombre total d'observations.

Type de variables

Après avoir ordonné la série statistique, on peut dire qu'entre deux valeurs successives distinctes, il peut théoriquement exister une infinité de valeurs possibles pour X (à la précision de l'appareil de mesure près). X varie de façon continue : la variable est dite "variable quantitative continue". On décrit généralement ce type de variable après avoir effectué une répartition en classes.

- *Remarque :* les données sont parfois recueillies dès le départ sous forme de classes. Inversement, en considérant la précision de la mesure, on pourrait "à la limite" considérer la série statistique comme issue d'une variable discrète.

2.4.3. Distribution des fréquences, tableaux et graphiques

2.4.3.1. Définition des outils statistiques

On trie les données et, si ce n'est déjà fait, on les répartit ensuite dans des classes ; ces dernières sont généralement ouvertes aux extrémités inférieures et supérieures mais peuvent être fermées. On note :

- $Cl_1 : X \leq a_1$
- $Cl_2 : a_1 < X \leq a_2$
- ...
- $Cl_{k-1} : a_{k-2} < X \leq a_{k-1}$
- $Cl_k : X > a_{k-1}$

Ce choix de classes étant fait, on construit ensuite les outils "fréquences" du même type que ceux que nous avons définis dans le paragraphe précédent.

Classes	Fréquences absolues (effectifs par classe)	Fréquences relatives	Fréquences cumulées
Cl_1	n_1	n_1/n	n_1/n
Cl_2	n_2	n_2/n	$(n_1+n_2)/n$
...	...	...	...
Cl_k	n_k	n_k/n	1

- *Remarque sur le choix des classes :* il n'existe pas une recette type pour choisir des classes. Divers choix sont possibles : classes de même amplitude, d'amplitudes différentes, compromis entre ces deux choix (classes plus larges aux petites et grandes valeurs et de même amplitude "au milieu", etc...). Il n'y a donc pas de nombre "idéal" de classes. On peut cependant indiquer qu'un nombre très important de classes, par son défaut de "synthèse" a tendance à "étouffer" l'allure de la distribution. On conseille d'avoir, à l'intérieur des classes, une distribution uniforme. Le plus souvent, ce point n'est pas facile à vérifier et, de plus, peut être antagoniste avec la remarque précédente : lorsqu'on restreint le nombre de classes, ces dernières sont relativement vastes, ce qui favorise l'hétérogénéité à l'intérieur de chacune d'entre elles. Nous conseillons d'essayer plusieurs choix de découpages en classes afin d'enrichir l'analyse descriptive.

2.4.3.2. Mise en œuvre au moyen d'Excel et interprétation des résultats

Un tri des données montre que le PCB varie de 270 g à environ 400 g. Nous proposons de limiter le nombre de classes à une dizaine en adoptant une amplitude de classe de 20 g en commençant par 280 g. Nous construisons ainsi la matrice des classes, qualifiée de "matrice-intervalles" dans la boîte de dialogue de la fonction FREQUENCE et occupant sur notre feuille la plage dénommée CLAPCB.

280	300	320	...	400	>400

Rappelons ce que signifie cette présentation.

- $Cl_1 : X \leq 280$
- $Cl_2 : 280 < X \leq 300$
- ...
- $Cl_8 : X > 400$ (laisser vide cette dernière classe signifie également X>400).

Les diverses fréquences s'obtiennent de la même manière que dans le paragraphe précédent. On appelle la fonction matricielle FREQUENCE pour obtenir la fréquence absolue de chaque classe. On calcule ensuite les fréquences relatives et cumulées. Nous obtenons les résultats du tableau 2.11.

CLAPCB	Fréquences absolues	Fréquences relatives	Fréquences relatives cumulées
280	9	8%	8%
300	23	19%	27%
320	15	13%	40%
340	12	10%	50%
360	22	18%	**68%**
380	20	17%	85%
400	16	13%	98%
>400	3	2%	100%
Total	*120*	*100%*	

Tableau 2.11 Fréquences absolues, relatives et cumulées de PCB classée.

Au moyen de l'assistant graphique, nous pouvons obtenir l'histogramme ci-contre qui permet de visualiser la distribution de PCB. Avec un tel découpage de classes, la distribution apparaît comme bimodale (en considérant les modes relatifs).

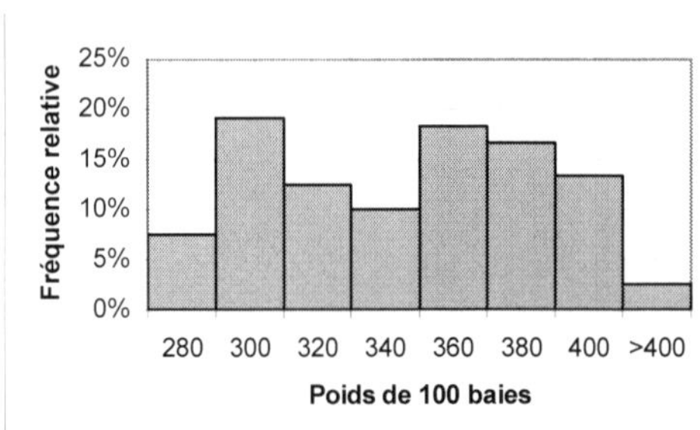

Figure 2.12 Histogramme de PCB.

La 1re classe modale Cl_2 ($280 < X \leq 300$) contient 19% des observations. La 2e classe modale Cl_5 ($340 < X \leq 360$) contient 18% des observations. Nous remarquons que cette classe contient la médiane puisque la fréquence cumulée y atteint 50%.

2.4.4. Résumé de l'information. Paramètres statistiques

2.4.4.1. 1re stratégie, à partir de la série à valeurs isolées.

Outils statistiques

Cette partie est identique à celle que nous avons vue dans le paragraphe précédent relatif à une variable discrète. Nous conseillons de calculer les paramètres statistiques à partir de la série statistique observée. Ceci nous paraît plus précis puisque le découpage en classes se prête à divers choix. De plus, c'est très facile à réaliser. Enfin, comme évoqué dans l'introduction, une telle série peut "à la limite" être considérée comme celle d'une variable discrète.

- *Remarque :* si les données ont été collectées sous forme de série classée, appelée fréquemment "série groupée", nous indiquerons dans la suite de quelle manière on peut résumer l'information.

Mise en œuvre au moyen d'Excel et interprétation

Tous les paramètres statistiques appliqués et retenus dans le paragraphe précédent peuvent être calculés. Nous proposons de retenir simplement le peigne qui synthétise bien l'information, les centiles d'ordre 2,5% et 97,5% qui font ressortir les données extrêmes et, bien entendu la moyenne, l'écart-type et le coefficient de variation pour leur utilisation traditionnelle.

Nous obtenons les résultats reportés sur le tableau 2.12.

Nom statistique	PCB
n	120
MIN	269
QUARTILE 1	297,5
MEDIANE	341,5
QUARTILE 3	370,25
MAX	403
CENTILE (2,5%)	274,975
CENTILE(97,5%)	399,05
MOYENNE	336,533
ECART-TYPE	38,925
Coefficient de variation	11,57%

Tableau 2.12 Paramètres statistiques de PCB.

Commentaires :

- le poids de 100 baies varie de 269 g à 403 g
- environ 50% des observations ont un poids de 100 baies inférieur à 341,5 g
- 50% des observations ont un poids compris entre 297,5 g et 370,25 g
- Le poids moyen de 100 baies est de 336,53 g assorti d'un coefficient de variation relativement limité (11,57%). Cette moyenne, voisine de la médiane résume assez bien les données.

2.4.4.2. 2e stratégie, à partir de la série classée (mise en classes)

- *Remarque préliminaire :* le recueil des valeurs isolées est souvent plus précis mais parfois, le recueil en classes peut, en fait, mieux restituer une réalité de terrain. Ainsi, supposons que l'on réalise une enquête consommateurs et que l'on demande à une famille le montant de sa dépense hebdomadaire en fromages. La réponse selon une "fourchette" traduit mieux la réalité. Dans de nombreux travaux de recherche, le nombre d'observations atteignant des milliers, seule une gestion en classes est alors possible.

Outil "interpolation linéaire" (définition et application numérique)

Certains paramètres statistiques comme la médiane, les quartiles et, de manière générale les fractiles, peuvent être obtenus (de façon approchée) à partir des fréquences cumulées à l'aide d'une interpolation linéaire.

Par exemple pour déterminer la <u>médiane</u>, on recherche la classe qui la contient. C'est la classe $]a_{i-1}, a_i]$ telle que $F_{i-1} < 0{,}5 < F_i$ en notant F la fonction "fréquences relatives cumulées" (fonction de répartition). La médiane M est l'abscisse du point P d'ordonnée 0,5 (voir figure suivante). Son calcul est le suivant :

$$\frac{0{,}5 - F_{i-1}}{F_i - F_{i-1}} = \frac{M - a_{i-1}}{a_i - a_{i-1}} \quad \text{d'où} \quad M = a_{i-1} + (a_i - a_{i-1})\left[\frac{0{,}5 - F_{i-1}}{F_i - F_{i-1}}\right]$$

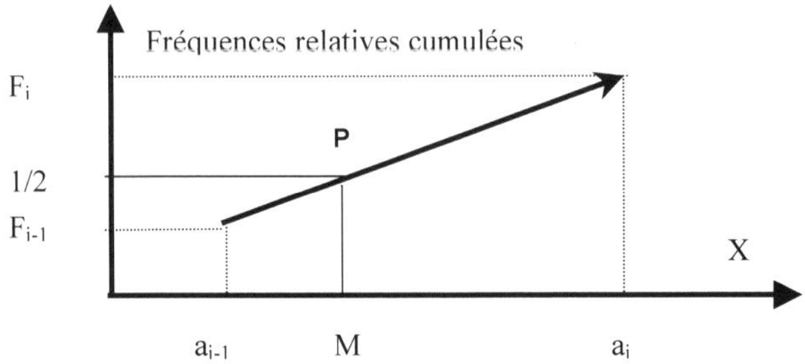

Figure 2.13 Détermination de la médiane pour une série groupée.

Application numérique : la médiane appartient à la 5^{ie} classe soit $]340,360]$.

$F_i = 67{,}5\% = 0{,}675$ $F_{i-1} = 49{,}17\% = 0{,}4917$

$a_{i-1} = 340$ $a_i = 360$

$$M = 340 + 20\left[\frac{0{,}5 - 0{,}4917}{0{,}675 - 0{,}4917}\right] = 340{,}906$$

- *Remarque :* il est normal d'obtenir une valeur différente de celle obtenue à partir de la série isolée. Si on réalisait un autre découpage en classes, on obtiendrait une valeur encore légèrement différente.

Tous les fractiles peuvent être obtenus de façon analogue, notamment les quartiles :

Déterminons le quartile 1 (Q_1). En examinant les fréquences relatives cumulées, il apparaît que Q_1 appartient à la 2e classe $]280,300]$ (rappelons que l'on doit atteindre 25% des valeurs les plus basses).

$$Q_1 = a_{i-1} + (a_i - a_{i-1})\left[\frac{0{,}25 - F_{i-1}}{F_i - F_{i-1}}\right]$$

Avec $a_{i-1} = 280$ $a_i = 300$ $F_{i-1} = 7{,}5\%$ $F_i = 26{,}67\%$

on trouve $Q_1 = 298{,}26$.

Le calcul du quartile 3 (Q_3) est du même type. Il appartient à la 6e classe $]360,380]$ dans laquelle on atteint 75% des valeurs les plus basses.

$$Q_1 = a_{i-1} + (a_i - a_{i-1})\left[\frac{0{,}75 - F_{i-1}}{F_i - F_{i-1}}\right]$$

Avec $a_{i-1} = 360$ $a_i = 380$ $F_{i-1} = 67{,}50\%$ $F_i = 84{,}17\%$

On trouve $Q_3 = 368{,}82$.

Outil "centre de classes" (définition et application numérique)

D'une manière générale, lorsque l'on ne dispose que de la série groupée, pour calculer certains paramètres statistiques comme la moyenne ou la variance, on utilise les centres de classes. Le centre de la i^e classe Cl_i $]a_{i-1}, a_i]$ se définit de manière évidente par la valeur

$$x_i = \frac{a_i + a_{i-1}}{2}.$$

Si les classes extrêmes (inférieure et supérieure) sont ouvertes, on pourra déterminer dans ces classes des centres de classes fictifs, distants d'une amplitude de classe des centres de classe extrêmes. Ainsi, dans notre exemple (amplitude de classe égale à 20),

- 1re classe ($X \leq 280$), centre de classe approché : 290-20 = 270
- dernière classe ($X > 400$), centre de classe : 410.

Pour les calculs de divers paramètres statistiques , la série groupée est considérée comme équivalente à la série des centres de classe affectés des effectifs de la classe.

Classes	Fréquences absolues (effectifs)
Cl_1	n_1
Cl_2	n_2
...	...
Cl_k	n_k

$\Leftrightarrow$

Centres de classes	Fréquences absolues (effectifs)
x_1	n_1
x_2	n_2
...	...
x_k	n_k

Les calculs de la moyenne et de l'écart-type peuvent alors être menés "comme à la main" en utilisant les formules indiquées dans le paragraphe précédent.

Moyenne $\bar{x} = \frac{1}{n}\sum_{i=1}^{k} n_i x_i$ et écart-type observé $\sigma = \sqrt{\frac{1}{n}\sum_{i=1}^{k} n_i (x_i - \bar{x})^2}$.

Application numérique :

Tableau 2.13 Fréquences absolues associées aux centres de classes de la série groupée PCB.

CLAPCB	Fréquences absolues	Centres de classes
280	9	*270*
300	23	*290*
320	15	*310*
340	12	*330*
360	22	*350*
380	20	*370*
400	16	*390*
>400	3	*410*

Pour déterminer la moyenne et la variance à partir des fréquences absolues et des centres de classes, nous proposons le rapide calcul suivant.

Tableau 2.14 Fréquences absolues, relatives et carrés des écarts à la moyenne pour la série groupée PCB.

Fréquences absolues n_i	Fréquences relatives n_i / n	Centres de classes x_i	$(x_i - \bar{x})^2$
9	0,08	270	4312
23	0,19	290	2085
15	0,13	310	659
12	0,10	330	32
22	0,18	350	205
20	0,17	370	1179
16	0,13	390	2952
3	0,03	410	5525

On copie les fréquences absolues n_i et les centres de classes x_i . On détermine ensuite les fréquences relatives n_i / n . On calcule la 1re valeur et on effectue une recopie vers le bas.

n_i / n

réf. relative réf. absolue

Pour calculer la moyenne, on utilise la fonction SOMPROD (catégorie Math & Trigo)

=SOMPROD(plage des fréquences relatives ; plage des centres de classes)

On trouve $\bar{x} = 335$.

Pour la variance, on calcule d'abord les valeurs de $(x_i - \bar{x})^2$, d'abord la première (x_i en réf. relative et $\bar{x}$ en réf. absolue) puis les suivantes par une recopie vers le bas. On obtient la variance comme précédemment en réutilisant la fonction SOMPROD (recopie droite par exemple) en remplaçant la plage des x_i par celle des $(x_i - \bar{x})^2$. On obtient Var X = 1574.

- *Remarque:* il est également rapide de calculer les valeurs $(n_i / n) \times x_i$ et d'en déduire, par sommation, la moyenne $\bar{x}$. On détermine ensuite les valeurs $(n_i / n) * (x_i - \bar{x})^2$ et l'on aboutit à la variance par sommation.

Centres de classes x_i	Fréquences absolues n_i	Fréquences relatives n_i / n	$x_i * n_i / n$	$(n_i / n) * (x_i - \bar{x})^2$
270	9	0,08	20,25	323,41
290	23	0,19	55,58	399,71
310	15	0,13	38,75	82,35
330	12	0,10	33,00	3,21
350	22	0,18	64,17	37,66
370	20	0,17	61,67	196,46
390	16	0,13	52,00	393,61
410	3	0,03	10,25	138,14
Total	120	1	$\bar{x}$ = 335,67	Var = 1574,56

Tableau 2.15 Détermination de la moyenne et de la variance de la série groupée PCB.

3. STATISTIQUE DESCRIPTIVE BIVARIEE

3.1. INTRODUCTION

La statistique descriptive univariée, première étape d'exploration d'une base de données, nous a fourni une "photographie" de chacune des variables.

La deuxième étape consiste à examiner simultanément deux variables que l'on veut mettre en rapport. Il va de soi que, dans une étude concrète, on n'étudie pas tous les couples de variables mais seulement les couples de variables intéressants pour les objectifs de l'étude. Décrire simultanément deux variables constitue la statistique descriptive bidimensionnelle ou bivariée.

Les types de variables ont été définis dans le chapitre précédent. En statistique descriptive bivariée, nous distinguerons trois types de couples de variables :

- les deux variables sont qualitatives
- l'une des deux est qualitative, l'autre quantitative
- les deux variables sont quantitatives.

Comme pour la statistique descriptive univariée, les démarches s'appuieront sur des exemples concrets. Dans le cadre d'une étude de marché de vente directe de viande bovine, on réalise une enquête prospective. Lors du dépouillement, il est important d'étudier le type de vente préféré parmi 3 choix proposés, selon le secteur d'appartenance du lieu d'habitation de l'enquêté sélectionné parmi 5 secteurs. Cet exemple illustre le *croisement de 2 variables qualitatives (QL)* avec respectivement 3 et 5 modalités.

Dans une entreprise, l'examen du nombre de jours de formation par an selon la catégorie de salarié (secrétariat, service technique, comptabilité et service d'entretien) illustre le "croisement" d'*une variable quantitative (QT) et d'une variable qualitative (QL)*, ici avec 4 modalités.

L'étude de la note de qualité des arômes d'un vin du Sud-Ouest (QT) en fonction de la teneur du moût en acide malique (QT) sert de support à l'analyse du croisement de deux variables quantitatives.

Les principaux outils statistiques choisis pour décrire ces couples de variables sont synthétisés dans le tableau récapitulatif 3.1 suivant.

EXEMPLE	COUPLE DE VARIABLES	OUTILS	
		RESUME TABLEAUX	GRAPHIQUES
Vente directe de viande bovine	2 variables qualitatives (QL x QL)	Distributions des fréquences absolues et relatives	Diagrammes en bâtons
Nombre de jours de formation	1 variable quantitative et 1 variable qualitative (QT x QL)	Outils de statistiques descriptive univariée d'une variable quantitative à répéter à chaque modalité de la variable qualitative et à appliquer éventuellement à l'ensemble des données	
Arômes d'un vin	2 variables quantitatives (QT x QT)	Paramètres statistiques spécifiques (covariance, corrélation)	Nuage bidimensionnel Droite d'ajustement

Tableau 3.1 Outils de statistique descriptive bivariée selon le type de variable.

3.2. COUPLE VARIABLE QUALITATIVE - VARIABLE QUALITATIVE

Exemple : projet de vente directe de viande bovine

3.2.1. Présentation des données et position du problème

Un producteur de viande bovine commande une étude de projet de vente directe. La conduite d'un tel projet implique différentes études : juridique, économique (achats de matériels, durée des travaux, embauches de personnel, etc...) et naturellement commerciale. Dans ce contexte, une enquête prospective a été réalisée dans la zone géographique concernée : Toulouse et ses environs, Saint-Gaudens et ses environs, ces derniers étant définis par des ensembles précis de communes. 400 personnes ont été interrogées. Un premier dépouillement fait apparaître que 349 personnes se déclarent intéressées par ce type de commercialisation directe.

Dans ce qui suit, on considère cette strate des 349 enquêtes et on analyse les deux questions "lieu d'habitation X" codé par p = 5 modalités (Toulouse, environs de Toulouse, Saint-Gaudens, environs de Saint-Gaudens et autres c'est à dire enquêtés de passage, non résidents de la zone considérée) et "mode de vente préféré Y" codé par q = 3 modalités (vente à la ferme, vente sur les marchés et vente à domicile).

Le dépouillement permet d'obtenir le tableau croisé 3.2.

		Mode de vente préféré			
		Ferme (Y_1)	Marchés (Y_2)	Domicile (Y_3)	TOTAUX
Lieu d'habitation	Toulouse (X_1)	45	50	13	108
	Environs Toulouse (X_2)	26	22	11	59
	Saint-Gaudens (X_3)	28	21	7	56
	Environs Saint-Gaudens (X_4)	61	24	7	92
	Autre (X_5)	14	9	11	34
	TOTAUX	174	126	49	349

Tableau 3.2 Tableau de contingence "lieu d'habitation – mode" de vente préféré .

Question : décrire les préférences de mode de commercialisation selon les lieux d'habitation.

- *Remarque :* lorsque les données d'enquête sont saisies dans Excel, un tableau de contingence de ce type s'obtient facilement au moyen d'un tableau croisé dynamique (cf. Annexe).

3.2.2. Démarche statistique

D'une manière générale, l'analyse statistique descriptive d'un tableau de contingence peut s'effectuer en utilisant les diverses distributions de fréquences assorties de visualisations graphiques au moyen de diagrammes en bâtons. Le logiciel étant utilisé comme une calculette, aucune fonction particulière d'Excel n'est nécessaire.

Le tableau qui suit montre la *distribution des fréquences absolues* (ou *distribution d'effectifs*).

n_{ij} est le nombre d'observations simultanées de la modalité x_i de X et de la modalité y_j de Y. Les distributions marginales lignes et colonnes sont formées des totaux lignes et colonnes $n_{i.} = \sum_{j=1}^{q} n_{ij}$ et $n_{.j} = \sum_{i=1}^{p} n_{ij}$.

		Y					
		y_1	...	y_j	...	y_q	Distribution marginale de X
X	x_1	n_{11}	...	n_{1j}	...	n_{1q}	$n_{1.}$
	...	...	...	...	...	...	...
	x_i	n_{i1}	...	n_{ij}	...	n_{iq}	$n_{i.}$
	...	...	...	...	...	...	...
	x_p	n_{p1}	...	n_{pj}	...	n_{pq}	$n_{p.}$
	Distribution marginale de Y	$n_{.1}$	...	$n_{.j}$	...	$n_{.q}$	$n_{..} = n$

Le tableau suivant montre la *distribution des fréquences relatives*. On l'obtient en divisant les n_{ij}, $n_{i.}$ et $n_{.j}$ du tableau précédent par l'effectif total.

		Y					
		y_1	...	y_j	...	y_q	Distribution marginale de X
X	x_1	f_{11}	...	f_{1j}	...	f_{1q}	$f_{1.}$
	...	...	...	...	...	...	...
	x_i	f_{i1}	...	f_{ij}	...	f_{iq}	$f_{i.}$
	...	...	...	...	...	...	...
	x_p	f_{p1}	...	f_{pj}	...	f_{pq}	$f_{p.}$
	Distribution marginale de Y	$f_{.1}$	...	$f_{.j}$	...	$f_{.q}$	$f_{..} = 1$

Le tableau des *profils* ou *distribution conditionnelles* selon les lignes est obtenu en divisant l'effectif de chaque ligne par l'effectif total de la ligne. Il représente la répartition en proportions selon les lignes.

		Y					
		y_1	...	y_j	...	y_q	Poids des profils lignes
X	x_1	$n_{11} / n_{1.}$	...	$n_{1j} / n_{1.}$	...	$n_{1q} / n_{1.}$	$n_{1.} / n$
	...	...	...	...	...	...	...
	x_i	$n_{i1} / n_{i.}$	...	$n_{ij} / n_{i.}$	...	$n_{iq} / n_{i.}$	$n_{i.} / n$
	...	...	...	...	...	...	...
	x_p	$n_{p1} / n_{p.}$	...	$n_{pj} / n_{p.}$	...	$n_{pq} / n_{p.}$	$n_{p.} / n$
	Profil ligne moyen ou centre de gravité des profils lignes	$n_{.1} / n$	...	$n_{.j} / n$	...	$n_{.q} / n$	$\Sigma = 1$

Le poids des profils lignes sont les distributions marginales des fréquences des lignes dites poids associés aux profils lignes. Ils traduisent l'importance de chaque ligne par rapport à l'ensemble des lignes.

Le centre de gravité des profils lignes est constitué par l'ensemble des distributions marginales des fréquences colonnes. Il définit le profil ligne moyen qui résume l'ensemble des lignes.

De même, le profil colonne est obtenu en divisant l'effectif de chaque colonne par l'effectif total de la colonne. Il s'agit de répartitions en proportions selon les colonnes :

		Y					
		y_1	...	y_j	...	y_q	Profil colonne moyen ou centre de gravité des profils colonnes
X	x_1	$n_{11} / n_{.1}$	...	$n_{1j} / n_{.j}$	...	$n_{1q} / n_{.q}$	$n_{1.} / n$
	...	...	...	...	...	...	...
	x_i	$n_{i1} / n_{.1}$	...	$n_{ij} / n_{.j}$	...	$n_{iq} / n_{.q}$	$n_{i.} / n$
	...	...	...	...	...	...	...
	x_p	$n_{p1} / n_{.1}$	...	$n_{pj} / n_{.j}$	...	$n_{pq} / n_{.q}$	$n_{p.} / n$
	Poids des profils colonnes	$n_{.1} / n$	...	$n_{.j} / n$	...	$n_{.q} / n$	$\Sigma = 1$

➢ *Remarque :* lors du traitement de l'exemple, des représentations graphiques seront proposées "directement".

3.2.3. Mise en œuvre sur Excel et interprétation des résultats

3.2.3.1. Distribution des fréquences absolues

Reprenons le tableau de contingence observé dans l'enquête (Tableau 3.2).
Un diagramme en bâtons peut être obtenu à l'aide de l'assistant graphique :

- à l'étape 1/4 "type de graphique", dans l'onglet type standard choisir "Histogramme 3D"
- à l'étape 2/4 : "données source", dans l'onglet plage de données , sélectionner la plage grisée clair ci-dessus
- dans l'onglet série, zone étiquette des abscisses, sélectionner la plage grisée sombre ci-dessus (secteurs géographiques)
- les étapes 3/4 "options des graphiques" (titres, échelles, motifs, etc.) et 4/4 ne présentent aucune difficulté particulière.

Le graphique, simple expression des résultats, s'affiche (Figure 3.1).

➢ *Remarque:* il faut noter qu'il devient très difficile à lire dès que le nombre de modalités est grand.

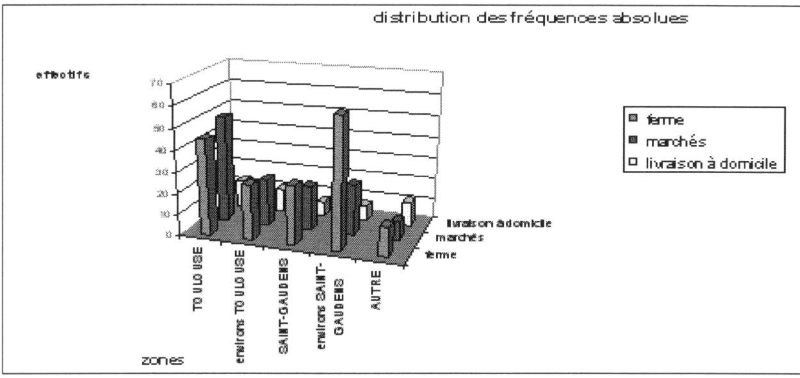

Figure 3.1 Distribution des fréquences absolues selon le lieu d'habitation et le mode de vente préféré.

Le diagramme en bâtons classique (dit "histogramme groupé" dans Excel) visualise beaucoup plus clairement les résultats. Cette représentation restitue statistiquement l'aspect tridimensionnel, c'est à dire l' *importance* du couple "secteur géographique-mode de vente préféré.

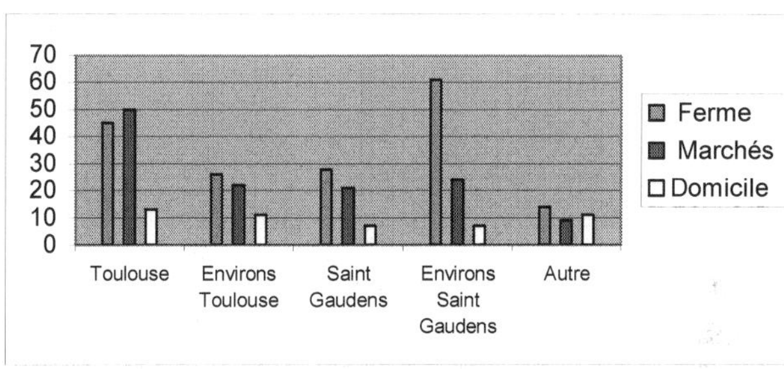

Figure 3.2 Diagramme en bâtons "lieu d'habitation – point de vente préféré".

3.2.3.2. Distribution des fréquences relatives

Le calcul du tableau des valeurs est immédiat à partir du tableau précédent. On détermine la première valeur (1re ligne, 1re colonne) soit 45 (réf. relative) / 349 (réf. absolue) en l'affectant éventuellement du format pourcentage et on tire la poignée de recopie vers le bas puis vers la droite.

	Ferme	Marchés	Domicile	TOTAUX
Toulouse	13%	14%	4%	31%
Environs Toulouse	7%	6%	3%	17%
Saint-Gaudens	8%	6%	2%	16%
Environs Saint-Gaudens	18%	7%	2%	26%
Autre	4%	3%	3%	10%
TOTAUX	50%	36%	14%	100%

Tableau 3.3 Fréquences relatives modes de vente préférés selon les lieux d'habitation.

Le diagramme en bâtons permettant de visualiser la distribution des fréquences relatives s'obtiendrait comme précédemment. Il est identique au précédent au changement d'unité près (n_{ij} changé en $n_{ij} / n_{..}$)

Commentaires et interprétation

Ces résultats, proches des précédents, se passent de lourds commentaires.

Les distributions marginales fournissent la "photographie" des enquêtés selon le secteur géographique de leur résidence.

On remarque le fort poids de Toulouse et environs de Saint-Gaudens (respectivement 30,95% et 26%). Bien entendu, dans une telle étude, purement prospective, on ne peut s'intéresser à la représentativité géographique. Ces résultats sont intéressants pour le producteur qui pourra être amené à "pondérer" certains résultats de l'enquête selon sa connaissance de l'environnement ou selon la stratégie de son choix.

On note l'importance des choix de mode de commercialisation.

En rassemblant tous les secteurs, on constate que près de 50% des enquêtés préfèrent la vente à la ferme ; les marchés viennent en deuxième avec un score de 36% alors que la vente à domicile ne recueille que 14% des suffrages.

Les distributions conjointes font ressortir 3 couples "secteur-mode de vente préféré" représentant ensemble près de 45% des enquêtés :

- environs de Saint-Gaudens et vente à la ferme (18%)
- Toulouse et vente à la ferme (13%)
- Toulouse et vente sur les marchés(14%).

Bien entendu, on constate le très faible score de la "livraison à domicile".

- *Remarque :* ces distributions de fréquences relatives traduisent l'importance relative des secteurs géographiques, des modes de commercialisation préférés et des associations "secteur-mode" mais ne permettent pas de comparer le comportement des enquêtés selon les secteurs ni de comparer l'origine des scores des modes de vente. Les profils permettent de telles comparaisons. Par suite, ils sont beaucoup plus intéressants puisqu'ils peuvent décrire la meilleure stratégie commerciale selon le secteur géographique visé.

3.2.3.3. Profils lignes

Profils lignes	Ferme	Marchés	Domicile	totaux	*poids*
Toulouse	42%	46%	12%	100%	*31%*
Environs Toulouse	44%	37%	19%	100%	*17%*
Saint-Gaudens	50%	38%	13%	100%	*16%*
Environs Saint-Gaudens	66%	26%	8%	100%	*26%*
Autre	41%	26%	32%	100%	*10%*
Profil ligne moyen	*50%*	*36%*	*14%*		*100%*

Tableau 3.4 Profils ligne "lieu d'habitation".

Rappelons qu'il s'agit de répartitions en proportions selon les lignes, c'est à dire par secteur. A chaque profil ligne, on associe son poids (importance de la ligne dans l'échantillon global).

On construit également le profil ligne moyen (importance des colonnes dans l'échantillon global).

Calcul

On peut réaliser ce calcul soit à partir du tableau des fréquences absolues, soit à partir de celui des fréquences relatives.

A partir de ce dernier, pour la ligne 1 (Toulouse), on calcule la 1re valeur (42%) en faisant le rapport 13% (réf. relative) / 31% (fixer la colonne en actionnant 3 fois la touche F4) et on tire la poignée de recopie vers la droite. A titre de vérification ou pour interpréter rapidement un tel tableau parmi d'autres, on peut insérer une colonne Total.

Pour les autres lignes, on sélectionne la ligne de calculs relative à Toulouse et on tire la poignée de recopie vers le bas .

Graphiques

Chaque profil ligne peut être visualisé à l'aide de graphiques ; cependant, l'interprétation sera enrichie en réalisant la description du profil ligne comparée à celle du profil ligne moyen.

On peut choisir différentes représentations sensiblement de même intérêt ; en voici trois permettant de comparer, par exemple, le profil ligne Toulouse et le profil ligne moyen.

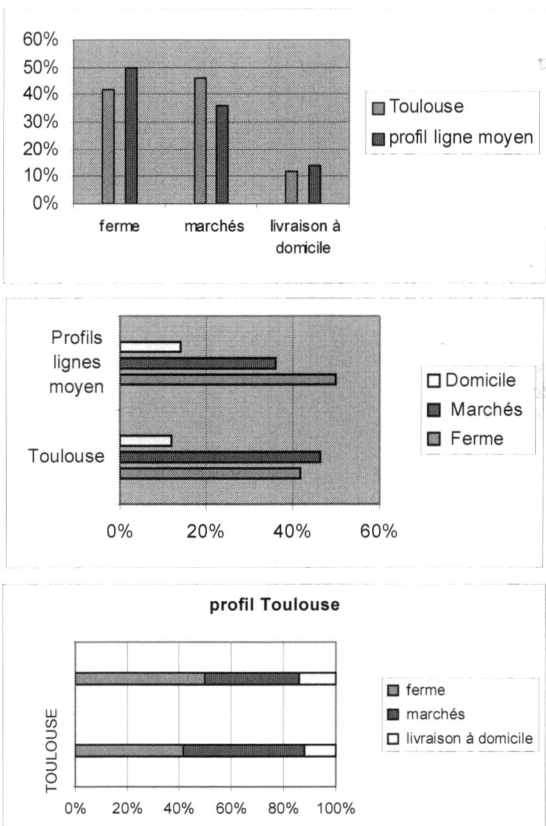

Figure 3.3 Profil ligne Toulouse (diagrammes en bâtons, en barres "groupées" et en barres "empilées").

Diagramme en bâtons

Pour élaborer ce graphique, on sélectionne les plages grisées sur le tableau précédent (touche Ctrl pour sélectionner des cellules distinctes) et on appelle l'assistant graphique. On choisit histogramme (onglet) et histogramme groupé (schéma). Les onglets des étapes 1 et 2 sont automatiquement pré-renseignés. L'esthétique du graphique et son emplacement se règlent au cours des étapes 3 et 4.

Diagramme en barres "groupées"

La procédure est la même sauf à l'étape 2/4 où l'on coche "Série en colonnes".

Diagramme en barres "empilées"

La procédure est identique.

Dans ce qui suit, afin de ne pas alourdir cet exposé, nous n'illustrerons les autres profils lignes qu'au moyen d'un graphique récapitulatif réalisé au moyen d'un diagramme à barres groupées.

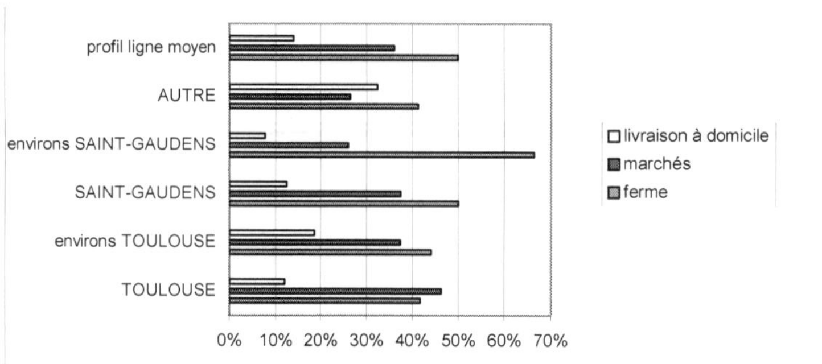

Figure 3.4 Profil ligne et profil ligne moyen des lieux d'habitation (diagramme en barres "groupées").

Commentaires et interprétation

Le profil moyen est le score des modes de commercialisation préférés tous secteurs géographiques confondus. Son commentaire est le même que précédemment (voir distributions relatives marginales). Le profil ligne moyen sert de référentiel aux différents profils lignes.

Le poids associés aux profils lignes mesure l'importance de chaque secteur dans l'échantillon global (voir le commentaire des distributions relatives marginales).

Chaque profil ligne est examiné (hiérarchie des modalités selon leur importance). Le profil ligne est ensuite comparé au profil ligne moyen. Cette comparaison dégage l'originalité, la spécificité du profil ligne considéré. Par exemple, à propos du profil ligne "Toulouse", on constate que, parmi les enquêtés de cette zone, une forte proportion préfère la vente à la ferme et celle sur les marchés (respectivement 42% et 46%) ; seulement 12% préfèrent la vente à domicile.

Parmi les forts pourcentages, on remarque cependant que la proportion d'enquêtés toulousains optant pour la ferme est inférieure à celle de l'ensemble des enquêtés (42% contre 50%). Au contraire, le pourcentage d'enquêtés Toulousains préférant les marchés est nettement supérieur à celui du profil moyen (46% contre 36%). Ce profil a un poids très important (36%).

Examinons plus rapidement les autres profils.

<u>*Environs de Toulouse*</u>

- forte importance de "ferme" mais inférieure à celui du profil moyen
- forte importance des marchés mais très proche du score général
- faible importance de la livraison à domicile, mais supérieur à l'ensemble.

<u>*Saint-Gaudens*</u> *:* profil très proche du profil moyen.

<u>*Environs de Saint-Gaudens*</u> *:* profil très typé.

- Préférence très marquée pour la vente à la ferme, nettement supérieure à celle du profil moyen (66% contre 50%) ; cela peut s'expliquer facilement si l'on précise que le producteur habite ces environs
- seulement 26% des enquêtés de ce secteur préfèrent acheter au marché (36% pour l'ensemble)
- seulement 8% sont favorables à la vente à domicile (le double pour l'ensemble).
- Enfin, il faut rappeler que ce profil concerne 26% de l'échantillon.

Ce profil est certainement important pour orienter la démarche du producteur.

<u>*Autre*</u> : profil également très typé mais différent du précédent.

- forte attirance pour la livraison à domicile (32% contre 14% pour le profil moyen)
- ce profil a un faible poids dans l'échantillon, à peu près 10%. On devine que, concrètement, le producteur devra étudier de plus près cette cible potentielle compte tenu des frais engendrés par la livraison à domicile et de la faiblesse du poids associé.

<u>*Synthèse des profils lignes*</u> : tous secteurs confondus.

- profil moyen : Ferme (50%) > Marché (36%) >> Domicile (14%)
- dans tous les secteurs géographiques excepté "Autre", les modes de commercialisation "Ferme" et "Marchés" sont les plus cités ; en rassemblant ces deux modes de vente, le taux de préférence passe de 81% à 92% selon les secteurs
- dans tous les secteurs sauf Toulouse, c'est la vente à la ferme qui prédomine ; cela n'est pas surprenant compte tenu des valeurs du profil moyen. On peut remarquer que, même si Toulouse préfère les marchés, l'écart reste minime (moins de 5%)
- pour le producteur, les possibilités se dessinent assez clairement. En ce qui concerne la vente à la ferme, selon les secteurs, de 41% à 66% des personnes sont intéressées. Pour la vente à la ferme et sur les marchés, en excluant le secteur "Autre", 81% à 92% des enquêtés sont intéressés selon les secteurs.

3.2.3.4. Profils colonnes

La démarche est analogue à la précédente : il suffit d'échanger les rôles lignes-colonnes.

Nous obtenons les résultats numériques et graphiques du tableau 3.4 et de la figure 3.5.

Commentaires succincts

Le *profil colonne* traduit la participation relative de chaque secteur géographique au score obtenu par un mode de commercialisation.

Les environs de Saint-Gaudens contribuent à 35% *au profil "ferme"*, Toulouse à 26%, Saint-Gaudens à 16%, les environs de Toulouse à 15% et seulement "Autre" à 8%.

Au profil, on associe le poids qui représente l'importance du profil dans l'échantillon global. Ainsi, au profil "ferme" est associé un très fort poids (41%) qui exprime le pourcentage d'enquêtés ayant préféré ce mode de commercialisation comparé à "marchés" (36%) et à "domicile" (14%).

Profils colonnes	Ferme	Marchés	Domicile	*Profil colonne moyen*
Toulouse	26%	40%	27%	*31%*
Environs Toulouse	15%	17%	22%	*17%*
Saint-Gaudens	16%	17%	14%	*16%*
Environs Saint-Gaudens	35%	19%	14%	*26%*
Autre	8%	7%	23%	*10%*
Total	100%	100%	100%	*////////*
Poids	*50%*	*36%*	*14%*	*100%*

Tableau 3.5 Profils colonne "mode de vente préféré".

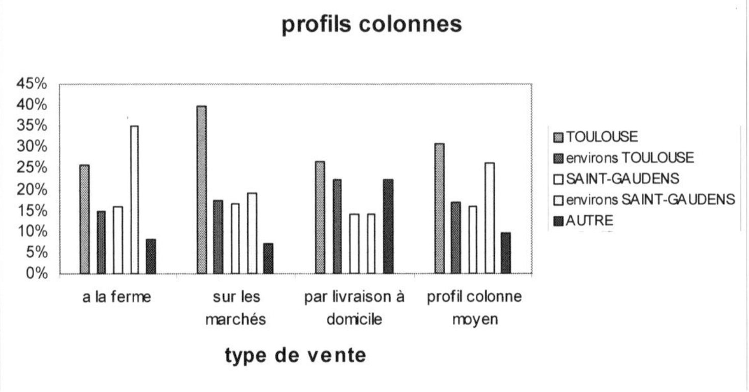

Figure 3.5 Profils colonne "mode de vente préféré".

Dans cet exemple, le profil colonne moyen représente simplement l'importance de chaque secteur dans l'échantillon, c'est à dire tous modes de commercialisation confondus. On reconnaît la distribution marginale colonne des fréquences relatives commentée précédemment. Le profil colonne moyen sert de référence aux différents profils colonnes.

Décrivons succinctement chaque profil colonne.

Ferme : Comme pour le profil moyen, on note une forte participation des secteurs "Toulouse" et "environs de Saint-Gaudens". Cependant, la participation de Toulouse reste inférieure d'environ 5% au pourcentage des Toulousains dans l'échantillon ; par contre, la participation du secteur environs de Saint-Gaudens dépasse nettement celle du profil moyen (9% en plus).

Marchés : Comme dans le profil moyen, on note une forte participation des secteurs "Toulouse" et "environs de Saint-Gaudens". On remarque qu'en proportion davantage de Toulousains ont préféré ce mode de vente qu'il n'y a de Toulousains dans l'échantillon global (environ +9%). Par contre, même si la participation du secteur "environs de Saint-Gaudens" est importante, elle reste inférieure à celle du profil moyen.

Domicile : ce profil est très typé et très différent du profil moyen. 27% des suffrages obtenus par ce type de vente proviennent de Toulouse. C'est la contribution la plus importante, cependant inférieure à celle du profil moyen. On trouve ensuite les secteurs "Environs de Toulouse" et "Autre" (22% chacun, supérieur au profil moyen). En particulier, on remarque que 22% des choix de ce mode proviennent du secteur "Autre" alors que ce secteur ne représente que 10% de l'échantillon. On peut comprendre que, concrètement, ces personnes n'habitant pas en permanence dans ces zones préfèrent être livrées à domicile. Rappelons que ce profil a un poids beaucoup plus faible dans l'enquête.

Synthèse des profils colonnes

Toulouse et les environs de Saint-Gaudens contribuent fortement aux profils des trois modes de vente.

En ce qui concerne les profils "ferme" et "Marchés", les contributions essentielles sont issues des secteurs "Toulouse" et "Environs de Saint-Gaudens" ce qui est naturel compte tenu de la composition de l'échantillon global (profil colonne moyen). Environ 60% des voix recueillies par chacun de ces deux modes de commercialisation proviennent de ces deux secteurs ; ceci correspond à l'importance de la réunion de ces deux secteurs dans l'échantillon. Il est par ailleurs essentiel de rappeler l'importance des poids associés à ces deux profils "Ferme" et "Marchés" (respectivement 50% et 36%).

Concrètement, nous retrouvons des éléments de convergence avec les résultats fournis par l'analyse descriptive des profils lignes qui, dans cet exemple, semble plus riche.

3.3. COUPLE VARIABLE QUANTITATIVE - VARIABLE QUALITATIVE

Exemple : nombre de jours de formation selon les catégories de personnel

3.3.1. Présentation des données et position du problème

Dans le chapitre consacré à la statistique descriptive univariée, nous avons décrit les variables quantitatives discrètes et continues, ces deux types de description étant très proches. Pour étudier le croisement d'une variable quantitative avec une variable qualitative, il suffit en fait de décrire la variable quantitative pour chacune des modalités de l'autre. Éventuellement, on peut ajouter la description de la variable quantitative sur l'ensemble des observations.

Dans une entreprise de constructions métalliques, en fin d'année, on fait le bilan des diverses formations suivies par les salariés. Dans cet exemple, on considère uniquement les stages de formation continue et l'on s' intéresse au nombre de jours de formation selon les catégories de personnel.

SECRETARIAT	1	1	1	2	2	2	3	3	3	3	3	3	3	4	4	4	4	5	5	5
TECHNIQUE	8	8	8	8	8	8	8	8	8	8	8	8	10	10	9	9	9	9	5	6
COMPTABILITE	4	4	4	4	4	4	4	3	3	3	5	5	5	2	2	6	6	10	10	10
ENTRETIEN	12	3	5	6	14	3	3	4	4	6	6	2	1	1	1	1	3	5	5	8

SECRETARIAT	6	6	7	7	10	15	11													
TECHNIQUE	12	7	7	7	7	7	6	6	6	4	4	12	3	12	2	2	15	15		
COMPTABILITE	10	10	10	10	9	9	9	11	11	11	8	8	12	12	7	15				
ENTRETIEN	8	10	10	11	9	7	4	2	3	4	8	12	12	3	8	8	9	15	15	15

Tableau 3.6 Nombre de jours de formation selon la catégorie.

On distingue quatre grandes catégories : le secrétariat, le service technique, le service de gestion comptable et le service d'entretien. Pour chaque salarié concerné de chaque catégorie, on a relevé la durée totale de formation en nombre de jours et on obtient les résultats indiqués sur le tableau 3.6 (pour des raisons d'édition, ce tableau est présenté ici en deux morceaux, l'un au dessous de l'autre. Sur le tableur, il convient de le saisir "en colonnes" par exemple).

Question : réaliser une analyse statistique descriptive de ces données.

3.3.2. Démarche statistique et résultats

Les outils statistiques et la mise en œuvre sur Excel ayant été approfondis dans le chapitre de statistique descriptive univariée, nous proposons d'en exposer simplement les résultats. Comme on le fait souvent en pratique, nous faisons le résumé de l'information à l'aide des paramètres statistiques suivi des distributions de fréquences visualisées par les histogrammes.

3.3.2.1. Paramètres statistiques

Description de chaque catégorie

Pour le calcul des paramètres statistiques de chaque catégorie, nous conseillons de calculer tous les paramètres statistiques de la première catégorie (secrétariat) en travaillant en références relatives. Pour les autres catégories, il suffira ensuite de sélectionner l'ensemble des résultats et d'utiliser la poignée de recopie.

➢ *Remarques*

- Pour renseigner la plage des données, il est indispensable de considérer les mêmes dimensions pour les plages de valeurs de toutes les catégories, soit la dimension maximale (40 observations dans notre exemple), soit une taille supérieure en prévision d'autres calculs dans cette étude ou même pour servir de modèle à des études ultérieures. En effet comme Excel gère les manquants, on peut affiner d'autant plus une étude statistique que l'on prévoit son utilisation pour d'autres cas. En résumé, dans notre exemple :

	SECRET	TECHN	COMPTA	ENTRET
1	1	8	4	12
2	1	8	4	3
3	1	8	4	5
4	2	8	4	6
...		...	...	...
26	15	7	9	7
27	11	6	9	4
28		6	11	2
...		...	...	...
35		2	7	8
36		2	15	8
37		15		9
38		15		15
39				15
40				15

Pour la plage des données, il faut sélectionner un nombre de lignes n_l au moins égal à 40.
On a noté :
- SECRET pour Secrétariat
- TECHN pour Technique
- COMPTA pour Comptabilité
- ENTRET pour Entretien.

- Pour une telle étude descriptive, nous conseillons de ne pas nommer les plages de données de chaque catégorie. Cela permet d'utiliser les références relatives et de bénéficier ainsi de l'utilisation de la poignée de recopie pour les autres catégories et, de plus, entraîne un gain de temps appréciable et d'autant plus important que le nombre de modalités de la variable qualitative est grand.

- Par contre, il sera très pratique de nommer les plages de données dans le cadre d'autres calculs (par exemple pour l'application future de tests statistiques).

Description de l'ensemble

Sur le plan concret, résumer l'information sur l'ensemble des données peut parfois être discutable car il peut être maladroit de "tout mélanger". Dans d'autres cas, une synthèse générale peut au contraire servir de référence.

Sur Excel, on peut utiliser au moins deux méthodes :

- cette fois, on nomme D la zone des valeurs (40 lignes, 4 colonnes). On place l'ensemble des paramètres statistiques déjà calculés sur une 5e colonne et, dans la barre de formule, pour chaque paramètre statistique, on remplace les références relatives des plages de données par D
- à l'aide de copier-coller successifs, on peut aussi remplir une 6e colonne de l'ensemble des données, le nombre n_l de lignes mentionné dans la "description de chaque catégorie" devenant au moins égal au nombre total d'observations. Tout se passe alors comme si l'on avait une 5ie catégorie et on peut utiliser la poignée de recopie pour en obtenir les résultats.

Les deux procédés sont à peu près aussi rapides, le 1er étant plus "esthétique" au niveau de la présentation des données.

PARAMETRES STATISTIQUES	**SECRET**	**TECHN**	**COMPTA**	**ENTRET**	Ensemble
NBVAL	27	38	36	40	141
MIN	1	2	2	1	1
QUARTILE 1	3	6,25	4	3	4
MEDIANE	**4**	**8**	**7,5**	**6**	6
QUARTILE 3	5,5	9	10	9,25	9
MAX	15	15	15	15	15
MOYENNE	**4,556**	**7,816**	**7,222**	**6,650**	6,709
ECARTYPEP	3,178	2,882	3,384	4,181	3,653
CV	*70%*	*37%*	*47%*	*63%*	*54%*
COEFFICIENT.ASYMETRIE	1,702	0,371	0,177	0,532	0,446
KURTOSIS	3,332	0,958	-1,067	-0,738	-519,000
étendue	*14*	*13*	*13*	*14*	14
IQR	*2,5*	*2,75*	*6*	*6,25*	5

Tableau 3.7 Paramètres statistiques du nombre de jours de formations selon les catégories et globalement.

Commentaires

Comparons les 4 catégories.

- Extrêmes

Quelles que soient les catégories, le nombre de jours de formation se situe dans la même gamme de valeurs: de 1 à 2 jours au minimum à 15 jours au maximum.

- Médianes

Les médianes diffèrent selon les catégories. La plus faible valeur concerne le secrétariat. La moitié des secrétaires concernés prennent entre 4 et 15 jours de formation alors que la moitié des salariés comptables ou du service technique prennent entre 8 et 15 jours. Le résultat est intermédiaire pour le service d'entretien.

- Moyennes

Pour chaque catégorie, on remarque pour ce paramètre des résultats très proches de la médiane. En moyenne, la durée de formation au secrétariat est de 4, 5 jours contre 7,8 au service technique et à la comptabilité ; le service entretien est ici aussi intermédiaire (6 jours).

En résumé, en considérant médianes et moyennes, il apparaît que les durées de formation dans les services techniques et comptables sont plus élevés que dans les autres.

– Quartiles

50% des secrétaires suivent des formation entre 3 et 5,5 jours alors que 50% des salariés du service technique suivent des formations de 6 à 9 jours. On remarque des intervalles inter-quartiles (IQR) similaires (2,5 et 3 jours). A la comptabilité, 50% des formations ont une durée comprise entre 4 et 10 jours ; même constat au service entretien (décalage de 1 jour en moins). Pour ces deux catégories, l'IQR (environ 6 jours) dépasse le double de celui des deux autres catégories.

– Ecart-types et coefficients de variation

Les écart-types sont de l'ordre de 3 à 4 jours. Par suite, sans comparaison relative à la moyenne, ces indications de dispersion sont proches. Les coefficients de variation (écart-types exprimés en proportion de la moyenne) sont très élevés : il y a donc beaucoup de dispersion autour de la moyenne. Ce dernier paramètre n'est donc pas un bon résumé des données.

Si l'on utilise le CV comme outil de comparaison et donc de l'hétérogénéité des 4 catégories, il apparaît que les plus élevés sont relatifs au secrétariat et au service entretien. Pour ce dernier, l'importance de l'intervalle inter-quartile avait déjà été remarquée : ceci exprime une forte dispersion de la distribution qui, elle-même, engendre un fort CV. En ce qui concerne le secrétariat, le fort CV est en partie dû à la faible moyenne de la durée de formation ce qui, en relativité, dilate la dispersion. C'est le phénomène inverse qui explique que le CV du service technique est pratiquement égal à la moitié de celui du secrétariat.

– Coefficients de forme

Nous remarquons la singularité de la catégorie secrétariat : dissymétrie gauche, faible aplatissement. Les distributions de fréquence assorties des histogrammes permettront de mieux approcher cette singularité.

Description de l'ensemble des catégories

Examinés isolément, ces résultats constituent une bonne synthèse pour l'entreprise : chacune des catégories peut être comparée à l'ensemble considéré alors comme référence.

On remarque que le service d'entretien ressemble assez bien à l'ensemble (excepté l'écart-type et par suite le CV). Concrètement, il est intéressant qu'une catégorie réelle soit, en quelque sorte, représentative de l'ensemble ; lors de la comparaison des 4 catégories, nous avons remarqué le caractère intermédiaire de ce service notamment entre le secrétariat et "service technique + comptabilité". Par suite, relativement à ces deux groupes de catégories, nous retrouvons les remarques déjà faites mais, cette fois, par rapport à l'ensemble.

- *Remarque :* le nombre d'observations de chaque catégorie fourni par la fonction NBVAL se passe de commentaires! En pratique, on prépare souvent une grille type pour ses traitements courants. Pour de futurs calculs statistiques, il est important de connaître les tailles d'échantillons.

3.3.2.2. Distributions de fréquences et histogrammes

Nous choisissons des classes d'amplitude 2 et formons la matrice des classes ci-contre.

Classes
2
4
6
…
12
> 12

➔ signifie nombre de jours ≤2

➔ signifie 2 < nombre de jours ≤4

Distribution des fréquences absolues

On utilise la fonction FREQUENCE dont la manipulation a été expliquée dans le chapitre précédent (statistique univariée).

Comme ci-dessus, nous conseillons de calculer la distribution de fréquence pour la 1re série statistique (secrétariat) et d'utiliser ensuite la poignée de recopie pour les autres catégories. pour renseigner la boîte de dialogue, on fera attention aux types de références pour la 1re distribution (matrice-données en références relatives et matrice-intervalles en références absolues. On contrôlera l'exactitude du total (égal à NBVAL de la 1re catégorie).

Classes	SECRET	TECHN	COMPTA	ENTRET
2	6	2	2	6
4	11	3	10	10
6	5	5	5	6
8	2	17	3	6
10	1	6	10	4
12	1	3	5	4
>12	1	2	1	4
Total	***27***	***38***	***36***	***40***

Classes	SECRET	TECHN	COMPTA	ENTRET
2	22%	5%	5%	15%
4	41%	8%	28%	25%
6	18%	13%	14%	15%
8	7%	45%	8%	15%
10	4%	16%	28%	10%
12	4%	8%	14%	10%
>12	4%	5%	3%	10%
Total	***100%***	***100%***	***100%***	***100%***

Tableau 3.8 Tableaux des distributions de fréquence des jours de formation selon les catégories.

a) Distribution des fréquences absolues (DFA) b) Distribution des fréquences relatives (DFR)

Distribution des fréquences relatives

Les nombres d'observations des séries statistiques sont généralement différents. Pour comparer les distributions, on doit calculer les fréquences relatives. Ces pourcentages ne doivent pas être sortis du contexte car les bases sont petites (27 individus).

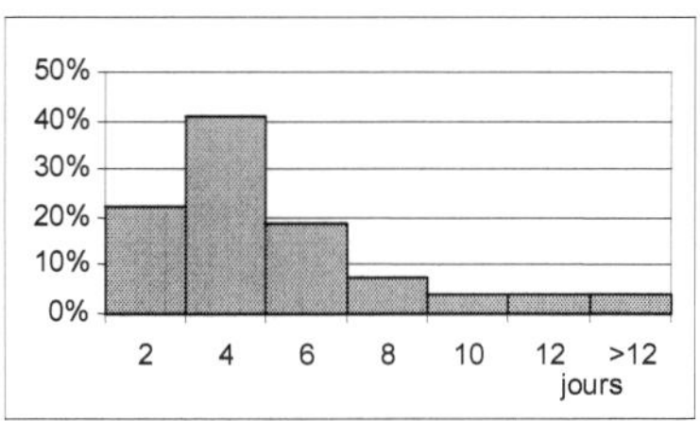

Secrétariat

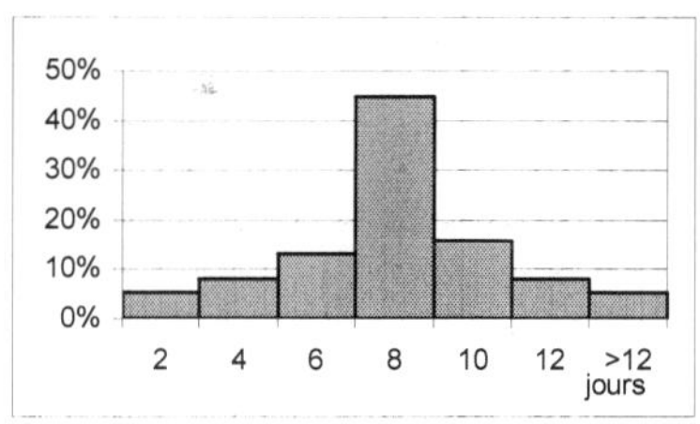

Technique

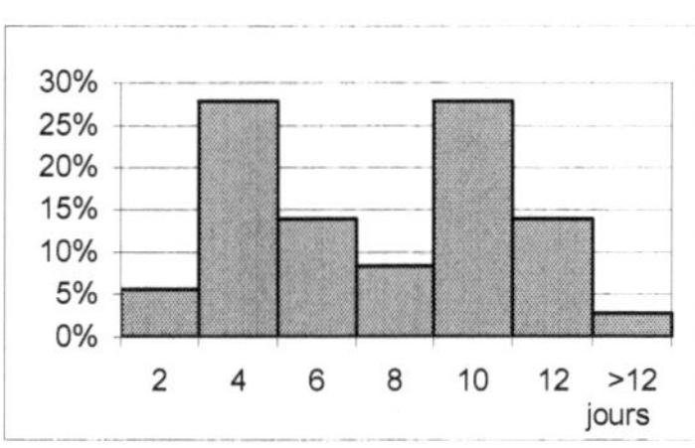

Comptabilité

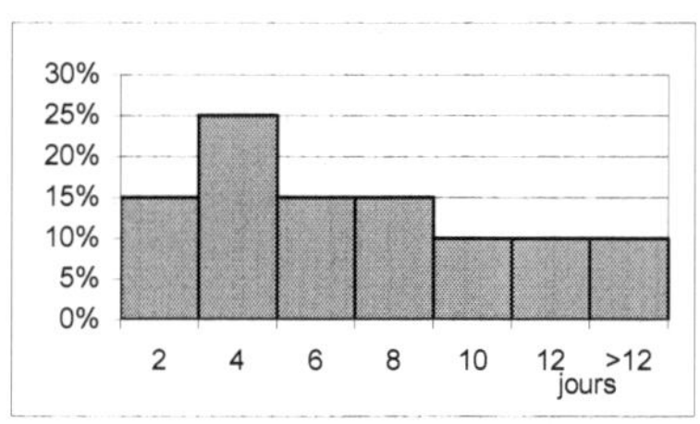

Entretien

Figure 3.6 Histogrammes des jours de formation selon les catégories.

Sur Excel, on détermine la 1re valeur (1re classe pour le secrétariat : 22%) en écrivant dans cette cellule du tableau DFR le rapport 6 (référence relative) / 27 (référence absolue : fixer ligne) des cellules concernées du tableau DFA. Tirer ensuite la poignée de recopie (de 22 à 4) et ensuite de cette colonne à la dernière. On veillera à assortir ces cellules du format "Pourcentage" avec le nombre de décimales désiré.

Graphiques :

L'élaboration de ces histogrammes est expliquée dans le chapitre précédent (statistique univariée). On utilise l'Assistant graphique qui ne présente aucune difficulté particulière.

On peut également grouper l'ensemble des catégories sur un même graphique, mais si l'on gagne en concision, on risque de perdre en clarté s'il y a trop de catégories et de classes.

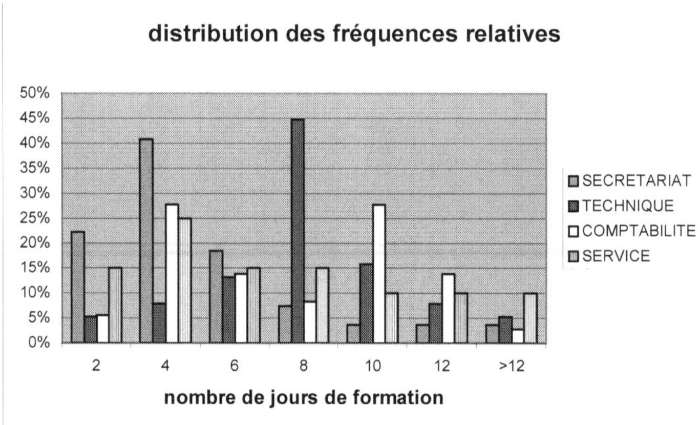

Figure 3.7 Distribution des fréquences relatives des jours de formation selon les catégories.

Commentaires et interprétation

Pour le Secrétariat, la distribution est fortement dissymétrique (gauche). La classe modale $]2j\,,4j]$ contient 40% de l'effectif, soit 11 individus. La moyenne n'appartient pas à cette classe et est au-delà de cette classe ; cela ne surprend pas dans une telle dissymétrie.

En ce qui concerne le Service Technique, la distribution présente une bonne symétrie. La classe modale $]6j\,,8j]$ contient la moyenne et la médiane ce qui renforce l'intérêt de ces paramètres pour résumer la série statistique.

Pour la Comptabilité, la distribution est bimodale. Les classes modales $]2j\,,4j]$ et $]8j\,,10j]$ contiennent chacune à peu près 28% de l'effectif de la catégorie soit 10 individus. La médiane et la moyenne sont dans la classe $]6j\,,8j]$ qui couvre 8% des effectifs. Ici, l'interprétation courante et béotienne de la moyenne est particulièrement faussée : peu d'individus ont suivi une formation de durée égale à cette moyenne. Cette distribution met bien en évidence le danger de la moyenne en tant que paramètre résumé en statistique descriptive.

Enfin, pour le Service Entretien, aucune structure n'apparaît dans cette distribution. Malgré plusieurs tentatives de découpage en classes, c'est souvent le cas. Il faut admettre que la réalité n'accepte pas toujours un lissage aussi harmonieux que celui de la loi Normale.

En résumé, ce petit exemple donne un aperçu de la diversité des distributions rencontrées le plus souvent dans la pratique :

- distribution dissymétriques
- distribution symétriques du type loi gaussienne
- distributions bimodales
- distributions quelconques.

Il est intéressant de remarquer également la place du traditionnel paramètre statistique, la moyenne, dans ce type d'étude.

Histogramme global

Bien entendu, on retrouve les commentaires précédents. Dans l'ensemble, la distribution du secrétariat est décalée vers la gauche par rapport aux autres, ce qui signifie que les durées de formations des secrétaires sont plus faibles que dans les autres services.

On remarque immédiatement l'importance de la classe modale du service technique (forte proportion) relative en outre, à un nombre de jours important. Les deux modes de la Comptabilité encadrent le mode du Service Technique. Les pratiques contrastées de la Comptabilité apparaissent clairement.

3.4. COUPLE VARIABLE QUANTITATIVE - VARIABLE QUANTITATIVE

Exemple : évolution de la qualité des arômes d'un vin en fonction de la concentration en acide malique

3.4.1. Présentation des données et position du problème

Dans un institut technique, on étudie un vin du Sud-ouest issu d'un certain terroir. Dans cette étude, on s'intéresse à la corrélation éventuelle entre la qualité des arômes du vin et sa concentration en acide malique mesurée dans le moût. La finalité serait de pouvoir prédire la qualité des arômes à partir de la concentration en acide malique.

La qualité des arômes est indiquée par une note fournie par un jury de dégustation selon une échelle croissante de 0 à 10. La concentration en acide malique est exprimée en g/l. On dispose ainsi des n = 33 observations reportées sur le tableau 3.9 (Dans Excel, ce tableau doit être saisi sur une seule paire de colonnes).

Acide malique	9,6	6,5	4,5	5,0	5,2	5,1	9,5	10,0	9,6	10,2	10,4	10,3	6,5	6,7	6,6	4,3	4,7
QUALITE DES AROMES	3,5	1,0	1,0	1,5	2,5	3,0	5,0	6,0	5,5	6,0	7,0	7,0	2,0	4,5	3,5	3,0	4,0
Acide malique	4,5	7,8	8,2	8,0	10,4	10,8	10,5	8,0	8,4	8,2	6,0	6,4	6,2	6,8	6,6	10,1	
QUALITE DES AROMES	3,5	4,5	6,0	5,5	8,0	8,5	8,0	5,5	7,0	6,5	5,0	6,0	6,0	6,5	4,5	9,0	

Tableau 3.9 Note de qualité des arômes et concentration en acide malique.

Questions

a) Décrire la liaison entre ces deux critères au moyen de paramètres statistiques et, graphiquement, au moyen d'un "nuage " de points.
b) Ajuster ce nuage par une droite de régression (ou "droite des moindres carrés").

c) On dispose de 5 nouvelles mesures de concentration en acide malique. Prédire la note de qualité des arômes des vins obtenus au moyen du modèle fourni par la droite d'ajustement précédente.

On notera Y la qualité des arômes. C'est la variable à expliquer ou variable dépendante.

La concentration en acide malique (en g/l) sera notée X. C'est la variable explicative ou prédicteur.

3.4.2. Représentation graphique : diagramme de dispersion

La manière la plus simple et la moins déformante de décrire une série statistique double est de la visualiser par un nuage de points (diagramme de dispersion).

Sur la feuille Excel, il faut sélectionner la plage des données (dans l'ordre X Y) et appeler l'assistant graphique. On choisit "Nuage de points" (simple nuage). Cliquer ensuite sur "Suivant" : la plage des données indique les colonnes présélectionnées. On présente ensuite titres et axes selon ses choix.

Rappelons qu'en positionnant le curseur sur un point quelconque du nuage, une info bulle indique les coordonnées de ce point et permet ainsi de l'identifier

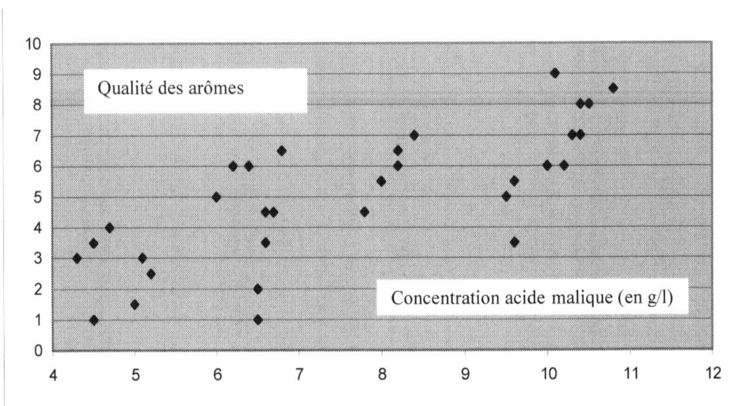

Figure 3.8 Relation note de qualité des arômes et concentration en acide malique (en g/l).

On constate que le nuage s'étire longitudinalement dans le sens de croissance de la qualité des arômes avec la concentration en acide malique.

3.4.3. Résumé des données au moyen des paramètres statistiques

3.4.3.1. Présentation des outils statistiques

- Paramètres statistiques marginaux

Les paramètres moyenne et variance constituent un premier résumé de chaque série.

$$\bar{x} = \frac{1}{n}\sum_{i=1}^{n} x_i \qquad \operatorname{Var} x = \sigma_x^2 = \frac{1}{n}\sum_{i=1}^{n}(x_i - \bar{x})^2$$

$$\bar{y} = \frac{1}{n}\sum_{i=1}^{n} y_i \qquad \operatorname{Var} y = \sigma_y^2 = \frac{1}{n}\sum_{i=1}^{n}(y_i - \bar{y})^2$$

- *Remarque :* nous choisissons d'exprimer ces paramètres en considérant les séries "X" et "Y" écrites au sens large

$$(x_i \le x_{i+1} \quad \forall i \in \{1,2,...,n\} \text{ et } y_i \le y_{i+1} \quad \forall i \in \{1,2,...,n\}),$$

usage le plus fréquent et le plus adapté à Excel.

Le couple ($\bar{x}$, $\bar{y}$) définit le <u>centre de gravité</u> ou <u>barycentre</u> de la série double (X , Y) ou encore du nuage de points. Notons G ce point de coordonnées ($\bar{x}$, $\bar{y}$).

- Paramètres statistiques bidimensionnels

La <u>covariance</u> entre x et y se définit par

$$\text{Cov}(x,y) = \frac{1}{n}\sum_{i=1}^{n}(x_i - \bar{x})(y_i - \bar{y}) = \frac{1}{n}\text{SPE}$$

avec la Somme de Produits des Ecarts $\text{SPE} = \sum_{i=1}^{n}(x_i - \bar{x})(y_i - \bar{y})$.

La covariance est donc égale à la moyenne du produit des écarts à la moyenne (Remarque : Cov (x , x) = Var x). C'est un indicateur de dispersion autour du centre de gravité $G = (\bar{x}, \bar{y})$ qui, de plus, permet d'appréhender la relation de croissance ou décroissance entre les variables x et y.

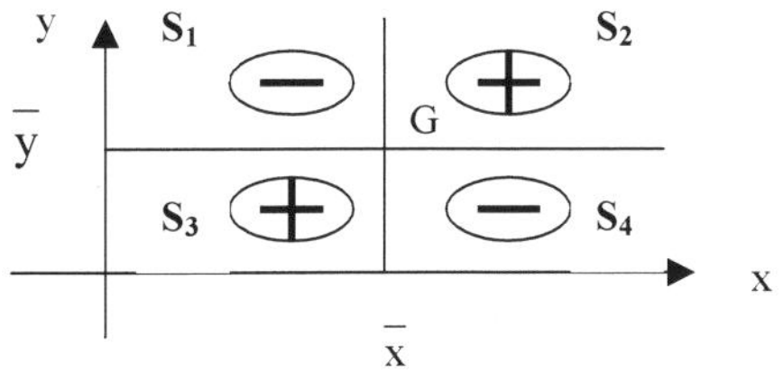

Notons S_1, S_2, S_3 et S_4 les 4 quadrants délimités par les droites $x = \bar{x}$ et $y = \bar{y}$ et $P_i = (x_i - \bar{x})(y_i - \bar{y})$.

Dans les secteurs S_2 et S_3, les termes produits P_i contribuent positivement à la covariance et expriment une relation croissante entre les variables x et y. C'est l'inverse dans les quadrants S_1 et S_4, soit, finalement :

- Cov (x,y) > 0 $\Rightarrow$ y fonction croissante de x
- Cov (x,y) < 0 $\Rightarrow$ y fonction décroissante de x
- Cov (x,y) = 0 $\Rightarrow$ les contributions positives et négatives des produits P_i se compensent.

Deux cas particuliers sont également possibles :

$x_i = \bar{x} \quad \forall i \in \{1,2,...,n\}$ (1)

$y_i = \bar{y} \quad \forall i \in \{1,2,...,n\}$ (2)

Dans ces cas particuliers, l'une des deux séries est constante :

(1) les points sont situés sur la droite x = $\bar{x}$

(2) les points sont situés sur la droite y = $\bar{y}$.

- *Remarque :* tout comme la variance, la covariance est liée aux unités. Par suite, la valeur numérique de la covariance est peu exploitable en pratique. On peut indiquer le changement de variable aléatoire affine pour percevoir l'importance de cette remarque : Cov (ax + b , cy + d) = ac Cov (x,y) (a, b, c et d étant des coefficients réels).

La propriété fondamentale de la covariance est que sa valeur absolue est inférieure ou égale au produit des écarts-types :

$$|\text{Cov}(x,y)| \le \sigma_x \sigma_y$$

Dans le cas de l'égalité, il a liaison linéaire entre x et y : y = ax + b (a et b réels).

Le coefficient de corrélation linéaire entre X et Y, noté r(x,y) est défini par

$$r(x,y) = \frac{Cov(x,y)}{\sigma_x \, \sigma_y} \qquad \text{avec } \sigma_x \text{ et } \sigma_y \neq 0$$

Le coefficient de corrélation est du même signe que la covariance ; on peut donc faire à son sujet les mêmes remarques relativement au caractère croissant ou décroissant de la relation entre x et y :

$0 < r < 1$

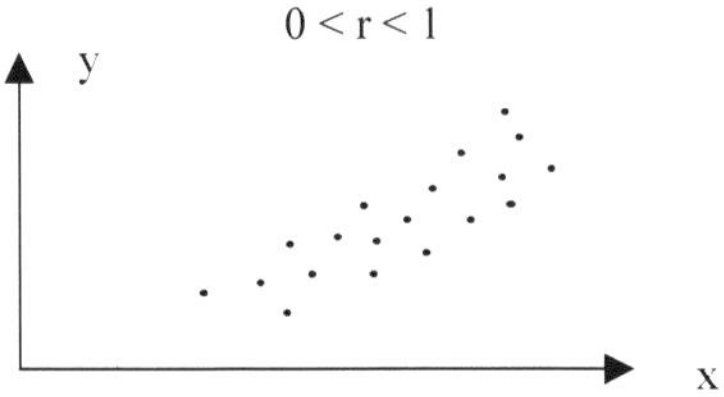

$x \nearrow \;\Rightarrow\; y \nearrow$

$-1 < r < 0$

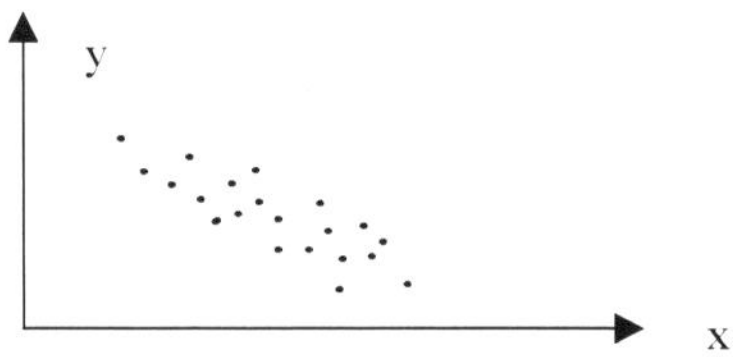

$x \nearrow \;\Rightarrow\; y \searrow$

D'après la propriété fondamentale de la covariance, il apparaît que

$$|r| \leq 1 \iff -1 \leq r \leq 1$$

$$r = \pm 1 \iff \text{liaison linéaire entre x et y.}$$

Le coefficient de corrélation r(x,y) mesure donc l'"intensité" de la liaison linéaire entre x et y.

➢ *Remarques*

- Le coefficient de corrélation est indépendant des unités. Par suite, c'est un paramètre statistique fréquemment utilisé.
- $r \simeq 0$ traduit l'absence de liaison linéaire entre x et y. Le nuage (x,y) peut ne présenter aucune structure ou présenter une structure autre que linéaire comme sur les figures suivantes.

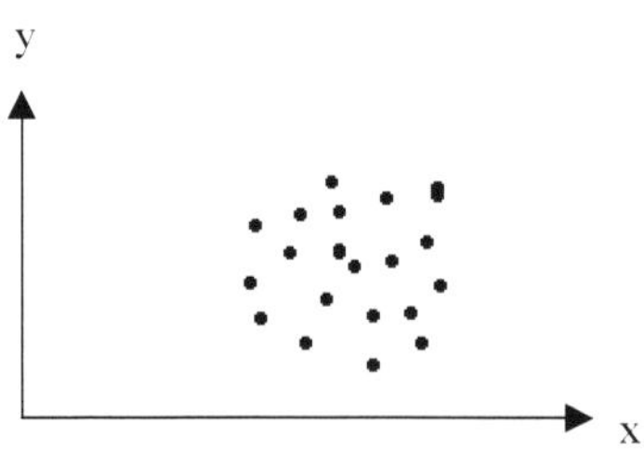

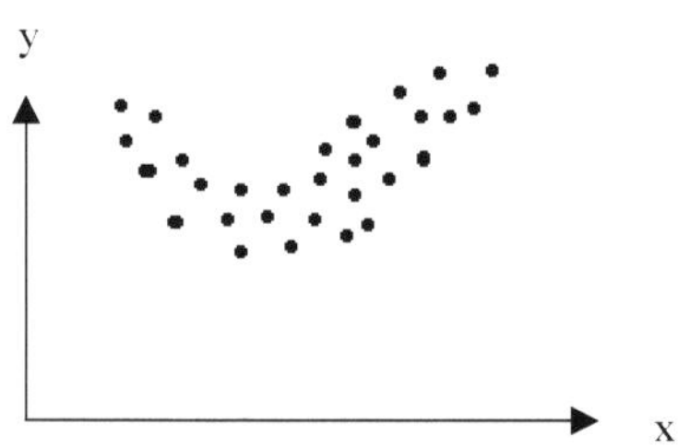

$r \simeq 0$

- Lorsque $r \simeq 1$, le nuage de points "s'étire linéairement". Nous déconseillons cependant une telle conclusion consécutive à la lecture seule du coefficient de corrélation. Nous recommandons l'examen du nuage de points. En effet, dans quelques cas exceptionnels, quelques points rares et marginaux peuvent entraîner la linéarité.

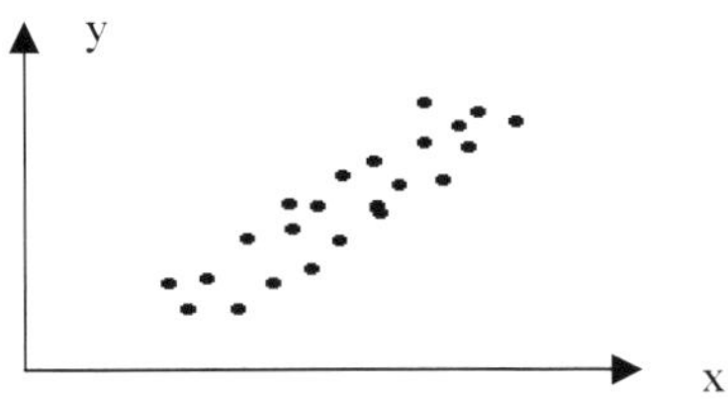

Fréquent

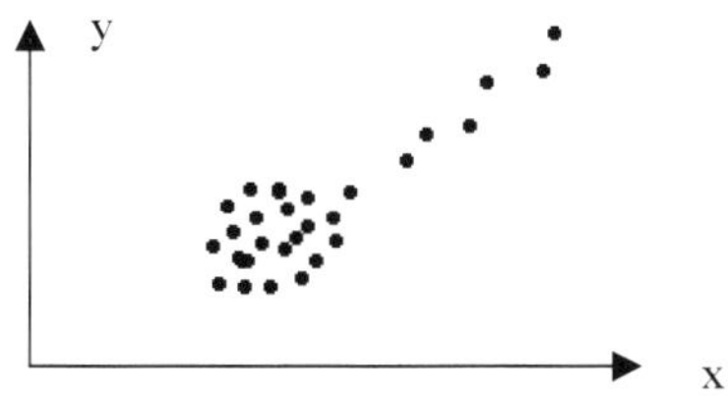

Parfois…

Il est clair que, dans ce deuxième cas de figure, il convient de différencier deux sous-ensembles de points.

Rappelons que corrélation n'implique pas causalité. La recherche des causes incombe au spécialiste du sujet traité et non au statisticien!

3.4.3.2. Mise en œuvre au moyen d'Excel

- Paramètres statistiques marginaux

Moyennes (fonction MOYENNE)
- acide malique : 7,62
- qualité des arômes : 5,03
- centre de gravité : G (7,62 ; 5,03) (point moyen du nuage).

Variances (fonction VAR.P)
- qualité des arômes : 4,38
- acide malique : 4,33.

Ecarts-types (fonction ECARTYPEP)
- qualité des arômes : 2,09
- acide malique : 2,08.

Coefficient de variation
- qualité des arômes : 42%
- acide malique : 27%.

Les valeurs de ces paramètres statistiques sont peu interprétables pour un non praticien ; seul le coefficient de variation traduit une plus forte dispersion de la qualité des arômes.

- Paramètres statistiques bidimensionnels

La fonction COVARIANCE donne 3,293. Cette valeur étant positive, la qualité des arômes Y est une fonction croissante de la concentration X en acide malique.

Dans la boîte de dialogue de la fonction COEFFICIENT.CORRELATION, on renseigne "Matrice1" en sélectionnant les valeurs de la concentration en acide malique et la zone "Matrice2" par les valeurs de la qualité des arômes. On trouve la valeur 0,756. Cela signifie que la confrontation de la valeur positive et relativement élevée de ce coefficient à la visualisation du nuage de points traduit une linéarité relativement convenable entre la qualité des arômes et la concentration en acide malique.

La qualité des arômes est une fonction croissante de la concentration en acide malique.

3.4.4. Régression linéaire simple de y en x ou droite de régression

3.4.4.1. Objectif

Les statistiques descriptives précédentes nous orientent vers la recherche d'un modèle linéaire Y=AX+B+ε permettant de prédire la qualité des arômes (Y) à partir de la concentration en acide malique (X). La régression est dite simple car on ne considère qu'une seule variable explicative.

3.4.4.2. Outil statistique

Il s'agit de déterminer les coefficients de l'équation de la droite $y = ax + b$.

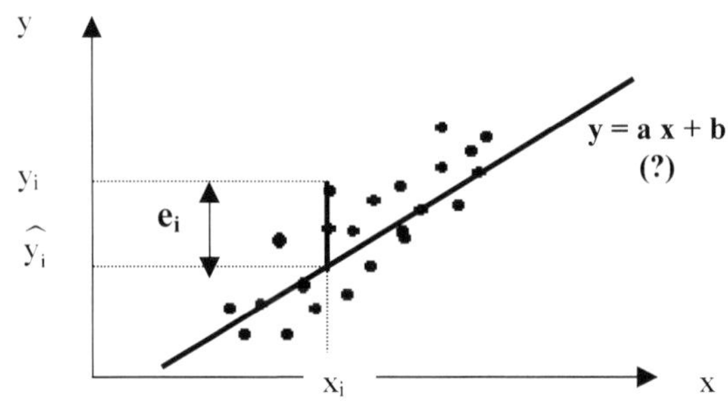

On recherche les coefficients réels a et b (meilleures estimations de A et B) tels que la droite $y = a\,x + b$ soit "la plus proche" possible du nuage de points au sens des moindres carrés.

Soit : (a,b) ? tels que $\sum_{i=1}^{n} e_i^2$ minimum avec $e_i = y_i - (ax_i + b)$.

Le calcul de cette optimisation conduit aux résultats

$$a = \frac{\text{Cov}(x,y)}{\text{Var}\,x} \qquad b = \bar{y} - \bar{x}\left[\frac{\text{Cov}(x,y)}{\text{Var}\,x}\right]$$

Par suite, l'équation de la droite de régression (selon le critère des moindres carrés) s'écrit $y - \bar{y} = \dfrac{\text{Cov}(x,y)}{\text{Var}\,x}(x - \bar{x})$.

- *Remarque* : la droite de régression passe par le centre de gravité $G(\bar{x}, \bar{y})$.

Notation et vocabulaire

- $\widehat{y}_i = ax_i + b$: estimation de la valeur de y par le modèle ou valeur de y prédite pour y lorsque $x = x_i$.
- $y_i - \widehat{y}_i = y_i - (ax_i + b) = e_i$ est appelé "résidu" ou erreur.

Indice de qualité et coefficient de détermination

On établit l'équation de l'analyse de variance :

$$SCE_y = SPE_{y\widehat{y}} + SCE_r$$

Variabilité totale de Y	Variabilité expliquée par le modèle régression	Variabilité due aux résidus

La qualité de la régression est souvent exprimée par le coefficient de détermination noté R^2. Ce coefficient est la proportion de variabilité expliquée par le modèle : $R^2 = \frac{SPE_{y\hat{y}}}{SCE_y}$.

Le coefficient de détermination est le carré du coefficient de corrélation entre y et x soit $R^2 = r^2\,(x,y)$.

Propriétés des résidus

- La moyenne des résidus est nulle : $\bar{e} = 0$.
- Les résidus ne sont corrélés ni avec x ni avec $\hat{y}$: $r(e,x) = 0$ et $r(e,\hat{y}) = 0$.

3.4.4.3. Mise en œuvre sur Excel

<u>1re méthode</u>

On aboutit facilement à la droite d'ajustement et au coefficient de détermination à partir du nuage de points affiché sur la feuille. Au moyen d'un clic droit sur un point quelconque du nuage, on sélectionne tous les points. Sur le menu contextuel qui apparaît, choisir "Ajouter courbe de tendance". Dans la fenêtre "Insertion de courbe de tendance", l'onglet "options" permet d'afficher sur le graphique l'équation ainsi que le coefficient de détermination R^2.

Le modèle permettant de prédire la qualité des arômes à partir de la concentration en acide malique est y = 0,76 x – 0,77. Quand la concentration augmente d'une unité, la note de qualité des arômes augmente de 0,76.

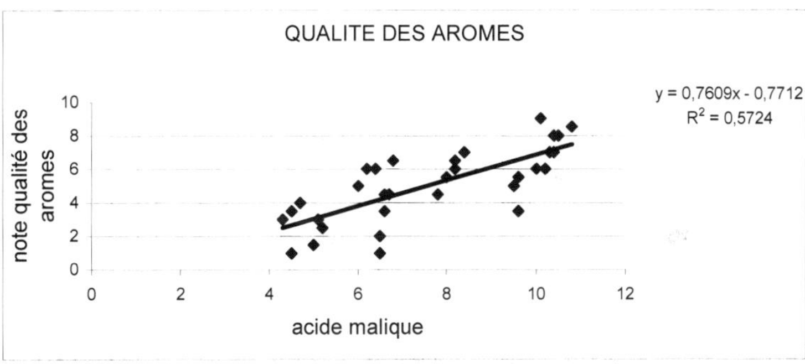

Figure 3.9 Droite d'ajustement de la note de qualité des arômes en fonction de la concentration en acide malique (en g/l).

La qualité du modèle est exprimée par le coefficient de détermination. 57% de la variabilité de la qualité des arômes est expliquée par ce modèle.

- *Remarque :* cette méthode est extrêmement rapide et conviviale ; sa seule faiblesse réside dans le fait que l'on ne peut récupérer "directement" l'équation de la droite de régression affichée dans le graphique afin de réaliser des prédictions et de calculer les résidus.

<u>2e méthode</u>

On détermine séparément chacun des coefficients a et b.

Pour déterminer le coefficient a, on utilise la fonction PENTE. e résultat est 0,761.

Le coefficient b est fourni par la fonction ORDONNEE.ORIGINE. L'argument "Y_connus" est saisi en sélectionnant les valeurs de la qualité des arômes et l'argument

"X_connus" en sélectionnant les valeurs de la concentration en acide malique. On trouve 0,771.

On en déduit bien entendu le même modèle $y = 0{,}761\ x - 0{,}771$ que nous avons interprété ci-dessus.

Calcul des résidus et des valeurs prédites

Le tableau suivant donne les résultats de différents calculs :

- qualités des arômes $\widehat{y_i}$ estimées par le modèle
- résidus ou erreurs associés à ces estimations
- qualité des arômes prédites pour de nouvelles valeurs de concentration en acide malique (échantillon test).

Procédure

- calcul de la 1re valeur de l'estimation de la qualité des arômes :
  9,6 (réf. relative) **x** 0,761 (réf. absolue) + (-0,771) (réf. absolue) = 6,53
- calcul du 1re résidu : 3,5 (réf. relative) - 6,53 (réf. relative) = -3,03
- après avoir sélectionné les cellules contenant ces résultats, tirer la poignée de recopie jusqu'à la dernière valeur du couple acide malique-qualité des arômes (10,1 ; 9)
- prédiction de la qualité des arômes de l'échantillon test : sélectionner la dernière valeur prédite de l'échantillon de base et tirer la poignée de recopie vers le bas. Les prédictions s'affichent. Ces notes prédites peuvent également être obtenues à partir de la fonction matricielle TENDANCE. Le calcul direct expliqué précédemment nous paraît plus pratique dans le cas du modèle de régression linéaire simple. La fonction TENDANCE sera utilisée dans le cas de la modélisation par régression linéaire multiple (Cf. chap. 13, paragraphe 13.4.3).

	ORDONNEE.ORIGINE	*PENTE*		
	0,761	*-0,771*		
	acide malique	QUALITE DES AROMES	*Qualité des arômes prévue (ou estimée)*	*Résidus*
	9,6	3,5	*6,53*	*-3,03*
	6,5	1	*4,17*	*-3,17*
	...	...	...	...
	...	...	...	...
	...	...	...	...
	6,6	4,5	*4,25*	*0,25*
	10,1	9	*6,91*	*2,09*
échantillon test	5,2		*3,19*	
	9,5		*6,46*	
	6,7		*4,33*	
	7,7		*5,09*	
	8		*5,32*	

Tableau 3.10 Note de qualité des arômes prévue par le modèle.

- *Remarque :* l'utilitaire d'analyse d'Excel (menu Outils puis "Régression linéaire") fournit une 3e méthode d'obtention de l'équation de la droite de régression, du coefficient de détermination et des résidus. Cette méthode donne en plus un test de statistique inférentielle. Nous ne la présentons pas dans ce paragraphe car elle sera utilisée ultérieurement dans le chapitre "Régression linéaire multiple". La problématique est la même mais avec plusieurs variables explicatives ; on comprend que la régression linéaire simple n'est qu'un cas particulier de la régression linéaire multiple.

Deuxième Partie

STATISTIQUE INFERENTIELLE

4. BASES THEORIQUES

RAPPELS DE PROBABILITE

LOI DE PROBABILITE AVEC EXCEL

L'objet de ce chapitre est de rappeler les principaux éléments de la théorie des probabilités utiles pour la compréhension ou l'approfondissement de la partie statistique inférentielle contenue dans cet ouvrage. Nous écarterons les fondements et bases classiques généralement bien connues des utilisateurs de même que des éléments plus spécialisés peu utiles dans la lecture de ce document.

Dans ce qui suit, les variables aléatoires seront notées X, Y, Z, T, U et selon les besoins indicées.

4.1. RAPPELS DE PROBABILITE

4.1.1. Variables aléatoires

4.1.1.1. Paramètres statistiques classiques

Espérance mathématique

- Variable aléatoire discrète finie

$$X(\Omega)=\{x_1,x_2,\ldots,x_n,\} \quad ; \quad p_i=P(X=x_i) \quad \forall i \in \{1,2,\ldots,n\}$$

$$E(X)=\sum_{i=1}^{n} p_i x_i$$

Notons que cette définition se généralise au cas d'une variable discrète infinie.

- Variable aléatoire continue

$$E(X)=\int_{-\infty}^{+\infty} x\,f(x)dx \qquad (f(x),\text{densité de probabilité de } X)$$

Variance

$$\text{Var } X=E\left[\left(X-E(X)\right)^2\right]=\sigma_x^2 \quad \text{(autre notation de Var X)}$$

$$\text{Var}\,X=\sum_{i=1}^{n} p_i\left(x_i-E(X)\right)^2 \quad \text{(dans le cas où X est discrète)}$$

$$\text{Var } X=E\left(X^2\right)-\left[E(X)\right]^2 \quad \text{(formule de Kœnig)}$$

Covariance

$\text{Cov}(X,Y)=E\left[\left(X-E(X)\right)\ \left(Y-E(Y)\right)\right]$ (espérance du produit des écarts à l'espérance.

$$\text{Cov}(X,Y)=E(XY)-\left[E(X)\ E(Y)\right] \qquad \text{(formule de Kœnig)}$$

Corrélation : $r(X,Y)=\dfrac{\text{Cov}(X,Y)}{\sigma_X\ \sigma_Y}$

4.1.1.2. Espérance et variance de fonctions fondamentales de variables aléatoires

- $T = a X + b$ (a et b, paramètres réels)
  - $E(T) = a E(X) + b$
  - $Var T = a^2 Var X$
- $Z = X1 + X2 + \ldots + Xn$
  - $E(Z) = E(X_1) + E(X_2) + \ldots + E(X_n)$
  - Si, de plus, $X_1, X_2, \ldots, X_n$ sont indépendantes :
    $Var Z = Var X_1 + Var X_2 + \ldots + Var X_n$
  - $X_1, X_2, \ldots, X_n$ indépendantes
    $a_1, a_2, \ldots, a_n$ paramètres réels

$$\boxed{Var(a_1X_1 + a_2X_2 + \cdots + a_nX_n) = a_1^2 VarX_1 + a_2^2 VarX_2 + \ldots + a_n^2 VarX_n}$$

Dans le cas particulier où $Var X_1 = Var X_2 = \ldots = Var X$, on a

$$Var\left(\frac{X_1 + X_2 + \ldots + X_n}{n}\right) = \frac{Var X}{n}$$

4.1.2. Lois de probabilité classiques

4.1.2.1. Loi de Bernoulli (ou loi de l'indicatrice), de paramètre p

On considère une épreuve aléatoire E (ou événement) à l'issue de laquelle deux résultats sont possibles : succès ou échec (respectivement codés I = 1 et I = 0) avec les probabilités respectives p et q = 1 – p. I est dite variable aléatoire de Bernoulli de paramètre p.

I	0	1
P(I = i)	q	p

$I \rightarrow B(p)$

$E(I) = p \quad Var I = pq$

4.1.2.2. Loi binomiale

On considère une suite de n épreuves indépendantes. A chaque épreuve, deux résultats sont possibles : E (succès) avec la probabilité p ou $\overline{E}$ (échec) avec la probabilité q = 1 – p.

La variable aléatoire X nombre de réalisations de E au cours des n épreuves indépendantes est dite variable aléatoire binomiale de paramètres n et p avec $n \in N$, $p \in [0,1]$

➢ *Remarque :* $X = \sum_{i=1}^{n} I_i$ où I_i sont des indicatrices indépendantes.

- $X \rightarrow B(n, p)$
- $P(X=k) = C_n^k \ p^k \ q^{n-k}$
- $E(X) = n p \quad Var(X) = n p q$

4.1.2.3. Loi de Poisson

Soit X une variable aléatoire discrète infinie : $X(\Omega) = \{0, 1, 2, \ldots\} = N$.

La loi de Poisson de paramètre m est une loi théorique définie par $P(X = k) = \dfrac{m^k \ e^{-m}}{k!}$

- $X \rightarrow P_m$ (loi de Poisson de paramètre m)

- $E(X) = \mathrm{Var}\,X = m$
- *Remarque :* en pratique, cette loi est fréquemment utilisée dans le même contexte que celui de la loi binomiale, mais pour des événements rares.

4.1.2.4. Loi Normale ou loi de Laplace-Gauss

Soit X une variable aléatoire à valeurs dans R.

On considère les paramètres $m \in R$ et $\sigma \in R^+$. La loi Normale notée N(m,σ) est une loi continue définie dans R par sa densité de probabilité :

$$f(x) = \frac{1}{\sigma\sqrt{2\pi}} e^{-\frac{1}{2}(\frac{x-m}{\sigma})^2} = y \qquad X \to N(m,\sigma) \quad E(X) = m \quad \mathrm{Var}\,X = \sigma^2$$

4.1.2.5. Loi Normale centrée réduite.

Soit X une variable aléatoire à valeurs dans R.
La loi Normale centrée réduite est une loi continue définie par sa densité de probabilité

$$g(x) = \frac{1}{\sqrt{2\pi}} e^{-\frac{1}{2}x^2} = z \qquad X \to N(0,1) \quad E(X) = 0 \quad \mathrm{Var}\,X = 1$$

- *Remarque :* le changement de variables $x' = \frac{x-m}{\sigma}$ et $y' = \sigma y$ permet de transformer la loi N (m,σ) en loi centrée réduite N (0 , 1) de densité de probabilité

$$\frac{1}{\sqrt{2\pi}} e^{-\frac{x'^2}{2}} = y'$$

4.1.2.6. Loi du χ^2 (ou Khi-deux)

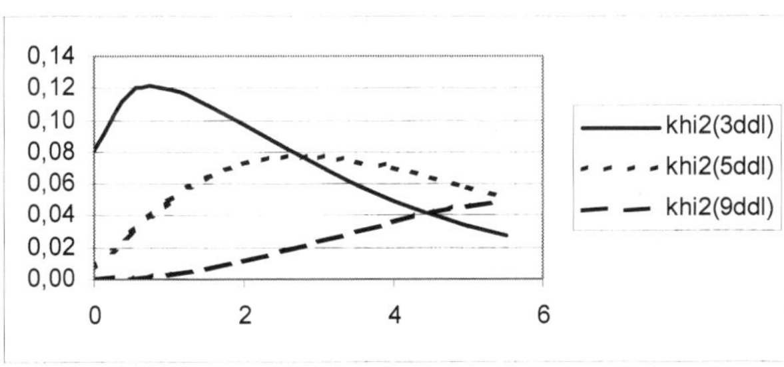

Figure 4.1 Densité de probabilité de la loi du Khi-deux.

Y suit une loi de χ^2 à ν degrés de liberté (ddl) notée χ_ν^2 lorsque

$$Y = X_1^2 + X_2^2 + \ldots + X_\nu^2$$

où les X_i sont des variables aléatoires N(0,1) indépendantes.
$E(Y) = \nu$ et $\mathrm{Var}\,Y = 2\nu$.

4.1.2.7. Loi de Student

T suit une loi de Student à ν degrés de liberté (ddl) notée T_ν lorsque

$$T = \frac{X_0}{\sqrt{\dfrac{X_1^2 + X_2^2 + \cdots + X_\nu^2}{\nu}}}$$

où les X_i sont des variables aléatoires N(0,1) indépendantes.

$$E(T) = 0 \quad \text{et} \quad \text{Var}\, T = \frac{\nu}{\nu - 2}$$

➢ *Remarque :* $T = \dfrac{N(0,1)}{\sqrt{\dfrac{\chi^2_{(\nu)}}{\nu}}}$

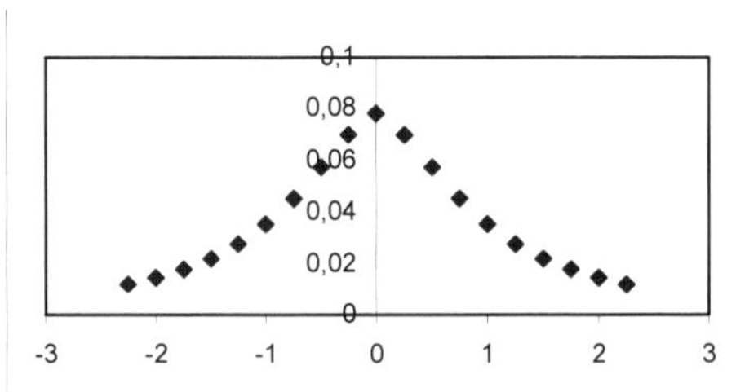

Figure 4.2 Densité de probabilité de la loi de Student.

Lorsque $\nu \to \infty$ (en pratique, ν >30), $T_\nu \approx N(0,1)$.

4.1.2.8. Loi de Fisher-Snedecor

F suit une loi de Fisher-Snedecor à (ν_1 , ν_2) ddl lorsque

$$F = \frac{\dfrac{X_1^2 + X_2^2 + \cdots + X_{\nu_1}^2}{\nu_1}}{\dfrac{Y_1^2 + Y_2^2 + \cdots + Y_{\nu_2}^2}{\nu_2}}$$

où les X_i et les Y_i sont des variables aléatoires N(0,1) indépendantes.

$$E(F) = \frac{\nu_2}{\nu_2 - 2} \qquad \text{Var}\, F = \frac{2\nu_2^{\,2}\,(\nu_1 + \nu_2 - 2)}{\nu_1(\nu_2 - 2)^2(\nu_2 - 4)}$$

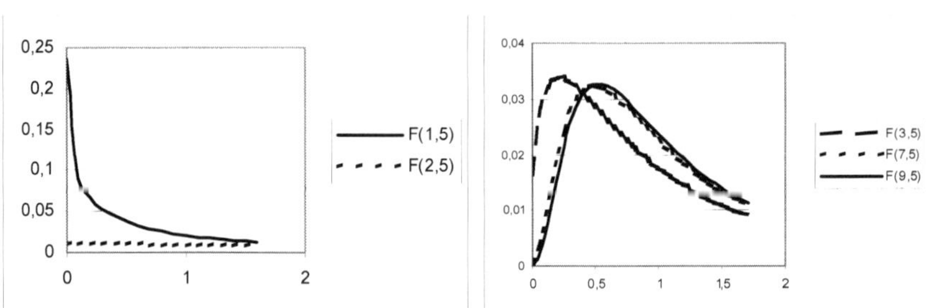

Figure 4.3 Densité de probabilité de la loi F de Fisher-Snedecor.

➢ *Remarque* : $F = \frac{\chi^2_{1(\nu_1)}}{\nu_1} / \frac{\chi^2_{2(\nu_2)}}{\nu_2}$ rapport de 2 χ^2 indépendants, chacun divisé par son ddl.

4.1.3. Convergences

4.1.3.1. Inégalité de Bienaymé-Tchebychev

$$P\left[\left|X - E(X)\right| > \varepsilon\right] \leq \frac{\sigma^2}{\varepsilon^2} \qquad \left(\sigma = \sqrt{\mathrm{Var}X}\right)$$

$$P\left[\left|X - E(X)\right| > t\sigma\right] \leq \frac{1}{t^2} \qquad t \in R$$

$$P\left[\left|X - E(X)\right| < \varepsilon\right] \geq 1 - \frac{\sigma^2}{\varepsilon^2}$$

$$P\left[\left|X - E(X)\right| < t\sigma\right] \geq 1 - \frac{1}{t^2}$$

4.1.3.2. Théorème central limite

Soient n variables aléatoires indépendantes de même espérance mathématique m et de même variance σ^2. La variable aléatoire, moyenne arithmétique des n variables aléatoires X_1, X_2, …, X_n soit $\overline{X} = \frac{X_1 + X_2 + \ldots + X_n}{n}$ est asymptotiquement normale ; autrement dit, quand n est grand, $\overline{X}$ suit approximativement une loi Normale $N(m, \frac{\sigma}{\sqrt{n}})$. En pratique, l'approximation est fréquemment réalisée dès que $n \geq 30$.

4.1.4. Principales utilisations statistiques des lois du χ^2 et de Student

4.1.4.1. Présentation du contexte général 1

On considère :

- une variable aléatoire X ; $X(\Omega) = R$ $\quad E(X) = m_0$; $\mathrm{Var}\, X = \sigma_0^2$
- n variables aléatoires X_i indépendantes distribuées comme X :
  $E(X_i) = m_0$; $\mathrm{Var}\, X_i = \sigma_0^2$ $\quad \forall i \in \{1, 2, \ldots, n\}$
- les fonctions de variables aléatoires :
  $$\overline{X} = \frac{1}{n}\sum_{i=1}^{n} X_i \quad \text{et} \quad S^2 = \frac{1}{n-1}\sum_{i=1}^{n}(X_i - \overline{X})^2 = \frac{SCE}{n-1} \quad \text{avec} \quad SCE = \sum_{i=1}^{n}(X_i - \overline{X})^2$$

➢ *Remarque :* nous verrons ultérieurement, dans la partie Statistique inférentielle, que ce contexte est courant en statistique.

- Population : X est la grandeur quantitative étudiée, m_0 sa moyenne et σ_0 sa variance.
- Échantillon aléatoire et simple
  - taille n
  - $\overline{X}$, variable aléatoire moyenne d'échantillonnage
  - $S^2 = \widehat{\sigma_0}^2$, variable aléatoire variance estimée.

En introduisant "$-m_0 + m_0$", un simple calcul permet d'exprimer SCE sous une autre forme :

$$SCE = \sum_{i=1}^{n}\left(X_i - \overline{X}\right)^2 = \sum_{i=1}^{n}\left(X_i - m_0\right)^2 - n\left(m_0 - \overline{X}\right)^2$$

4.1.4.2. Présentation du contexte général 2

Le contexte général 2 est identique au contexte 1 sauf qu'ici X suit une loi normale $N(m_0, \sigma_0)$.

On établit les résultats suivants.

$$L = \frac{(n-1)S^2}{\sigma_0^2} = \frac{SCE}{\sigma_0^2} \text{ suit une loi de } \chi^2 \text{ à (n-1) ddl.}$$

$$T = \frac{\overline{X} - m_0}{\frac{S}{\sqrt{n}}} \text{ suit une loi de Student à (n-1) ddl}$$

La démonstration est relativement simple : à partir des expressions développées de $\overline{X}$ et S^2 et compte tenu de la normalité des variables aléatoires X_i, on fait apparaître les lois de χ^2 et de T (cf. les définitions de ces lois au paragraphe 4.1.2).

➢ *Remarques*

- quand n est grand ($n \geq 30$), $\frac{\overline{X} - m_0}{\frac{S}{\sqrt{n}}} \approx N(0,1)$
- selon le contexte, on s'affranchira des notations : au lieu d'étudier X, ce peut être D, différence de 2 mesures, au lieu de $\overline{X}$, ce peut être $\overline{D}$, différence de 2 moyennes observées dans 2 échantillons, etc.
- lorsque le ddl du numérateur d'une variable de Fisher-Snedecor est égale à 1 ($\nu_1 = 1$), $F = T^2$ (le « F » de Fisher-Snedecor est égal au carré d'une variable de « Student »).

4.2. LOIS DE PROBABILITE AVEC EXCEL

Nous indiquons ici comment on peut manipuler les lois de probabilité fondamentales pour la statistique inférentielle au moyen d'Excel.

Concernant les boîtes de dialogue proposées par le logiciel, il convient tout d'abord de noter quelques points.

Dans les zones intitulées "x", il faut saisir la valeur de l'axe des abscisses de la distribution étudiée.

Dans les zones intitulées "uni / bilatéral", on saisit "1" pour indiquer le caractère unilatéral et "2" pour le caractère bilatéral.

Précisons également un point relatif à la fonction de répartition F (ou fonction cumulative) d'une variable aléatoire X. Selon les publications, on trouve deux conventions différentes :

$$F(x) = P(X \leq x) \qquad \text{et} \qquad F(x) = P(X < x)$$

Cette nuance est importante lorsque X est une variable aléatoire discrète (dans cet ouvrage, nous utiliserons la loi de Poisson). Au niveau d'Excel, la convention adoptée est $F(x) = P(X \leq x)$.

➢ *Remarque* : la notation classique F de la fonction de répartition est bien entendu sans rapport avec le "F" de Fisher-Snedecor.

4.2.1. Loi de Poisson P_m

4.2.1.1. Probabilité d'obtention d'une valeur

$P(X=x)=\dfrac{m^x \exp(-m)}{x!}$ où m est le paramètre de Poisson égal à l'espérance mathématique.

Par exemple, pour m = 40, lorsque l'on veut déterminer P(X=30), il faut appeler la fonction LOI.POISSON(30;40;FAUX). L'argument "Cumulative" doit en effet être renseigné "FAUX" puisqu'on calcule une probabilité simple et non cumulative. Le résultat est 0,018.

4.2.1.2. Fonction de répartition

Par exemple, pour calculer $P(X \leq 30)$, il suffit de saisir "VRAI" comme argument "Cumulative" de la fonction et on trouve 0,062.

4.2.2. Loi normale ou gaussienne N(m,σ)

4.2.2.1. Fonction de répartition (ou probabilité cumulée)

Prenons l'exemple $X \rightarrow N(m,\sigma)$ avec $m=1,7$ et $\sigma=0,15$ soit $X \rightarrow N(1,7\ ,\ 0,15)$

Pour calculer $F(1,8)=P(X \leq 1,8)$, on appelle la fonction LOI.NORMALE et l'on renseigne la boîte de dialogue.

- X : valeur limite jusqu'à laquelle on veut cumuler la probabilité
- Espérance : valeur de l'espérance mathématique de la loi gaussienne considérée
- Ecart-type : valeur de l'écart-type de la loi gaussienne considérée
- Cumulative : comme précédemment.

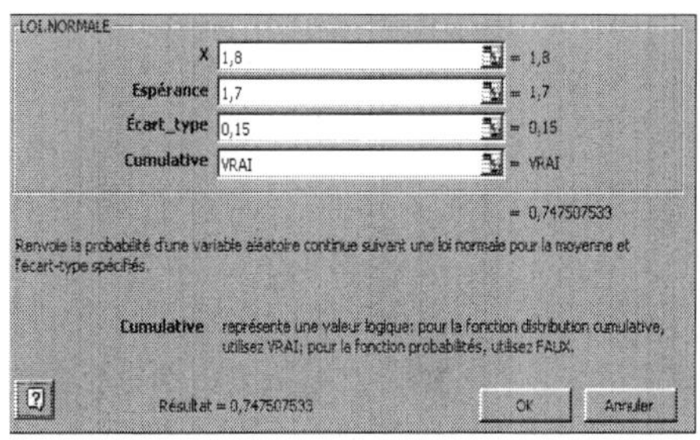

Le résultat 0,747est affiché. La formule est =LOI.NORMALE(1,8;1,7;0,15;vrai).

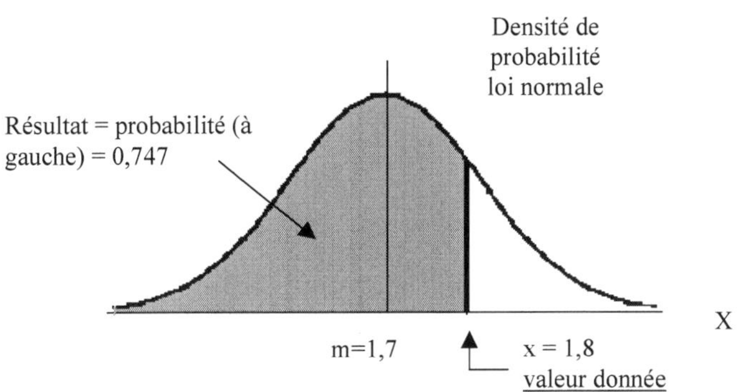

Figure 4.4 Résultat de la fonction LOI.NORMALE.

➢ *Remarque :* en ce qui concerne la zone "Cumulative", il faut éviter la réponse "FAUX" qui peut conduire à des résultats aberrants (probabilités >>1).

4.2.2.2. Détermination d'une valeur x

Soit $X \to N(1,7 \; ; \; 0,15)$. Calculer x_0 telle que : $P(X \le x_0) = F(x_0) = 0,3$.

On appelle la fonction LOI.NORMALE.INVERSE dont on renseigne les arguments Probabilité (0,3), Espérance (1,7) et Ecart_type (0,15). On obtient le résultat 1,62.

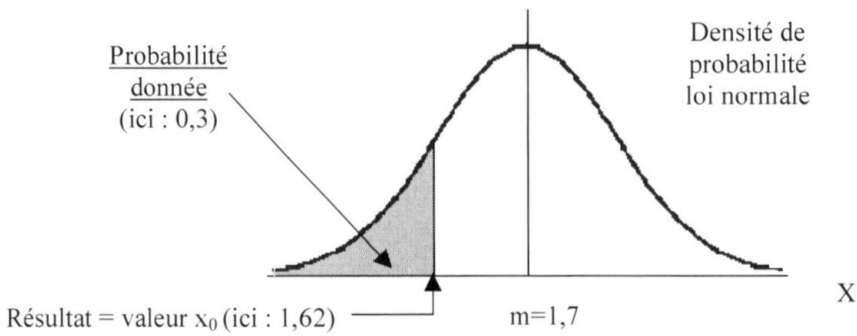

Figure 4.5 Résultat de la fonction LOI.NORMALE.INVERSE .

La probabilité 0,3 est déposée sur la queue gauche de la distribution. Le résultat est la valeur x_0 telle que l'aire à sa gauche est égale à 0,3.

➢ *Remarque :* cette fonction permet de déterminer les valeurs dites "théoriques" en statistique. Ainsi, lorsqu'on souhaite connaître les valeurs de X correspondant à une probabilité de 5% répartie symétriquement sur les queues de la distribution, on saisit la première fois 0,025 dans la zone "Probabilité" et la seconde fois 0,975.

4.2.3. Loi normale centrée réduite N(0,1)

4.2.3.1. Fonction de répartition (ou probabilité cumulée)

Exemple : $P(Z \le -1,3)$

On appelle la fonction LOI.NORMALE.STANDARD(Z). Avec Z = -1,3 on obtient le résultat 0,0968. La figure 4.6 illustre cette fonction.

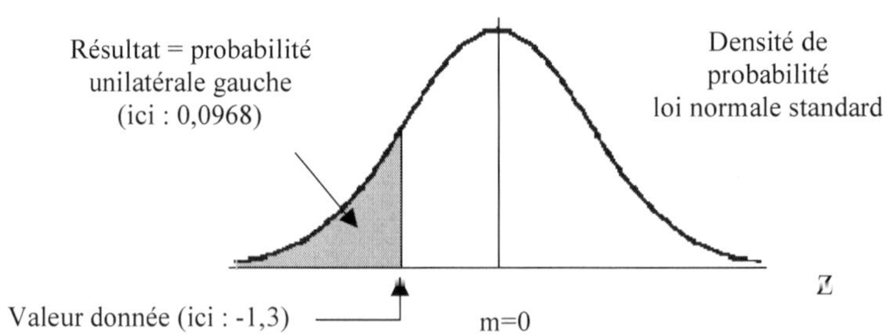

Figure 4.6 Résultat de la fonction LOI.NORMALE.STANDARD.

4.2.3.2. Détermination d'une valeur z

Soit $Z \to N(0 \; ; \; 1)$. Calculer la valeur z telle que $P(Z \le z) = 0,8$

On appelle la fonction LOI.NORMALE.STANDARD.INVERSE avec l'argument "Probabilité" égal à 0,8.

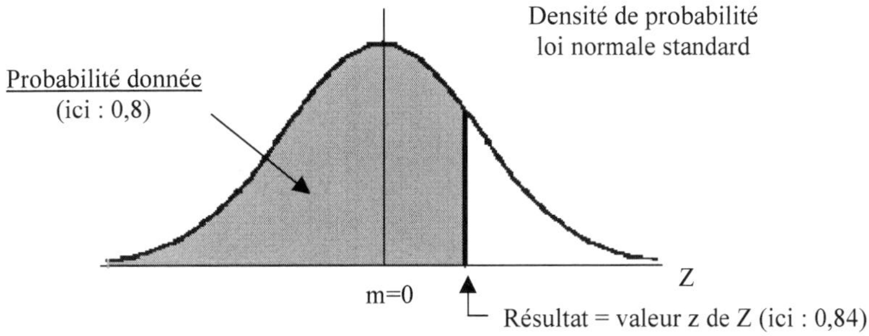

Figure 4.7 Résultat de la fonction LOI.NORMALE.STANDARD.INVERSE.

Comme pour la LOI.NORMALE.INVERSE, la probabilité donnée est déposée dans la queue gauche de la distribution. Le résultat est la valeur limite sur l'axe des abscisses.

- *Remarque :* On retrouve ainsi la valeur connue 1,96 correspondant à une probabilité de 5%, risque réparti symétriquement sur les queues de la distribution : il suffit pour cela de saisir 0,975 dans la zone Probabilité" de la fonction LOI.NORMALE.STANDARD.INVERSE.

4.2.4. Loi du Khi-deux à ν degrés de liberté χ^2_ν

4.2.4.1. Probabilité de dépasser une valeur du χ^2 (probabilité unilatérale)

Prenons l'exemple $P(\chi^2 \geq 34)$ avec $\nu = 23$.

Dans une cellule d'une feuille Excel, on insère fonction LOI.KHIDEUX avec les arguments

- X = 34
- Degrés_liberté= 23

On trouve 0,065.

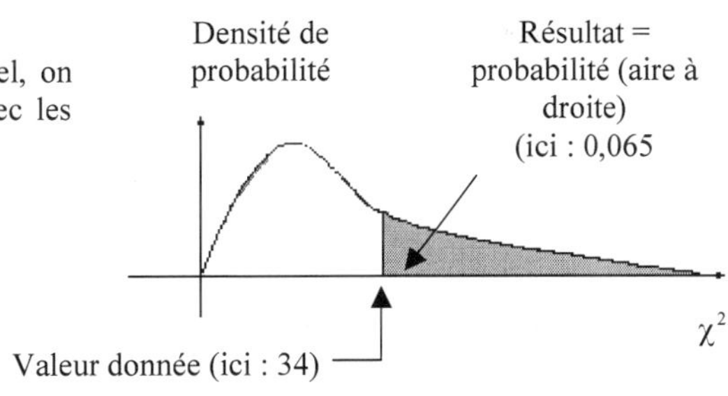

Figure 4.8 Résultat de la fonction LOI.KHIDEUX.

4.2.4.2. Détermination d'une valeur du χ^2 ayant une probabilité α d' être dépassée

En statistique, cette valeur est dénommée " χ^2 théorique au risque α " et notée $\chi^2_{\nu;1-\alpha}$.

Par exemple, déterminons la valeur du χ^2 qui a 5% de chance d'être dépassée avec une loi du χ^2 à 15 ddl (qualifiée donc en statistique de "χ^2 théorique à 5%").

On appelle la fonction KHIDEUX.INVERSE avec les arguments

- Probabilité = 0,05
- Degrés_liberté= 15

On trouve 24,996.

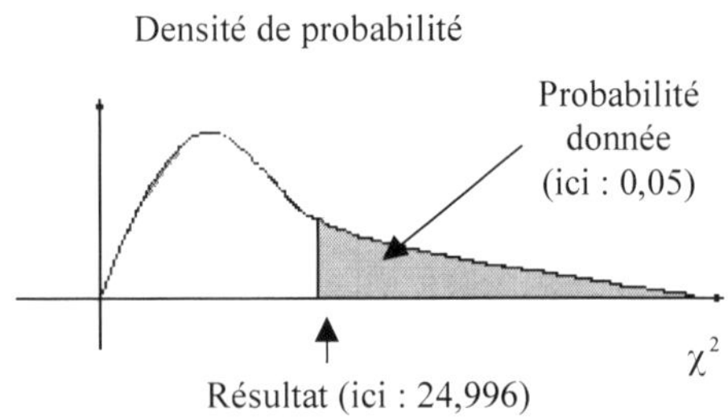

Figure 4.9 Résultat de la fonction KHI-DEUX.INVERSE.

> *Remarque* : pour de très petites valeurs de la probabilité (de l'ordre de 10^{-10}), il peut arriver que la fonction "coince"... En statistique appliquée, cette valeur a un rôle de risque. Si, dans une série de calculs, un tel incident se produit, il suffit de pratiquer les méthodes traditionnelles de prise de décision.
>
> On détermine un χ^2 théorique, à un risque choisi. Il sera rarement inférieur à 1/10000 et donc très loin d'un possible blocage.

4.2.5. Loi de Student à ν degrés de liberté T_ν

4.2.5.1. Probabilité unilatérale de dépasser une valeur positive donnée

$P(T \geq t)$ avec $t > 0$.

Faisons par exemple le calcul avec la loi T_{26} pour t = 1,5.

On insère la fonction LOI.STUDENT dont les arguments à saisir sont :

- x : valeur minimale de la variable T que l'on souhaite atteindre (1,5)
- Degrés_liberté : ddl (26)
- Uni / bilatéral : ici "1" car on recherche une probabilité "unilatérale" (étalée selon une seule queue de la distribution, la queue droite).

On obtient 0,0728.

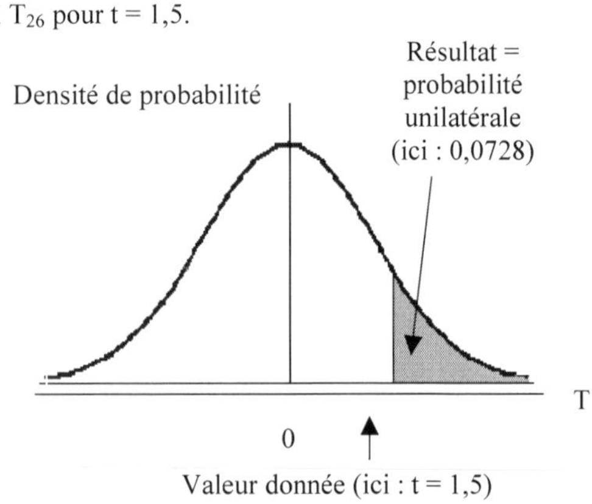

Figure 4.10 Résultat de la fonction LOI.STUDENT unilatérale.

4.2.5.2. Probabilité bilatérale

$P(T \geq |t|) = P(T \leq -t) + P(T \geq t)$ (t : valeur positive réelle)

Déterminons par exemple $P(T \geq |1,5|) = P(T \leq -1,5) + P(T \geq 1,5)$.

Les arguments à saisir de la fonction LOI.STUDENT sont

- x : 1,5
- Degrés_liberté : 26
- Uni / bilatéral : 2

On trouve 0,1457. C'est évidemment le double du résultat précédent puisque la loi est symétrique.

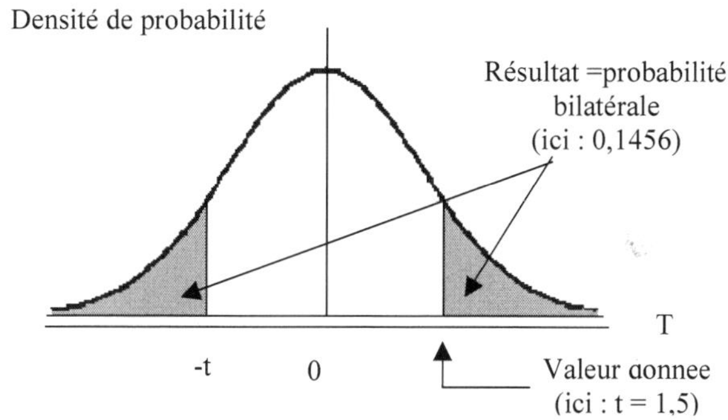

Figure 4.11 Résultat de la fonction LOI.STUDENT bilatérale.

4.2.5.3. Détermination d'une valeur t de T_v dont la valeur absolue a une probabilité α d'être dépassée

On cherche cette fois à déterminer t valeur positive réelle telle que

$$P(T > |t|) = P(T < -t) + P(T > t) = \alpha$$

En statistique inférentielle, une telle valeur est appelée "$T_{théorique}$" au risque α et notée $T_{v\,;1-\alpha/2}$.

Par exemple, avec ddl = ν = 28 et Probabilité = α = 0,05 on détermine la valeur t telle que $P(T > |t|) = 0,05$. La fonction LOI.STUDENT.INVERSE(0,05;28) donne 2,048.

La figure 4.12 illustre ce résultat. Dans cette fonction, la probabilité α donnée est toujours déposée symétriquement sur les queues de la distribution.

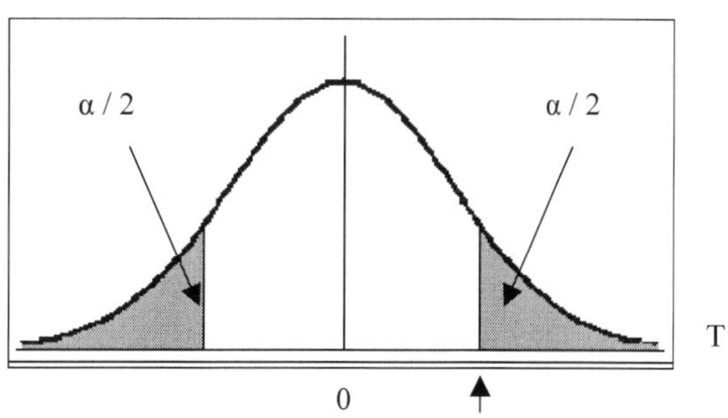

Figure 4.12 Application de la LOI.STUDENT.INVERSE à la détermination d'un "T" théorique .

- *Remarque :* dans le paragraphe 4.1.2.7 concernant la loi de Student, nous avons rappelé que cette loi convergeait vers la loi N(0,1) lorsque son ddl tendait vers l'infini. Il est intéressant de concrétiser cette convergence au moyen d'Excel.

On propose de considérer un petit ensemble de valeurs de α et un petit spectre de degrés de liberté. Pour chaque valeur de α, nous allons calculer successivement le fractile $Z_{1-\alpha}$ de la loi N(0,1) et le le fractile $T_{1-\alpha}$ de la loi de Student correspondant au ddl ν.

Les résultats sont présentés sur le tableau 4.1.

Dans Excel, la procédure est la suivante :

- saisir les valeurs de α choisies
- calculer le 1er fractile $Z_{1-0,001}$ en appelant la fonction LOI.NORMALE.STANDARD.INVERSE avec l'argument Probabilité égal à 1-0,001 (référence relative)
- calculer le 1er fractile $T_{1-(0,001x2)}$ au moyen de la fonction LOI.STUDENT.INVERSE d' arguments
  - Probabilité : 2 x 0,001 (fixer la ligne)
  - Degrés de liberté : 20 (fixer la colonne).

	α	*0,05*	*0,025*	*0,01*	*0,005*	*0,001*
LOI NORMALE	Z	***1,64***	***1,96***	***2,33***	***2,58***	***3,09***
LOI DE STUDENT	ν	T	T	T	T	T
	20	1,72	2,09	2,53	2,85	3,55
	30	1,70	2,04	2,46	2,75	3,39
	40	1,68	2,02	2,42	2,70	3,31
	50	1,68	2,01	2,40	2,68	3,26
	60	1,67	2,00	2,39	2,66	3,23
	70	1,67	1,99	2,38	2,65	3,21
	80	1,66	1,99	2,37	2,64	3,20
	90	1,66	1,99	2,37	2,63	3,18
	100	1,66	1,98	2,36	2,63	3,17
	110	1,66	1,98	2,36	2,62	3,17
	120	1,66	1,98	2,36	2,62	3,16
	130	1,66	1,98	2,36	2,61	3,15
	140	1,66	1,98	2,35	2,61	3,15
	150	1,66	1,98	2,35	2,61	3,15

Tableau 4.1 Illustration pour différentes valeurs de α de la convergence de la loi de Student T_ν vers la loi normale N(0,1) lorsque le ddl ν augmente.

Il est clair que, lorsque le ddl croît (en pratique, souvent, lorsque les tailles d'échantillons augmentent), les fractiles de Student d'ordre 1-α tendent vers ceux de la loi normale N(0,1). On remarque d'ailleurs la bonne proximité des deux types de fractiles pour $\alpha = 0,025$ (en pratique, souvent 5% répartis symétriquement sur les queues de la distribution).

4.2.6. Loi de Fisher-Snedecor $F_{\upsilon 1,\upsilon 2}$ à 2 degrés de liberté ν_1 et ν_2

4.2.6.1. Probabilité unilatérale de dépasser une valeur f de F

De la même façon que précédemment, il s'agit de déterminer par exemple $P(F \geq 1,7)$, F suivant une loi de Fisher à deux ddl ν_1 et ν_2 que nous choisissons respectivement égaux à 3 et 18. On appelle la fonction LOI.F .

Avec les arguments
- X = 1,7
- Degrés_liberté1 = 3
- Degrés_liberté2 = 18

on obtient le résultat 0,203 illustré par la figure 4.13.

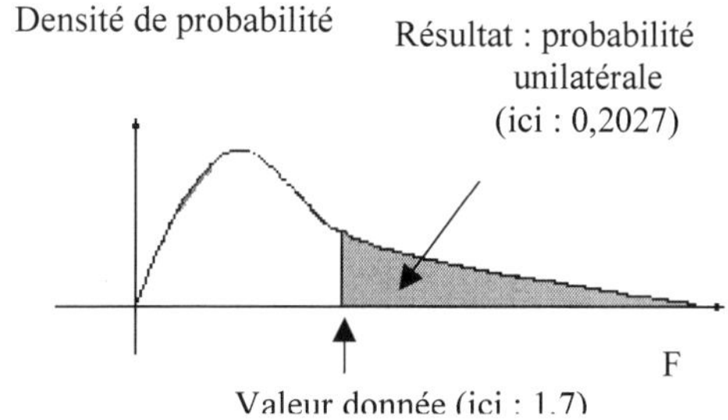

Figure 4.13 Résultat de la fonction LOI.F.

4.2.6.2. Détermination d'une valeur de F ayant une probabilité α d'être dépassée

En statistique, on dit généralement qu'on cherche à déterminer le "F théorique à (ν_1,ν_2) ddl au risque α", noté $F_{(\nu 1,\nu 2\,;1-\alpha)}$. Par exemple, considérons la loi $F_{(3,18\,;0{,}95)}$ et cherchons la valeur f telle que $P(F > f) = \alpha$ avec $\alpha = 0{,}05$.

On appelle la fonction INVERSE.LOI.F avec les arguments
- Probabilité = 0,05
- Degrés_liberté1 = 3
- Degrés_liberté2 = 18

On obtient le résultat 3,16 illustré par la figure 4.14.

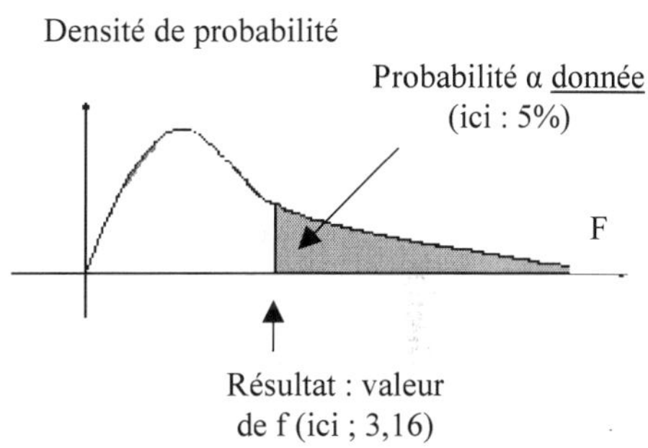

Figure 4.14 Résultat de la fonction INVERSE.LOI.F .

5. INTRODUCTION A LA STATISTIQUE INFERENTIELLE

5.1. INTRODUCTION

Dans la partie précédente, nous avons défini et pratiqué la statistique descriptive.

Nous avons vu que l'on pouvait décrire une population, par exemple une population de viticulteurs d'une région donnée caractérisée par divers critères qualitatifs et quantitatifs (cépage planté, importance du vignoble, situation géographique, production et autres critères technico-économiques). Une telle population peut être décrite au moyen de paramètres statistiques fournissant un résumé synthétique des données mais aussi à l'aide de graphiques (histogrammes, courbes, nuages, etc…).

Avec les mêmes outils, nous avons décrit un échantillon.

L'étude descriptive des données se limite à un seul ensemble soit une population, soit un échantillon et n'établit pas de liaison entre les deux.

D'un autre coté, les rappels fondamentaux des probabilités (variables aléatoires, distributions, paramètres, convergences, etc.) nous ont confronté à l'aléatoire, avec notamment les subtils passages à la limite, les convergences qui conduisent au fondement de la statistique mathématique.

La *statistique inférentielle*, pont entre la statistique descriptive et la statistique mathématique, établit des relations entre populations et échantillons. On distingue deux types de démarche :

- la démarche d'échantillonnage (de la population vers l'échantillon)
- la démarche d'estimation (de l'échantillon vers la population).

5.2. DEMARCHE D'ECHANTILLONNAGE

La démarche d'échantillonnage est une démarche statistique classique de type déductif c'est à dire qui va du "général au particulier" : on connaît la population, on s'intéresse à l'échantillon. Prenons trois exemples.

On connaît les professions d'une population cible dans laquelle est prélevé un échantillon. Est-ce que cet échantillon peut être considéré comme représentatif de la population selon la variable profession ?

On s'intéresse au contrôle de la qualité de fabrication de tablettes de chocolat. Est-ce qu'on peut considérer comme constant le poids moyen garanti d'une tablette ? Pour cela, on prélève régulièrement un échantillon de n tablettes dont l'étude statistique permettra de répondre à la question.

Dans la fabrication d'aliment pour poulets conditionné en sacs de 10 kilos, on indique sur les sacs la composition de l'aliment (proportions des composants). Des échantillons sont prélevés sur les lieux de vente pour contrôler le respect de ces indications.

5.3. DEMARCHE D'ESTIMATION

La démarche d'estimation, opposée à la précédente, vise à étudier, à prédire les paramètres d'une population inconnue à partir des résultats obtenus grâce à des échantillons. C'est une démarche inductive "du particulier au général". Inférence est d'ailleurs synonyme d'induction, d'ou le terme de statistique inférentielle même si dans la pratique ce qualificatif de la statistique a été élargi aux deux démarches.

Exemples :

- Avant des élections, des sondages sont effectués pour "estimer" les chances des candidats.
- Pour évaluer la fermeté d'une qualité de nectarines, on en fait une estimation sur un échantillon.
- Pour évaluer l'image d'un "produit" fourni par une société de services, on réalise un sondage auprès d'un échantillon de clients ; son analyse permet d'estimer l'indice de satisfaction moyen pour ce produit.

5.4. RESUME

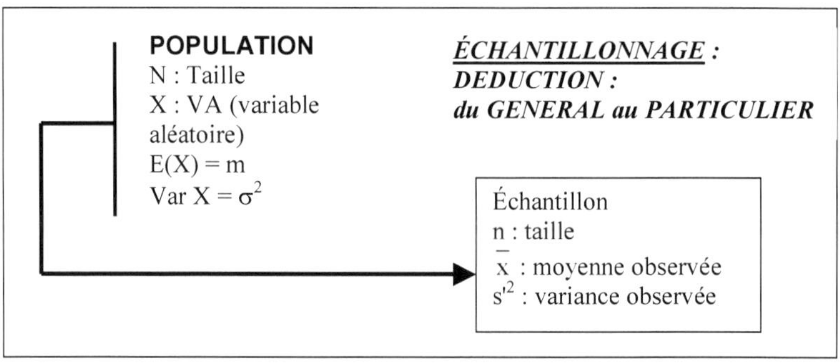

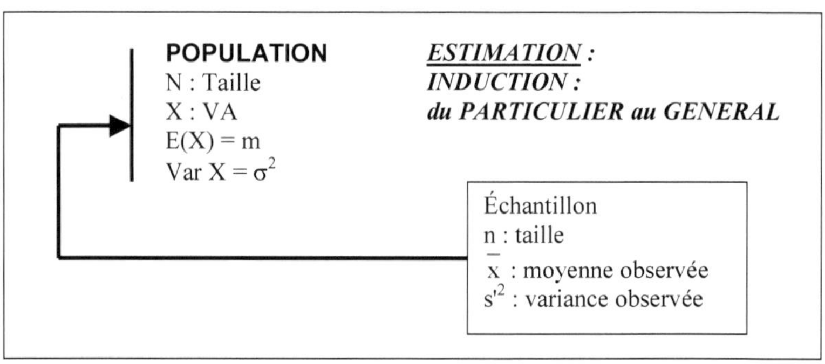

On note $\bar{x} = \dfrac{\sum_{i=1}^{n} x_i}{n}$ et $s'^2 = \dfrac{\sum_{i=1}^{n} (x_i - \bar{x})^2}{n} = \dfrac{SCE}{n}$

6. ÉCHANTILLONNAGE

6.1. NOTION DE POPULATION ET D'ECHANTILLON

Après avoir rappelé les notions fondamentales de "population" et d'"échantillon", nous définirons l'échantillon aléatoire et simple et son approche pratique en précisant nos choix de "grand" et "petit" échantillon. Nous présenterons ensuite les concepts de base des distributions d'échantillonnage des moyennes, des variances et des proportions.

Le nombre d'applications concrètes sera volontairement limité car nous le développerons par la suite dans le cadre plus large des tests de conformité.

6.1.1. Population

La "population" est l'ensemble des éléments auxquels on s'intéresse. Chaque élément est appelé "unité statistique" (u.s.) ou "individu" ou "observation".

La population peut être parfaitement définie (ensemble dénombrable fini) :

- ensemble des clients d'une banque
- ensemble des habitants d'une ville donnée ou d'un quartier donné
- ensemble des chevaux d'une région donnée
- ensemble des arbres d'un verger.

Pour de telles populations, l'étude statistique peut être parfaitement conduite sur l'intégralité de la population (petites populations, recensements, feuilles d'impôts)

La population peut également être non définie car infinie ou imparfaitement connue :

- ensemble des profils pédologiques (population infinie)
- ensemble des clients d'une grande surface d'une enseigne donnée
- ensemble des parasites d'une culture de blé.

Dans la pratique, nous rencontrerons également le cas relativement fréquent de populations réellement bien définies, mais dont on ne peut connaître les membres à des fins d'étude du fait de la confidentialité des fichiers. Un tel problème se rencontre par exemple dans le domaine agricole. Lorsque l'on souhaite étudier une catégorie précise d'agriculteurs, certaines catégories de renseignements sont inaccessibles, les informations détenues par la Mutualité Sociale Agricole (MSA) étant confidentielles.

Divers domaines recèlent des cas similaires : médecine, confréries diverses, etc.

6.1.2. Échantillon

L'échantillon est une fraction d'individus de la population.

Domaine d'échantillonnage (ou de sondage)

On peut échantillonner dans les domaines les plus divers : consommation, opinions, sociologie, contrôle de la qualité, etc.

Raisons de l'échantillonnage

- Le plus souvent, on réalise un sondage pour des raisons évidentes de gain de temps et de coût.
- Dans certains domaines, l'étude de l'unité statistique exige sa destruction. Citons par exemple les questions de "durée de vie" (aliments, produits industriels tels les piles, les ampoules électriques, les CD, etc.).

- D'autres domaines (psychologie, sociologie,...) nécessitent des études très approfondies. Il est alors impossible de les réaliser sur une population (exceptées les populations cibles, bien limitées).

Échantillon aléatoire simple

La définition de l'échantillon aléatoire simple diffère selon les ouvrages.

D'après J.J. Daudin et alii (1999), "on appelle échantillon aléatoire simple un échantillon obtenu par une méthode qui assure à chaque échantillon possible la même probabilité d'être sélectionné". Les auteurs établissent pour les échantillons exhaustifs (tirage sans remise) le résultat suivant: "pour l'échantillonnage aléatoire et simple, chaque unité a la même probabilité d'appartenir à l'échantillon".

P. Dagnelie (1998) donne une définition peut-être plus traditionnelle: "un échantillon est dit aléatoire quand tous les individus de la population ont une même probabilité de faire partie de l'échantillon et il est dit aléatoire et simple ou complètement aléatoire quand, en outre, les choix successifs des différents individus qui doivent constituer l'échantillon sont réalisés indépendamment les uns des autres au sens de l'indépendance stochastique".

G. Saporta et al. (2002) présente sur le Web une définition équivalente. Selon cette dernière définition, théoriquement, l'échantillon aléatoire et simple exige donc des tirages non exhaustifs (tirage avec remise) ce qui est naturellement très peu pratiqué dans le concret. Cependant, en statistique mathématique, l'échantillon aléatoire et simple conduits à de nombreux développements avec des résultats intéressants. Dans la pratique, un compromis est souvent adopté en assimilant à échantillon aléatoire et simple un échantillon aléatoire extrait d'une grande population. On peut noter que dans le cas d'une grande population, les deux définitions conduisent à des résultats équivalents.

Pour percevoir intuitivement le bien fondé d'une telle approximation, prenons un exemple. Nous disposons d'un sac de 100 kg de blé provenant d'un certain producteur. Le plus souvent, le prix d'une telle denrée est basée sur sa qualité. Cette dernière est repérée à l'examen du grain. Dans le sac (population), on prélève un grain au hasard : on l'examine puis on le classe en "correct" ou "pas correct". On prélève ensuite un deuxième grain et on recommence. On comprend que les chances que ce deuxième grain soit "correct" sont très peu dépendantes de la remise éventuelle préalable du premier grain dans le sac.

Le plus souvent, on considère que l'on peut utiliser les résultats statistiques obtenus à partir des échantillons aléatoires dès lors que la taille de la population est au moins 10 fois plus élevée que celle de l'échantillon.

- *Remarque :* dans la suite et sauf indication contraire, le terme "échantillon" désignera un échantillon assimilé à aléatoire et simple (selon la définition traditionnelle). En fait, il s'agira souvent d'échantillons extraits de grandes populations.

6.2. CONCEPT DE BASE DES DISTRIBUTIONS D' ECHANTILLONNAGE

6.2.1. Distribution d'échantillonnage des moyennes et des variances

Exemple : budget loisir des employés d'une société

On considère la population constituée de l'ensemble des N employés d'une importante société telle l'Aérospatiale à Toulouse. On s'intéresse à la variable aléatoire X, dépense annuelle de sortie "loisirs" (restaurant, cinéma, etc...) des salariés.

On prélève un premier échantillon $\mathcal{E}_1$ de taille n (par exemple 50). Pour chacun de ces n individus, on relève la dépense annuelle de sortie "loisirs". On dispose alors d'un série statistique $x_{11}, x_{12}, \ldots, x_{1n}$ de moyenne et variance calculables.

- moyenne $\overline{x_1}$
- variance $s'^2_1 = \frac{1}{n}\sum_{i=1}^{n}(x_{1i} - \overline{x_1})^2$.

Si l'on considère un deuxième échantillon $\mathscr{E}_2$, on obtient une deuxième série de n observations $x_{21}, x_{22}, \ldots, x_{2n}$ de moyenne et variance :

- moyenne $\overline{x_2}$
- variance $s'^2_2 = \frac{1}{n}\sum_{i=1}^{n}(x_{2i} - \overline{x_2})^2$.

Les premières valeurs observées dans chaque échantillon (x_{k1}, où k est le numéro de l'échantillon) sont aléatoires et constituent par conséquent les réalisations d'une variable aléatoire X_1. Un échantillon aléatoire et simple de taille n est équivalent à un ensemble de n variables aléatoires $X_1, X_2, \ldots, X_n$ indépendantes.

La même traduction est faite au niveau des moyennes et des variables.

Chaque moyenne observée dans un échantillon est l'observation d'une *variable aléatoire moyenne* $\overline{X} = \frac{\sum_{i=1}^{n} X_i}{n}$. Chaque variance observée dans un échantillon est l'observation d'une *variable aléatoire variance* $S'^2 = \frac{1}{n}\sum_{i=1}^{n}(X_i - \overline{X})^2$.

En résumé, la population est caractérisée par

- taille N (finie ou infinie)
- X = variable aléatoire quelconque
- $E(X) = m_0$
- $Var(X) = \sigma_0^2$

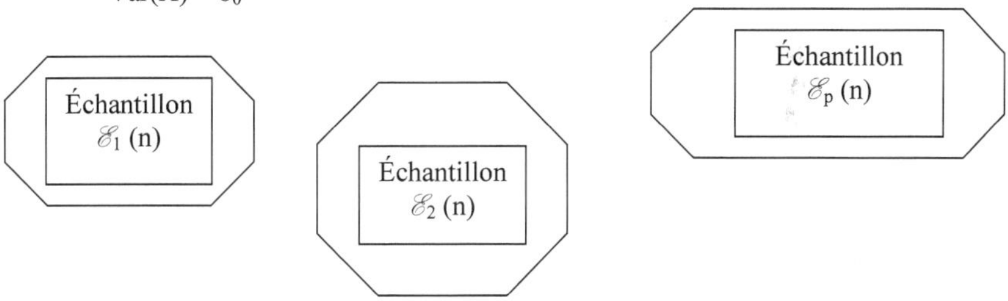

Échantillons	Valeurs observées	Moyennes observées	Variances observées(empiriques)
$\mathscr{E}_1$	$x_{11}, x_{12}, \ldots, x_{1n}$	$\overline{x_1}$	s'^2_1
$\mathscr{E}_2$	$x_{21}, x_{22}, \ldots, x_{2n}$	$\overline{x_2}$	s'^2_2
...	...	...	...
$\mathscr{E}_p$	$x_{p1}, x_{p2}, \ldots, x_{pn}$	$\overline{x_p}$	s'^2_p
Variables aléatoires	$X_1 \quad X_2 \quad \ldots \quad X_n$	$\overline{X} = \frac{\sum_{i=1}^{n} X_i}{n}$	$S'^2 = \frac{1}{n}\sum_{i=1}^{n}(X_i - \overline{X})^2$

Les distributions des variables aléatoires $\overline{X}$ et S'^2 sont dites *distributions d'échantillonnage des moyennes et des variances.*

6.2.2. Distributions d'échantillonnage des proportions

Elles se définissent de la même façon que les distributions d'échantillonnage des moyennes.

Par exemple, dans la même société que précédemment, on s'intéresse à la pratique régulière du sport des salariés. On définit une variable de Bernoulli I telle que

$$I = \begin{cases} 1 \text{ si pratique régulière d'un sport} \\ 0 \text{ si non} \end{cases}$$

Ainsi, le 1er échantillon $\mathscr{E}_1$ de taille n évoqué ci-dessus pourrait fournir une série observée ressemblant à : 1 1 0 0 0 1 1 …

On en déduit la proportion de salariés pratiquant régulièrement un sport observée dans cet échantillon $y_1 = \dfrac{1+1+0+0+0+1+1+...}{n}$.

Les échantillons $\mathscr{E}_k$, de même taille n, évoqués précédemment fourniront là encore des suites de séries observées correspondant à des réalisations de variables aléatoires.

Échantillons	Valeurs observées	Proportions observées
$\mathscr{E}_1$	1 1 0 0 0 1 1 …	y_1
$\mathscr{E}_2$	0 1 0 1 0 1 0 …	y_2
…	…	…
$\mathscr{E}_p$		y_p
Variables aléatoires	$I_1 \quad I_2 \ldots I_n$	$Y = \dfrac{\sum_{i=1}^{n} I_i}{n} = \bar{I}$

La distribution d'échantillonnage de Y, distribution d'échantillonnage des proportions s'impose comme distribution d'échantillonnage des moyennes d'indicatrices.

6.2.3. Présentation des exemples et outils associés

Divers exemples concrets illustrent la misent en pratique des concepts énoncés.

L'un des buts du contrôle qualité d'une fabrique de tablettes de chocolat de poids marqué 100 g est la maîtrise de la variabilité et de la moyenne de cette variable poids. Pour résoudre ces deux problèmes, on utilisera respectivement *l'échantillonnage d'une variance à partir d'une population normale* et *l'échantillonnage d'une moyenne à partir d'une population normale de moyenne et de variance connues.*

Afin de prédire la note de conformation moyenne d'un lot de 40 veaux, on utilisera *l'échantillonnage d'une moyenne à l'aide d'un grand échantillon extrait d'une population de moyenne et de variance connues.*

Enfin, pour contrôler la qualité des lots de 80 cailles issues d'un élevage présentant un taux connu d'anomalies de l'aile, on utilisera *l'échantillonnage d'une proportion au moyen d'un grand échantillon.*

6.3. DISTRIBUTION D'ÉCHANTILLONNAGE D'UNE VARIANCE DANS LE CAS D'UNE POPULATION NORMALE

Exemple : variabilité du poids de tablettes de chocolat

6.3.1. Présentation des données et position du problème

Dans une chocolaterie, on étudie la fiabilité d'un procédé de fabrication de tablettes de chocolat de 100 g et l'on veut, bien entendu, s'assurer la maîtrise de la variabilité de ce poids.

On note X, la variable aléatoire "poids d'une tablette fabriquée". Lorsque toute la chaîne fonctionne correctement, l'écart-type est égal à 5 g. Dans ce type d'application, on considère la variable aléatoire X distribuée selon une loi normale.

Afin de contrôler la variabilité, on prélève périodiquement un échantillon de 10 tablettes et on en calcule la variance observée s'^2.

Questions

- Déterminer l'intervalle $\left[s'^2_a, s'^2_b\right]$ qui a une sécurité de 95% de contenir la variance S'^2 observée dans un tel échantillon. Cet intervalle est dit "intervalle de probabilité" ou "intervalle de pari"(noté IP). Le risque 5% est noté α .
- Étendre ces calculs aux cas suivants :
  - réduction du risque α aux valeurs 3%, 1% et 3 $^0/_{00}$
  - échantillons de tailles n = 20 puis 30 tablettes
  - étude du cas d'un écart-type σ = 3 g correspondant à l'acquisition d'une machine plus performante.

6.3.2. Notations et modèle

- Population : c'est l'ensemble de tablettes de 100 g fabriquées par la société.
  - X est la variable aléatoire, poids d'une tablette
  - E(X) = m est le poids moyen d'une tablette
  - $\text{Var}\, X = \sigma^2$
  - $X \to N(m, \sigma)$.
- Échantillon
  - La taille est n (ici n = 10)
  - $X_1, X_2, \ldots, X_n$ sont des variables aléatoires indépendantes
  - $X_i \to N(m, \sigma) \quad \forall i \in \{1, 2, \ldots, n\}$
  - $S'^2 = \dfrac{\sum_{i=1}^{n}(X_i - \overline{X})^2}{n} = \dfrac{SCE}{n}$ est la variable aléatoire variance observée dans un échantillon de taille n.

6.3.3. Démarche statistique

$$E(S'^2) = E\left(\frac{1}{n}\sum_{i=1}^{n}(X_i - \overline{X})^2\right) = \sigma^2 - \frac{\sigma^2}{n}$$

$\text{Var}(S'^2) = \dfrac{\mu_4 - \sigma^4}{n} - \dfrac{2(\mu_4 - 2\sigma^4)}{n^2} + \dfrac{\mu_4 - 3\sigma^4}{n^3}$ où μ_4 désigne le moment centré d'ordre 4 : $\mu_4 = E\left[(X_i - m)^4\right]$.

Son expression mathématique est lourde. La propriété la plus utile en pratique est le fait que ce soit une fonction décroissante de n.

La loi de probabilité associée aux variances est

$$\frac{\sum_{i=1}^{n}(X_i - \overline{X})^2}{\sigma^2} = \frac{SCE}{\sigma^2} \rightarrow \chi^2_{(n-1)} \text{ , loi du } \chi^2 \text{ à } (n-1)\text{ddl}$$

Pour déterminer l'intervalle de probabilité, il suffit de rechercher les deux valeurs $\chi^2_{(n-1);\frac{\alpha}{2}}$ et $\chi^2_{(n-1);1-\frac{\alpha}{2}}$ notées dans la résolution χ^2_a et χ^2_b .

$$P(\chi^2_{(n-1);\frac{\alpha}{2}} < \frac{SCE}{\sigma^2} < \chi^2_{(n-1);1-\frac{\alpha}{2}}) = 1-\alpha$$

$$\sigma^2\chi^2_{(n-1);\frac{\alpha}{2}} < SCE < \sigma^2\chi^2_{(n-1);1-\frac{\alpha}{2}}$$

$$\frac{\sigma^2}{n}\chi^2_{(n-1);\frac{\alpha}{2}} < \frac{SCE}{n} < \frac{\sigma^2}{n}\chi^2_{(n-1);1-\frac{\alpha}{2}}$$

> Intervalle de probabilité ou de pari de la variance de l'échantillon :
> $\frac{\sigma^2}{n}\chi^2_{(n-1);\frac{\alpha}{2}}$, $\frac{\sigma^2}{n}\chi^2_{(n-1);1-\frac{\alpha}{2}}$ au niveau de sécurité 1-α.

6.3.4. Mise en œuvre sur EXCEL

1re question

Il suffit de déterminer les valeurs $\frac{\sigma^2}{n}\chi^2_{(n-1);\frac{\alpha}{2}}$ et $\frac{\sigma^2}{n}\chi^2_{(n-1);1-\frac{\alpha}{2}}$ et de réaliser ensuite un simple calcul.

Pour n = 10 et α = 5%, on a α/2 = 0,025 et 1-α/2 = 0,975.

Pour calculer $\chi^2_{(n-1);\frac{\alpha}{2}}$ soit $\chi^2_{9;0,025}$, on appelle la fonction KHIDEUX.INVERSE. Après avoir renseigné sa boîte de dialogue (Probabilité : 0,975 et Degrés_liberté : 9), le résultat s'affiche : 2,70.

En saisissant 0,025 dans la zone Probabilité de la boîte de dialogue, on obtient de la même manière la valeur de $\chi^2_{(n-1);1-\frac{\alpha}{2}}$ soit $\chi^2_{9;0,975}$: 19,0227. Les bornes de l'intervalle de probabilité sont donc :

$$s'^2_a = 2,70 \times 25/10 = 6,75 \quad \text{et} \quad s'^2_b = 19,02 \times 25/10 = 47,56$$

On en déduit que lorsque la chaîne de production fonctionne correctement, la variance observée dans un échantillon de 10 tablettes a 95% de chances d'être comprise entre 6,75 et 47,56.

2e question

Il est intéressant de profiter des fonctionnalités d'Excel pour réaliser des simulations et dégager des profils d'intervalle de pari dépendant de paramètres fondamentaux comme le risque (que l'on va réduire), la taille de l'échantillon (que l'on va augmenter), la variance du poids d'une tablette avec la nouvelle machine (qui sera diminuée).

Pour cela, on construit une grille de calcul pour laquelle il conviendra d'être attentif aux références absolues ou relatives.

Les trois premières colonnes sont à saisir : α, σ^2 et n (en profitant des "copier-coller").

Détermination de χ^2_a *(1re ligne, colonne 4)*

Comme nous venons de l'expliquer, on utilise la fonction KHIDEUX.INVERSE avec les arguments suivants :

- Probabilité : (1- $\alpha/2$); pour α, cliquer sur sa première valeur (5%) et fixer la colonne (3 clics successifs de la touche F4)
- Degrés_liberté : cliquer sur la 1ère valeur de n (10), fixer la colonne comme ci-dessus et, dans la barre de formule, retrancher 1.

  soit : KHIDEUX.INVERSE(1-(LC2/2);LC4-1).

On obtient le résultat 2,70.

Détermination de χ^2_b

Utiliser la poignée de recopie (ou un simple copier-coller). Dans la barre de formule, supprimer le "1-" pour ne laisser que la valeur de $\alpha/2$; on obtient 19,022.

Détermination de s'^2_a

Faire le calcul $\chi^2_a \cdot \sigma^2 / n$ avec une référence relative pour χ^2_a et en fixant la colonne pour n et σ^2.

Détermination de s'^2_b

Utiliser la poignée de recopie à partir de s'^2_a. Pour obtenir l'ensemble des résultats, sélectionner les colonnes 4 à 7 de la 1re ligne et tirer vers le bas la poignée de recopie.

α	σ^2	n	χ^2_a	χ^2_b	s'^2_a	s'^2_b
5,0%	25	10	2,70	19,02	6,75	47,56
3,0%	25	10	2,33	20,51	5,84	51,28
1,0%	25	10	1,73	23,59	4,34	58,97
0,3%	25	10	1,27	26,82	3,19	67,04
5,0%	25	20	8,91	32,85	11,13	41,07
3,0%	25	20	8,16	34,74	10,20	43,43
1,0%	25	20	6,84	38,58	8,55	48,23
0,3%	25	20	5,73	42,53	7,16	53,17
5,0%	25	30	16,05	45,72	13,37	38,10
3,0%	25	30	15,00	47,91	12,50	39,93
1,0%	25	30	13,12	52,34	10,93	43,61
0,3%	25	30	11,47	56,84	9,56	47,37

α	σ^2	n	χ^2_a	χ^2_b	s'^2_a	s'^2_b
5,0%	9	10	2,70	19,02	2,43	17,12
3,0%	9	10	2,33	20,51	2,10	18,46
1,0%	9	10	1,73	23,59	1,56	21,23
0,3%	9	10	1,27	26,82	1,15	24,14
5,0%	9	20	8,91	32,85	4,01	14,78
3,0%	9	20	8,16	34,74	3,67	15,63
1,0%	9	20	6,84	38,58	3,08	17,36
0,3%	9	20	5,73	42,53	2,58	19,14
5,0%	9	30	16,05	45,72	4,81	13,72
3,0%	9	30	15,00	47,91	4,50	14,37
1,0%	9	30	13,12	52,34	3,94	15,70
0,3%	9	30	11,47	56,84	3,44	17,05

Tableau 6.1 Variation de l'intervalle de probabilité de la variance observée selon le risque, la taille de l'échantillon, la variance de la population.

Commentaire des résultats

Bien entendu, on retrouve des résultats conformes à la formule mathématique.

- Pour une variance σ^2 et un risque α donnés, l'intervalle de probabilité IP est plus resserré si l'on augmente la taille de l'échantillon
- pour une variance σ^2 et une taille d'échantillon n données, l'intervalle de probabilité IP augmente lorsque le risque diminue
- pour une taille et un risque α donnés, l'intervalle de probabilité IP diminue si l'on diminue la variance.

En examinant ces résultats, on peut par exemple porter son attention sur le risque 3 ‰ fréquemment adopté dans l'industrie, sur un échantillon de taille 10 et une variance de 25. L'intervalle trouvé pour la variance de l'échantillon $[3{,}19 ; 67{,}04]$ est "vaste". Il se resserre sensiblement avec un échantillon de taille 20 : $[7{,}16\,;\,53{,}17]$. Enfin, on note une bonne précision, si la variance liée à l'ensemble du processus de fabrication peut être ramenée à 9 avec un échantillon de taille 30 puisque alors, la fourchette se réduit à $[3{,}44\,;\,17{,}05]$. Lorsque l'échantillonnage ne détruit pas l'objet, il est souvent intéressant de prélever des échantillons de taille plus importante.

6.4. DISTRIBUTION D'ECHANTILLONNAGE D'UNE MOYENNE

6.4.1. Population normale de moyenne et variance connues

Exemple : variabilité du poids de tablettes de chocolat

6.4.1.1. Présentation des données et position du problème

On se place dans le même environnement concret que dans l'étude précédente (échantillonnage d'une variance). Dans la fabrique de chocolats, le service qualité s'intéresse à la qualité de remplissage des tablettes. Lorsque le fonctionnement de la chaîne est correct, le poids d'une tablette est une variable aléatoire X normale, de moyenne m = 100 g et d'écart-type σ = 5g.

Le contrôle est réalisé en prélevant périodiquement sur la chaîne un échantillon de n = 10 tablettes. Concrètement, on calcule le poids moyen $\overline{x}$ observé dans un tel échantillon et l'on examine s'il ne s'écarte "pas trop" du poids moyen théorique de 100 g, ou encore, s'il appartient à une fourchette de poids "jugée" convenable ou enfin, dans certains cas, s'il reste supérieur à un poids minimum garanti.

Question 1

a) A quel intervalle $[\overline{x_a}\,,\,\overline{x_b}]$ dit "intervalle de probabilité" ou "intervalle de pari" doit appartenir le poids moyen d'une tablette dans un tel échantillon avec un niveau de sécurité de 1-α = 0,95 (α = 5% est le risque). Noter que cette question équivaut à rechercher l'écart Δ tel que la moyenne d'échantillon appartienne à l'intervalle $[100-\Delta\,;\,100+\Delta]$ avec une probabilité 1-α.

b) Quel poids moyen minimum G peut-on garantir au risque α ?

Question 2

Il est intéressant d'étudier l'évolution de la précision Δ et par suite celle de l'IP en faisant varier le risque, la taille de l'échantillon et même la variance σ^2.

Étendre les calculs réalisés à la question 1 aux cas suivants :

- réduction du risque α aux valeurs 3%, 1% et 3 $^0/_{00}$ (remarque : dans l'industrie, les risques sont souvent très petits car on ne souhaite retoucher au processus que lorsque c'est vraiment nécessaire)
- échantillon de tailles n = 20 et 30
- écart-type σ = 3, correspondant par exemple à l'acquisition d'une nouvelle machine de variabilité réduite.

6.4.1.2. Notations et modèle

- Population : c'est l'ensemble de tablettes de 100 g fabriquées par la société.
  - X est la variable aléatoire "poids d'une tablette"
  - E(X) est le poids moyen d'une tablette

- $\text{Var } X = \sigma^2$
- $X \to N(m, \sigma)$.

- Échantillon
  - La taille est n, ici n = 10
  - $X_1, X_2, \ldots, X_n$ sont des variables aléatoires indépendantes
  - $X_i \to N(m, \sigma) \quad \forall i \in \{1, 2, \ldots, n\}$

6.4.1.3. Démarche statistique

$\overline{X} = \frac{\sum_{i=1}^{n} X_i}{n}$ est la variable aléatoire "moyenne d'échantillonnage" ou encore moyenne observée dans un échantillon de taille n

La distribution de la moyenne d'échantillonnage est

- $E(\overline{X}) = m \quad ; \quad \text{Var } \overline{X} = \frac{\sigma^2}{n}$
- $\overline{X}$ suit la loi de probabilité : $\overline{X} \to N(m, \frac{\sigma}{\sqrt{n}})$

($\overline{X}$: combinaison linéaire de variables aléatoires indépendantes de même espérance et de même variance).

Traduction statistique des questions 1-a et 1-b et réponses statistiques

<u>Question 1a</u> :

On cherche l'intervalle $\left[\overline{x_a}, \overline{x_b}\right]$ tel que $P(\overline{x_a} \leq \overline{X} \leq \overline{x_b}) = 1 - \alpha$.

Autrement dit, on cherche Δ tel que $P(m - \Delta \leq \overline{X} \leq m + \Delta) = 1 - \alpha$ (le risque est réparti sur les deux queues de la distribution).

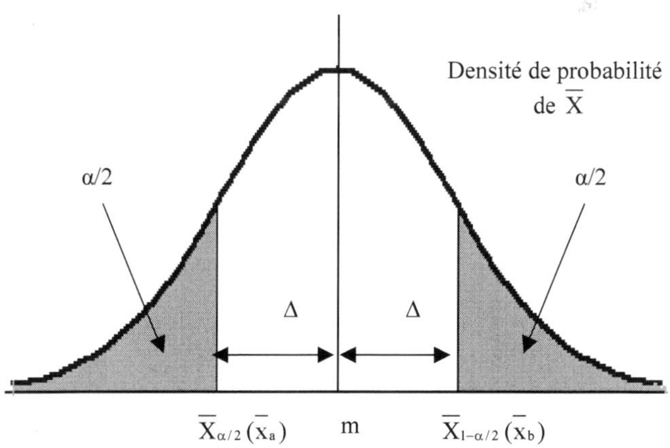

Figure 6.1 Distribution de la moyenne d'échantillonnage $\overline{X}$.

➢ *Remarques*

En utilisant la loi de probabilité de $\overline{X}$, $P(Z_{\alpha/2} \leq \frac{\overline{X}-m}{\frac{\sigma}{\sqrt{n}}} \leq Z_{1-\alpha/2}) = 1-\alpha$ où $Z_{\alpha/2}$ et $Z_{1-\alpha/2}$ désignent les fractiles de la loi N(0,1), on obtient :

$$P(m + Z_{\alpha/2}\frac{\sigma}{\sqrt{n}} \leq \overline{X} \leq m + Z_{1-\alpha/2}\frac{\sigma}{\sqrt{n}}) = 1-\alpha$$

et on en déduit que

$$\Delta = Z_{1-\alpha/2}\frac{\sigma}{\sqrt{n}} = -Z_{\alpha/2}\frac{\sigma}{\sqrt{n}} \quad , \quad \overline{x}_a = m-\Delta \quad , \quad \overline{x}_b = m+\Delta$$

Pour une taille d'échantillon et un risque donnés, l'intervalle de probabilité $\left[\overline{x}_a, \overline{x}_b\right]$ est unique et non aléatoire.

Question 1b

On cherche G tel que $P(\overline{X} \geq G) = 1-\alpha$

G est le fractile d'ordre α de la loi de probabilité de $\overline{X}$, c'est à dire de la loi $N(m, \sigma/\sqrt{n})$.

6.4.1.4. Mise en œuvre a l'aide d'EXCEL

Question 1a (1re méthode)

Elle consiste à partir de la loi de probabilité de $\overline{X}$ soit $\overline{X} \to N(m, \frac{\sigma}{\sqrt{n}})$.

Au clavier, on calcule $\sigma_{\overline{X}} = \frac{\sigma}{\sqrt{n}} = \frac{5}{\sqrt{10}} = 1,58$. Par suite : $\overline{X} \to N(100; 1,58)$.

Détermination de $\overline{x}_a$.

On appelle la fonction LOI.NORMALE.INVERSE avec les arguments

- Probabilité : cliquer sur la cellule donnant la valeur de la fonction de répartition (probabilité cumulée, ici 0,025)
- Espérance : cliquer sur la cellule donnant la valeur de m, ici 100
- Ecart-type : cliquer sur la cellule donnant la valeur de l'écart-type de $\overline{X}$ calculée précédemment.

Le résultat est $\overline{x}_a = \overline{X}_{\alpha/2} = 96,90\,g \qquad (= 100 - 3,10)$

Détermination de $\overline{x}_b = \overline{X}_{1-\alpha/2}$

On utilise la poignée de recopie à partir du résultat précédent (ou un "copier-coller spécial formule") ; dans la barre de formule de la cellule destination, on remplace la probabilité α/2 (0,025) par 1-α/2 soit 0,975 : en cliquant sur le signe = le plus à gauche de la barre de formule, on peut en effet rappeler la boîte de dialogue et effectuer cette modification. On obtient le résultat

$$\overline{x}_b = \overline{X}_{1-\alpha/2} = 103,1\,g \qquad (= 100 + 3,1\ g)$$

Interprétation

Lorsque le processus de fabrication fonctionne correctement, en prélevant un échantillon de 10 tablettes, on peut "parier" que le poids moyen d'une tablette dans cet échantillon a 95% de chances d'appartenir à l'intervalle $[96,90; 103,1]$ ou encore que ce poids moyen est de 100g avec une erreur maximale Δ de 3,1 g au risque de 5%.

Question 1-a (2e méthode)

Elle est basée sur la fonction INTERVALLE.CONFIANCE qui fournit directement le résultat Δ à partir des paramètres statistiques de la loi normale de X (et non de $\overline{X}$). Les arguments à saisir sont :

- Alpha, risque choisi (ici, 0,05)
- Ecart-type : comme indiqué, il s'agit de celui de X, c'est à dire l'écart-type "population", ici 5
- Taille : c'est la taille de l'échantillon (10).

Nous retrouvons le résultat $\Delta = 3,10$ et l'on en déduit les bornes de l'IP :

$$\overline{x_a} = m - \Delta = 100 - 3,10 = 96,9 \quad \text{et} \quad \overline{x_b} = m + \Delta = 100 + 3,10 = 103,10$$

Question 1-b : calcul du poids moyen minimum garanti G, au risque α

Au moyen d'un "copier-coller spécial formule", on peut récupérer le résultat de $\overline{x_a}$ déterminé ci-dessus et, dans la barre de formule, remplacer la probabilité $\alpha/2$ par la probabilité α. On trouve G=97,40.

➢ *Remarques*

- Si on utilise, la fonction INTERVALLE.CONFIANCE, il convient de saisir la valeur du risque 2α (ici 0,10) dans la zone Alpha de la boîte de dialogue. On trouve Δ' =2,6 et donc : G = m-Δ' = 100-2,6 = 97,4.
- Bien entendu, $\overline{x_a}$ peut être considéré comme le poids moyen minimum garanti dans un échantillon de taille n au risque $\alpha/2$.

Question 2

Afin de profiter des fonctionnalités d'Excel, nous allons réaliser les calculs précédemment expliqués sur la grille suivante. Nous utilisons la fonction INTERVALLE.CONFIANCE beaucoup plus rapide puisqu'elle permet d'éviter le calcul de $\sigma_{\overline{X}} = \dfrac{\sigma}{\sqrt{n}}$. Cependant, on aurait pu utiliser sans aucun problème la première méthode.

Rappelons simplement l'attention qu'il convient de prêter au choix des références (absolues ou relatives) même si plusieurs stratégies sont possibles.

Pour construire cette grille, suivre le guide !

- α : saisir les valeurs demandées dans la question (copier-coller)
- 1-α : calculer la valeur de la 1re ligne (1- cellule de gauche) et recopier vers le bas.
- σ : saisir les valeurs (utiliser le "copier-coller")
- n : idem
- Δ : calculer la 1re valeur en appelant la fonction INTERVALLE.CONFIANCE (renseigner les 3 zones de la boîte à l'aide des valeurs de α, σ et n de gauche en fixant la colonne). Le 1re résultat s'affiche (3,10).
- $\overline{x_a}$: calculer la 1re valeur en faisant la différence "cellule contenant la valeur de m située dans une cellule extérieure à la grille (référence absolue) – 1re valeur de Δ (fixer la colonne)"
- $\overline{x_b}$: calculer la 1re valeur en faisant la somme "cellule contenant m (référence absolue) + 1re valeur de Δ (fixer la colonne)"
- G : calculer sa 1re valeur en faisant un "copier-coller spécial formule" avec la 1re valeur de $\overline{x_a}$; dans la barre de formule, remplacer α par 2α

– sélectionner enfin sur la 1re ligne, les colonnes Δ, $\overline{x}_a$, $\overline{x}_b$ et G que l'on vient de calculer et tirer vers le bas la poignée de recopie. Tous les résultats s'affichent.

α	Niveau sécurité (1-α)	σ	n	Δ fonction IC	$\overline{x}_a$	$\overline{x}_b$	G (poids moyen minimum garanti)
5,00%	95,00%	5	10	3,10	96,90	103,10	97,40
3,00%	97,00%	5	10	3,43	96,57	103,43	97,03
1,00%	99,00%	5	10	4,07	95,93	104,07	96,32
0,30%	99,70%	5	10	4,69	95,31	104,69	95,66
5,00%	95,00%	5	20	2,19	97,81	102,19	98,16
3,00%	97,00%	5	20	2,43	97,57	102,43	97,90
1,00%	99,00%	5	20	2,88	97,12	102,88	97,40
0,30%	99,70%	5	20	3,32	96,68	103,32	96,93
5,00%	95,00%	5	30	1,79	98,21	101,79	98,50
3,00%	97,00%	5	30	1,98	98,02	101,98	98,28
1,00%	99,00%	5	30	2,35	97,65	102,35	97,88
0,30%	99,70%	5	30	2,71	97,29	102,71	97,49
5,00%	95,00%	3	10	1,86	98,14	101,86	98,44
3,00%	97,00%	3	10	2,06	97,94	102,06	98,22
1,00%	99,00%	3	10	2,44	97,56	102,44	97,79
0,30%	99,70%	3	10	2,82	97,18	102,82	97,39
5,00%	95,00%	3	20	1,31	98,69	101,31	98,90
3,00%	97,00%	3	20	1,46	98,54	101,46	98,74
1,00%	99,00%	3	20	1,73	98,27	101,73	98,44
0,30%	99,70%	3	20	1,99	98,01	101,99	98,16
5,00%	95,00%	3	30	1,07	98,93	101,07	99,10
3,00%	97,00%	3	30	1,19	98,81	101,19	98,97
1,00%	99,00%	3	30	1,41	98,59	101,41	98,73
0,30%	99,70%	3	30	1,63	98,37	101,63	98,49

Tableau 6.2 Détermination de l'intervalle de probabilité du poids moyen et du poids moyen minimum garanti au risque α. Évolution de ces résultats en fonction de α, σ et n.

Bien entendu, ces résultats font suite aux conclusions mathématiques exprimées dans la partie "traduction statistique ..." ci-dessus (conséquences de la normalité de $\overline{X}$).

Interprétation

Pour une même taille d'échantillon, Δ (erreur absolue) augmente lorsque le risque diminue. Par exemple, pour un échantillon de 10 tablettes au risque de 3%, il conviendra de réviser la chaîne de production dès que le poids moyen d'un tel échantillon s'écarte de plus de 3,43 g de la référence 100 g. Si le risque accepté est 10 fois plus petit, soit 3°/00 , on n'effectuera ce contrôle que si l'écart à la référence est beaucoup plus net (4,69 g).

Pour un risque donné, augmenter la taille de l'échantillon augmente la précision et donc diminue Δ. Ainsi, au risque 3°/00 évoqué ci-dessus, avec un échantillon de 20 tablettes, l'écart Δ n'est plus que de 3,32 g contre 4,69 g pour 10 tablettes. Cet écart, révélateur d'une probable avarie de la chaîne de production, n'est plus que de 2,71 g avec un échantillon de 30 tablettes.

Quand l'échantillonnage ne détruit pas l'objet prélevé et n'est pas trop coûteux en temps, il est donc intéressant d'augmenter la taille.

Bien entendu, l'amélioration du fonctionnement de la chaîne visant à diminuer la variabilité va dans le même sens. Avec un écart-type de 3 (au lieu de 5), nous trouvons qu'avec un risque de 3°/00 et un échantillon de 30, il suffit de détecter un écart de 1,63 g pour être amené à effectuer une révision de la chaîne. Rappelons que l'écart était de 2,71 avec l'écart-type $\sigma = 5$.

6.4.2. Population de moyenne et variance connues, grand échantillon

Exemple : vente de veaux au cadran

6.4.2.1. Présentation des données et position du problème

Lors de la vente de veaux au marché au cadran, toutes les données (prix, race, critères descriptifs de l'animal, origine, etc...) sont systématiquement enregistrées. Le nombre d'observations par type génétique d'animal est très volumineux. Cette source d'informations sera donc statistiquement assimilée à des données "population".

Dans cette courte étude, on s'intéresse à la note de conformation de veaux d'un type génétique donné, critère de valorisation de l'animal. On note X la variable aléatoire "note de conformation" (note sur 10). On calcule les paramètres statistiques de X dans cette population. On trouve une moyenne égale à $m = 7$ et une variance égale à $\sigma^2 = 4$.

Un échantillon de 40 veaux de ce type va être mis en vente. Dans quel intervalle $\left[\overline{x}_a, \overline{x}_b\right]$, dit intervalle de probabilité (ou pari) peut-on s'attendre à trouver la note moyenne de conformation dans un tel échantillon avec un niveau de sécurité de 95% ?

6.4.2.2. Notation et modèle

- Population
  - X est la variable aléatoire "note de conformation
  - $E(X) = m = 7$ est la note moyenne de conformation
  - $\text{Var } X = \sigma^2 = 4$.
- ➢ *Remarque :* la loi de probabilité dans la population est inconnue, comme c'est souvent le cas, ou différente d'une loi normale.
- Échantillon
  - la taille est n (ici, $n = 40$)
  - $X_1, X_2, \ldots, X_n$ sont des variables aléatoires indépendantes
  - $E(X_i) = m = 7 \quad \forall i \in \{1,2,...,n\}$
  - $\text{Var } X_i = \sigma^2 = 4 \quad \forall i \in \{1,2,...,n\}$.

6.4.2.3. Démarche statistique

La variable aléatoire moyenne d'échantillonnage est $\overline{X} = \frac{\sum_{i=1}^{n} X_i}{n}$.

Précisons sa distribution.

Les paramètres statistiques sont $E(\overline{X}) = m$ et $\text{Var } \overline{X} = \frac{\sigma^2}{n}$.

Pour obtenir la loi de probabilité, rappelons que $\overline{X}$ est la moyenne arithmétique des variables aléatoires X_i, indépendantes, de même espérance et de même variance. On peut donc lui appliquer le théorème central limite : la loi de probabilité de $\overline{X}$ converge en probabilité vers la loi normale lorsque $n \to \infty$. En pratique, lorsque n est grand, la variable aléatoire moyenne suit approximativement la loi normale $\overline{X} \approx N(m, \sigma/\sqrt{n})$. Nous considèrerons n grand dès qu'il atteint 30.

6.4.2.4. Mise en œuvre à l'aide d'EXCEL

Le problème est donc identique au précédent puisque le fait que la normalité soit approchée n'influe pas sur les calculs. Nous réalisons le même calcul (des types de simulation identiques à ceux réalisés pourraient bien sûr être mis en oeuvre).

Résultats

La 1re méthode consiste à utiliser la fonction INTERVALLE.CONFIANCE. On trouve 0,62. Notons Δ ce résultat. On en déduit

$$\bar{x}_a = m - \Delta = 7 - 0,62 = 6,38 \quad \text{et} \quad \bar{x}_b = m + \Delta = 7 + 0,62 = 7,62$$

Dans la 2e méthode, on utilise la fonction LOI.NORMALE.INVERSE. Rappelons que l'utilisation de cette fonction doit se faire relativement à la loi de $\bar{X}$, c'est à dire avec la loi $\bar{X} \to N(m, \sigma/\sqrt{n})$. Les arguments de la fonction sont les suivants :

- Probabilité : 0,025
- Espérance : 7
- Ecart_type : 0,316 (noter que l'on peut saisir son calcul $\sigma/\sqrt{n}$ non effectué c'est à dire sous la forme 2/(40^0,5).

La fonction est donc saisie de la façon suivante :

=LOI.NORMALE.INVERSE(0,025;7;2/(40^0,5))

Nous obtenons ainsi directement les bornes $\bar{x}_a$ et $\bar{x}_b$ de l'intervalle de probabilité.

Bien entendu, nous retrouvons les mêmes résultats que précédemment :

$\bar{x}_a = 6,38$ et $\bar{x}_b = 7,62$ (pour cette dernière valeur, saisir 0,975 dans la zone Probabilité).

6.5. *DISTRIBUTION D'ECHANTILLONNAGE D'UNE PROPORTION POUR UN GRAND ECHANTILLON*

Exemple : élevage de cailles

6.5.1. Présentation des données et position du problème

Dans un important élevage de cailles, on évalue à 25% le pourcentage de volatiles présentant une anomalie de l'aile. On s'intéresse à un lot de 80 cailles destiné à la vente et à la proportion de cailles présentant l'anomalie dans un tel lot.

Questions

1. Dans quelles limites (y_a ,y_b) peut-on s'attendre à trouver la proportion de cailles anormales dans un tel échantillon, au risque 2%.
2. quel taux maximal de cailles anormales peut-on garantir au risque 1% ?

6.5.2. Notations et modèle

- Population : c'est l'ensemble des cailles de l'élevage
  - I est une variable aléatoire de Bernoulli (indicatrice)
    - I = 1 si anomalie des ailes
    - I = 0 sinon.
  - la distribution de I est

    P(I=1) = p ; p = 0,25

    P(I=0) = 1-p = q.

I	0	1
P(I)	q	p

I est une variable de Bernoulli de paramètre p

- $E(I) = p$
- $Var\ I = p\ q$.

- Échantillon
  - La taille est n, ici 80

    Statistiquement, l'échantillon est équivalent à n indicatrices I_1, I_2, … , I_n indépendantes telles que :

$$E(I_i) = p \quad \forall i \in \{1,2,...,n\}$$
$$Var\ I = pq \quad \forall i \in \{1,2,...,n\}$$

6.5.3. Démarche statistique

$X = \sum_{i=1}^{n} I_i$ est la variable aléatoire "nombre de cailles présentant l'anomalie dans un échantillon de taille n". X suit la loi binomiale $\mathcal{B}$ (n, p)

Soit Y la variable aléatoire "proportion de cailles présentant l'anomalie dans un échantillon de taille n.

$$Y = \frac{\sum_{i=1}^{n} I_i}{n} = \bar{I} \text{ (moyenne des indicatrices)}$$

La distribution d'échantillonnage de la proportion est

$$E(Y) = E(\bar{I}) = p \text{ et } Var\ Y = \frac{Var\ I}{n} = \frac{pq}{n}$$

La loi de probabilité de Y est la loi normale approchée $Y \to N(p, \sqrt{\frac{pq}{n}})$. En effet, Y est la moyenne arithmétique des n variables aléatoires I_i, indépendantes, de même espérance p, de même variance pq. De plus comme n est grand on peut appliquer à Y le théorème central limite.

➢ *Remarque :* nous retrouvons le même schéma que celui des moyennes.

La traduction statistique de la première question est

$[y_a, y_b]$? tel que $P(y_a \le Y \le y_b) = 1 - \alpha \quad \Leftrightarrow \Delta$? tel que $P(p - \Delta \le Y \le p + \Delta) = 1 - \alpha$

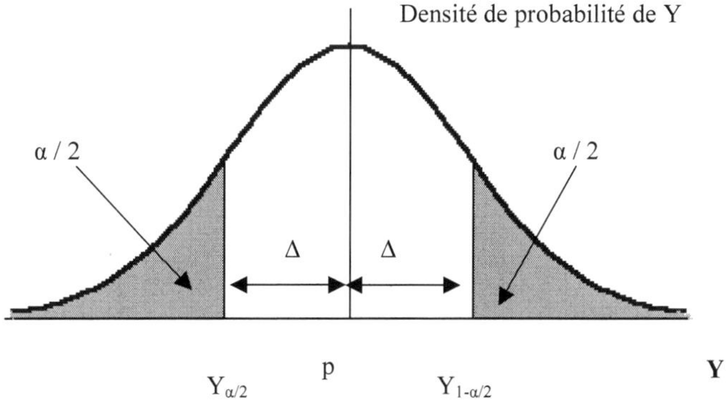

Figure 6.2 Distribution de la proportion d'échantillonnage Y.

Pour résoudre le problème, il suffit d'utiliser la normalité de Y

$$P(Z_{\alpha/2} \leq \frac{Y-p}{\sqrt{\frac{pq}{n}}} \leq Z_{1-\alpha/2}) = 1-\alpha$$

D'où l'on déduit l'intervalle de probabilité au risque α

$$p + Z_{\alpha/2}\sqrt{\frac{pq}{n}} \leq Y \leq p + Z_{1-\alpha/2}\sqrt{\frac{pq}{n}}$$

$$\Delta = -Z_{\alpha/2}\sqrt{\frac{pq}{n}} = Z_{1-\alpha/2}\sqrt{\frac{pq}{n}}$$

$$y_a = p - \Delta \qquad \text{et} \qquad y_b = p + \Delta$$

6.5.4. Mise en œuvre au moyen d'EXCEL

Nous procédons exactement de la même façon que pour l'échantillonnage des moyennes.

La 1re méthode s'appuie sur la loi de probabilité de Y, la loi $N(p, \sqrt{\frac{pq}{n}})$

Le calcul à l'aide du clavier $\sigma_Y = \sqrt{\frac{pq}{n}} = \sqrt{\frac{0,25 \times 0,75}{80}}$ donne $0,048$.

Détermination de y_a

On appelle la fonction LOI.NORMALE.INVERSE dont on renseigne les arguments

- Probabilité (saisir la valeur de $\alpha/2$ soit 0,01)
- Espérance (saisir la valeur de p soit 0,25)
- Ecart-type (saisir la valeur de l'écart-type σ_Y calculé soit 0,048).

Le résultat est $y_a = 0,14$. C'est le fractile $Y_{\alpha/2}$.

Détermination de y_b

A partir du résultat précédent, on tire la poignée de recopie ou bien on effectue un "copier-collage spécial formule" et, dans la barre de formule, on remplace la probabilité par la valeur de $1-\alpha/2$ soit 0,99. On obtient le résultat : $y_b = 0,36$ (fractile $Y_{1-\alpha/2}$) et l'on en déduit :

$$\Delta = 36\%-25\% = 11\%.$$

Interprétons ces résultats. Dans cet important élevage de cailles, on a évalué à 25% la proportion de cailles présentant une anomalie des ailes. Lorsqu'on commercialise un lot de 80 cailles, le lot étant considéré comme aléatoire et simple, on peut garantir à l'acheteur au risque de 2% qu'il faut s'attendre à avoir une proportion d'au moins 14% de cailles présentant l'anomalie mais que cette proportion a peu de chances de dépasser 36%.

Avec une sécurité de 98%, on peut également garantir que le taux de cailles présentant l'anomalie est de 25% avec une erreur maximale de 11%.

Comme pour l'étude de l'échantillonnage des moyennes, la 2e méthode utilise la fonction INTERVALLE.CONFIANCE mais attention, cette fonction doit être utilisée relativement à la variable de Bernoulli I. Ses arguments sont :

- alpha (saisir le risque choisi soit 0,02)
- Ecart-type (saisir l'écart-type de I c'est à dire $\sqrt{pq}$ soit $\sqrt{0,25 \times 0,75} = 0,433$)
- Taille (saisir ici 80).

On obtient directement le résultat $\Delta = 0,1126$ déterminé ci-dessus.

Concernant le taux maximal de cailles anormales y_M que l'on peut garantir au risque 1%, c'est à dire y_M ? tel que $P(Y > y_M) = 0,01$, il est égal à y_b déterminé précédemment : il n'excèdera pas 36%.

7. ESTIMATION

7.1. INTRODUCTION

La notion d'estimation a été présentée lors de l'introduction de la statistique inférentielle. Rappelons que sa mission essentielle est d'obtenir une valeur approchée d'un ou plusieurs paramètres statistiques d'une variable aléatoire d'une population à partir des données observées dans un échantillon.

On peut citer comme exemples l'estimation du revenu annuel moyen de vignerons de l'Aude, celle du taux d'infestation d'une récolte, celle du pourcentage de français de plus de cinquante ans présentant un taux de cholestérol trop élevé ou celle enfin du prix de vente annuel moyen d'un kilo de miel français "toutes fleurs"garanti biologique.

Pour introduire les estimateurs des principaux paramètres statistiques, nous aborderons d'abord l'estimation ponctuelle. Munis de ces outils statistiques, nous pratiquerons ensuite les intervalles de confiance en les calculant à l'aide d'Excel.

7.2. ESTIMATION PONCTUELLE

7.2.1. Introduction : estimateur – estimation

Considérons un échantillon de taille n.

Le modèle qui lui est associé est défini par n variables aléatoires indépendantes X_1, X_2, …,X_n distribuées selon la même loi de probabilité connue ou inconnue $L(\Theta)$. Θ, paramètre de la loi est inconnu (Θ peut être uni ou bidimensionnel). Notons $x_1, x_2, \ldots x_n$ une réalisation des n variables $X_1, X_2, \ldots, X_n$.

Exemples :

- distribution de Bernoulli B(p). Le paramètre inconnu Θ est p, proportion dans la population
- distribution de Poisson P(m). Le paramètre inconnu Θ est le paramètre m
- distribution gaussienne $N(m,\sigma)$: le paramètre inconnu peut être unidimensionnel (soit m, soit σ) ou bidimensionnel $\begin{pmatrix} m \\ \sigma \end{pmatrix}$.

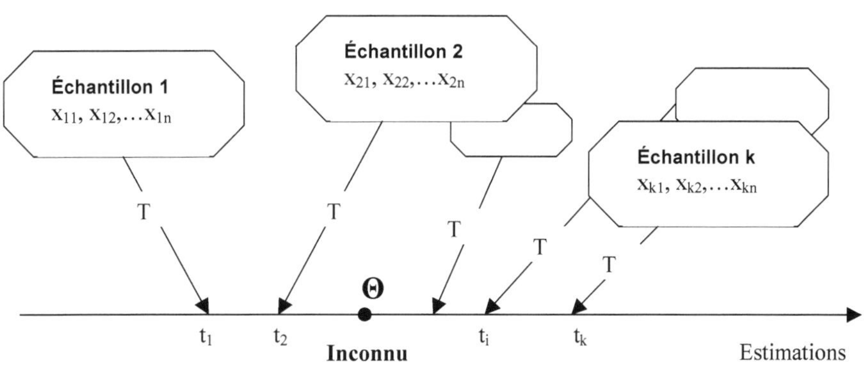

$t_1=T(x_{11}, x_{12},\ldots x_{1n})$ $t_2=T(x_{21}, x_{22},\ldots x_{2n})$ … $t_k=T(x_{k1}, x_{k2},\ldots x_{kn})$

Définition simplifiée : on appelle estimateur de Θ une statistique T telle que $T(x_1, x_2, \ldots x_n)$ puisse être considérée comme valeur approchée du paramètre inconnu Θ. $T(x_1, x_2, \ldots x_n)$ est appelée estimation de Θ. Cette définition peut être illustrée par le schéma précédent.

7.2.2. Estimation ponctuelle d'une moyenne

Exemple *: **consommation mensuelle moyenne d'apéritif anisé***

7.2.2.1. Présentation des données et position du problème

On veut connaître la consommation mensuelle moyenne d'apéritif de type anisé alcoolisé dans la France du Sud, cette zone étant définie selon une sélection précise de départements. Une enquête « omnibus » est réalisée auprès de 2000 français choisis aléatoirement dans cette zone. Dans cet échantillon, il apparaît que la consommation mensuelle moyenne est de trois verres par habitant (nous considérons l'unité "verre"comme relativement précise étant donné que dans les débits de boissons, on utilise couramment une "dosette" standardisée).

Question : à combien peut-on estimer la consommation mensuelle moyenne d'un habitant de la région étudiée ?

7.2.2.2. Notations et modèle

- Population : c'est l'ensemble des habitants de la France du Sud.
  - X est la variable aléatoire "consommation mensuelle d'apéritif anisé alcoolisé d'un habitant" (unité = un verre)
    (X=nombre de verres par mois et par habitant)
  - $E(X) = m$ est la consommation mensuelle moyenne par habitant
  - $\text{Var } X=\sigma^2$
- Échantillon
  - La taille est n, ici 2000
  - $X_1, X_2, \ldots, X_{2000}$ sont des variables aléatoires indépendantes
  - $E(X_i) = m$ et $\text{Var } X_i = \sigma^2 \quad \forall\, i \in \{1, 2, \ldots, 2000\}$
  - $\overline{X} = \frac{1}{n}\sum_{i=1}^{n} X_i$ est la variable aléatoire moyenne observée dans un tel échantillon
  - $\overline{x} = 3$ est la moyenne observée dans cet échantillon.

Approche intuitive

Spontanément, on évalue la consommation mensuelle moyenne d'un habitant de la France du Sud à trois verres par mois. On nous dit que $\overline{x} = 3$ verres constitue l'estimation ponctuelle de m, consommation mensuelle moyenne d'un habitant de la zone considérée.

7.2.2.3. Démarche statistique

Distribution d'échantillonnage des moyennes

Dans le chapitre "Distributions d'échantillonnage", à propos des moyennes d'échantillonnage (cf. paragraphe 6.4.1.2), nous avons trouvé que $E(\overline{X}) = m$ et $\text{Var } \overline{X} = \frac{\sigma^2}{n}$.

Estimateur sans biais et convergent

$\left[E(\overline{X}) = m\right]$ définit la moyenne d'échantillonnage $\overline{X}$ comme estimateur sans biais de la moyenne m de la population. C'est à dire qu'en moyenne, la moyenne d'échantillonnage $\overline{X}$ est égale à la "vraie" moyenne m (moyenne de la population). $\left[E(\overline{X}) = m\right]$ exprime encore le fait que la moyenne d'échantillon $\overline{X}$ est centrée autour de la moyenne m de la population. Les distributions d'échantillonnage des moyennes sont généralement symétriques ; il en résulte que les valeurs les plus probables prises par les moyennes d'échantillons sont autour de la moyenne m de la population.

L'absence de biais est une qualité fondamentale d'un estimateur.

Estimateur convergent

$$\operatorname{Var}\overline{X} = \frac{\sigma^2}{n} \quad \Rightarrow \quad \lim_{n\to\infty} \operatorname{Var}\overline{X} = 0$$

$\overline{X}$ estimateur sans biais de m est dit <u>estimateur convergent</u>.

Concrètement, quand les échantillons atteignent une grande taille, leurs moyennes se stabilisent, la dispersion des moyennes, la variance des moyennes devient très petite.

L'échantillon grandissant devient la population et les deux moyennes (échantillon, population) convergent. $\operatorname{Var}\overline{X}$ est alors nulle. La convergence est une qualité essentielle, elle valide l'outil estimateur lorsque l'échantillon atteint la population par suite d'une augmentation de sa taille.

En résumé $E(\overline{X}) = m$ et $\lim_{n\to\infty} \operatorname{Var}\overline{X} = 0$.

Cela équivaut à dire que $\overline{X}$ variable aléatoire "moyenne observée dans l'échantillon" est un estimateur sans biais et convergent de m. On note $\widehat{m} = \overline{X}$.

- *Remarque :* la notation $\widehat{m}$, très utilisée, ne permet pas de distinguer l'estimateur $\overline{X}$ (variable aléatoire , statistique, fonction $f(X_1, X_2, \ldots, X_n)$) de l'estimation $\overline{x}$ (valeur observée). Selon le contexte, nous utiliserons l'une ou l'autre de ces notations.

Application pratique

Dans le cas d'une moyenne, l'approche intuitive est "validée" par la démarche statistique. La moyenne observée dans cet échantillon, $\overline{x} = 3$ verres est une estimation ponctuelle de la consommation mensuelle moyenne d'un habitant de la France du Sud.

On peut critiquer ce résultat en remarquant qu'un autre échantillon de 2000 habitants de la même zone, conduirait à une autre estimation. Il est important de bien voir qu'une estimation est nécessairement entachée d'erreur puisque issue d'un échantillon. Il est fondamental de fiabiliser le résultat d'une part en assurant un degré de confiance, d'autre part en évaluant la marge d'erreur Δ associée à l'estimation. Ceci fera l'objet du paragraphe " intervalles de confiance" abordé ultérieurement.

7.2.3. Estimation ponctuelle d'une variance

Exemple : variabilité du prix de la sole fraîche

7.2.3.1. Présentation des données et position du problème

On veut étudier la variabilité du prix de la sole vendue dans des poissonneries similaires d'une ville donnée au cours d'une période donnée (la variabilité du prix n'était ainsi fonction que des arrivages). Dans ce contexte, on réalise aléatoirement 60 relevés. Dans cet échantillon, on observe un écart type de 1,7 €.

Question : estimer la variance du prix de la sole fraîche dans le contexte étudié (l'échantillon sera considéré comme gaussien).

7.2.3.2. Notations et modèle

- Population : c'est l'ensemble des poissonneries sélectionnées au cours de la période considérée.
  - X est la variable aléatoire, prix du kilo de sole fraîche
  - E(X) = m est le prix moyen du kilo de sole fraîche
  - Var X = σ^2.
- Échantillon
  - La taille est n ici 60
  - $X_1, X_2, \ldots, X_{60}$ sont des variables aléatoires indépendantes
  - $X_i \rightarrow N(m,\sigma) \quad \forall\ i \in \{1,2,...,60\}$.

7.2.3.3. Démarche statistique

La variable aléatoire variance observée dans un tel échantillon est

$$S'^2 = \frac{1}{n}\sum_{i=1}^{n}(X_i - \bar{X})^2 = \frac{SCE}{n} \qquad \text{avec} \qquad SCE = \sum_{i=1}^{n}(X_i - \bar{X})^2$$

Dans l'échantillon considéré, on observe une variance $s'^2 = (1,7)^2$.

Approche intuitive

Comme précédemment, de façon intuitive, nous avons tendance à estimer la variance σ^2 par la variance observée $(1,7)^2$. En examinant les résultats théoriques nous allons comprendre que la variance observée S'^2 n'est pas un estimateur satisfaisant.

Distribution d'échantillonnage des variances

Dans le chapitre "Distributions d'échantillonnage", à propos des variances (cf. paragraphe 6.3.2), nous avons indiqué les résultats suivants :

$$E(S'^2) = E\left(\frac{1}{n}\sum_{i=1}^{n}(X_i - \bar{X})^2\right) = \sigma^2 - \frac{\sigma^2}{n}$$

$$Var(S'^2) = \frac{\mu_4 - \sigma^4}{n} - \frac{2(\mu_4 - 2\sigma^4)}{n^2} + \frac{\mu_4 - 3\sigma^4}{n^3}$$ où μ_4 désigne le moment centré d'ordre 4 c'est à dire $\mu_4 = E\left[(X_i - m)^4\right]$.

Estimateur sans biais et convergent

Nous remarquons que $E(S'^2) \neq \sigma^2$. La variance observée S'^2 est donc une estimation biaisée de la variance de la population. L'absence de biais étant une qualité essentielle pour un estimateur, il convient de rechercher un autre outil.

$$E(S'^2) = \sigma^2\left(\frac{n-1}{n}\right)$$

$$E\left[\left(\frac{n}{n-1}\right)S'^2\right] = \sigma^2$$

Par suite, $\left(\frac{n}{n-1}\right)S'^2$ est un estimateur sans biais de σ^2 que nous noterons S^2.

$$S^2 = \left(\frac{n}{n-1}\right)S'^2 = \left(\frac{n}{n-1}\right)\left(\frac{1}{n}\right)\sum_{i=1}^{n}(X_i - \bar{X})^2 = \frac{1}{n-1}\sum_{i=1}^{n}(X_i - \bar{X})^2 = \frac{SCE}{n-1}$$

$$Var\ S^2 = Var\left[\frac{n}{n-1}S'^2\right] = \left(\frac{n}{n-1}\right)^2 Var\ S'^2$$

Compte tenu de l'expression de Var S'^2 :

$$\lim_{n\to\infty} \operatorname{Var} S'^2 = 0 \Rightarrow \lim_{n\to\infty} \operatorname{Var} S = 0$$

En résumé :

$$\left[E(S^2) = \sigma^2 \ ; \ \lim_{n\to\infty} \operatorname{Var} S^2 = 0 \right]$$

Cela revient à dire que $S^2 = \frac{1}{n-1}\sum_{i=1}^{n}(X_i - \overline{X})^2$ *est un estimateur sans biais et convergent de* σ^2.

De la même façon que pour les moyennes, on note $\hat{\sigma}^2$ l'estimateur et l'estimation de la variance.

Application pratique

On peut déterminer l'estimation ponctuelle de la variance du prix de la sole fraîche sur la période considérée $\hat{\sigma}^2 = s^2 = \frac{n}{n-1}s'^2 = \frac{60}{60-1}(1,7)^2 = 2,94$.

A propos de la fiabilité du résultat, nous faisons les mêmes remarques que lors de l'estimation ponctuelle d'une moyenne.

7.2.4. Estimation ponctuelle d'une proportion

Exemple : enquête de satisfaction

7.2.4.1. Présentation des données et position du problème

Une École de langues étrangères par Internet réalise périodiquement un sondage auprès de ses clients afin d'évaluer leur satisfaction. Un tel sondage est effectué auprès d'un échantillon aléatoire de 300 personnes choisies parmi la clientèle du cours de langue chinoise. On trouve 27% de satisfaits.

Question : estimer la proportion de satisfaits dans la population des clients de ce cours.

7.2.4.2. Notations et modèle

- Population : c'est l'ensemble des clients.
  - I est l' indicatrice du caractère "satisfait du cours de chinois"
  - p est la proportion de clients satisfaits
  - I est la variable de Bernoulli de paramètre p . $I \to B(p)$
  - $E(I) = p$
  - $\operatorname{Var} I = p\,(p-1) = p\,q$ avec $q = 1 - p$.
- Échantillon
  - La taille est n, ici 300
  - $I_1, I_2, \ldots, I_{300}$ sont des variables aléatoires indépendantes
  - $I_i \to B(p) \quad \forall\, i \in \{1,2,\ldots,300\}$.

7.2.4.3. Démarche statistique

$Y = \frac{\sum_{i=1}^{n} I_i}{n} = \overline{I}$ est la variable aléatoire "proportion de satisfaits observée dans un tel échantillon".

$y = 0,27$ est la proportion de satisfaits dans cette enquête.

Approche intuitive

Les enquêtes sont très courantes dans les médias. On évalue spontanément la proportion de clients satisfaits par la proportion de satisfaits observée dans l'enquête (soit 27%) dite estimation ponctuelle.

Estimateur sans biais et convergent

Nous retrouvons la même démarche statistique que pour l'étude de la moyenne.

Rappelons les points essentiels du paragraphe "Distribution d'échantillonnage d'une proportion" (cf paragraphe 6.5.2.1).

$$E(Y) = E(\bar{I}) = p \; ;$$

$$\text{Var } Y = \frac{\text{Var } I}{n} = \frac{p\,q}{n} \Rightarrow \lim_{n\to\infty} \text{Var}Y = 0$$

Ceci revient à dire que Y variable aléatoire "proportion de satisfait" observée dans un échantillon de taille n est un estimateur sans biais et convergent de p.

On note $\hat{p}$ l'estimateur et l'estimation de p.

Application pratique

L'approche intuitive est confirmée par la démarche statistique. On estime la proportion de clients satisfaits à 27% (estimation ponctuelle).

Nous ferons les mêmes remarques que précédemment concernant la sécurité et la fiabilité des résultats.

7.3. INTERVALLE DE CONFIANCE

7.3.1. Introduction

L'étude de l'estimation ponctuelle nous a fourni les outils estimateurs fondamentaux mais nous a montré la relative fragilité d'une telle estimation.

Par exemple, lorsque nous avons estimé qu'en moyenne un habitant de la France du Sud consommait en moyenne 3 verres d'apéritif anisé par mois, nous avons conscience qu'une autre enquête de même taille aurait peut-être conduit à une estimation de 2,5 verres.

Sécuriser l'estimation ponctuelle nous conduit à introduire un outil fondamental : l'intervalle de confiance. Le contexte général est le suivant : il s'agit d'estimer un paramètre Θ d'une variable aléatoire X d'une population à partir d'un échantillon de taille n.

Notons $x_1, x_2, \ldots x_n$ les valeurs observées dans l'échantillon.

On appelle intervalle de confiance au niveau de confiance $1-\alpha$, le couple de statistiques $[T_1(x_1, x_2, \ldots, x_n), \; T_2(x_1, x_2, \ldots, x_n)]$ telles que :

$$P[T_1(X_1, X_2, \ldots, X_n) \leq \Theta \leq T_2(X_1, X_2, \ldots, X_n)] = 1-\alpha$$

L'intervalle aléatoire $[T_1(X_1, X_2, \ldots, X_n), T_2(X_1, X_2, \ldots, X_n)]$ est parfois appelé "intervalle de probabilité de recouvrement". Les intervalles de confiance sont des réalisations de cet intervalle aléatoire.

Pour illustrer la détermination des *intervalles de confiance d'une moyenne*, on peut citer les exemples suivants :

- l'estimation du poids moyen d'un poulet d'un élevage à partir d'un échantillon extrait d'une population normale de variance *connue*
- l'estimation du prix moyen du kilo de girolles à partir d'un grand échantillon extrait d'une population normale de variance *inconnue*
- l'estimation du poids moyen de jambons à partir d'un grand échantillon extrait d'une *population quelconque*.

L'estimation de la variabilité du Taux de Viande Maigre à partir d'échantillons extraits d'une population normale concrétisera la notion d'*intervalle de confiance d'une variance.*

Enfin, l'étude de l'estimation de la proportion de clients d'une société intéressés par une nouvelle prestation, à partir de grands échantillons illustrera la détermination de l'*intervalle de confiance d'une proportion.*

7.3.2. Intervalle de confiance d'une moyenne pour une population normale de variance connue

Exemple : poids moyen d'un poulet

7.3.2.1. Présentation des données et position du problème

Un producteur de volailles élevées en plein air (féru de statistiques!) s'intéresse plus particulièrement à son élevage de poulets. Par expérience, il sait que la distribution du poids de ces poulets est sensiblement gaussienne et que sa variabilité est à peu près constante. Il considère que l'écart-type de la variable aléatoire "poids d'un poulet" est de 0,3 kg. Par contre, le poids moyen est plus fluctuant, l'appétit des animaux pouvant varier en fonction de l'aliment distribué, la saison, etc. Il souhaite donc estimer le poids moyen de ses poulets. Pour cela, il prélève un échantillon de 40 poulets et observe les poids indiqués sur le tableau 7.1.

2,177	2,448	2,026	1,354	1,929	1,993	2,025	1,405	1,679	1,884
1,925	1,975	2,032	1,908	1,782	1,739	1,457	1,233	2,05	2,053
1,998	2,131	2,349	1,284	2,247	1,936	1,895	2,34	1,935	1,66
1,86	1,691	1,915	2,075	2,37	2,094	1,496	1,334	2,795	1,929

Tableau 7.1 Poids de poulets (en kg).

Question : déterminer l'intervalle de confiance du poids moyen d'un poulet dans l'élevage au niveau de confiance $1-\alpha$ avec $\alpha = 5\%$.

7.3.2.2. Notations et modèle

- Population : c'est l'ensemble des poulets de l'élevage.
  - X est la variable aléatoire, poids d'un poulet
  - $E(X) = m$ est le poids moyen d'un poulet
  - $\text{Var } X = \sigma^2$
  - $X \to N(m, \sigma)$
- Échantillon
  - La taille est n, ici 40
  - $X_1, X_2, \ldots, X_{40}$ sont des variables aléatoires indépendantes
  - $E(X_i) = m \qquad \forall\, i \in \{1, 2, ..., 40\}$
  - $X_i \to N(m, \sigma)$
  - $\text{Var } X_i = \sigma^2$
  - $\overline{X} = \frac{1}{n}\sum_{i=1}^{n} X_i$ est la variable aléatoire moyenne observée dans un tel échantillon
  - $\overline{X} = \widehat{m}$ est l'estimateur de la moyenne inconnue m.

7.3.2.3. Démarche statistique

Rappelons que l'estimateur du poids moyen m d'un poulet dans l'élevage est la variable aléatoire $\overline{X}$, moyenne observée dans un échantillon de taille n. Tout échantillon conduisant à une estimation différente ($\widehat{m} = \bar{x}$) , il est important d'évaluer la marge d'erreur Δ autour d'une estimation.

Il s'agit de trouver l'erreur Δ telle que $P(\bar{X} - \Delta \leq m \leq \bar{X} + \Delta) = 1 - \alpha$, c'est à dire telle que $m = \bar{X} \pm \Delta$ au risque α. soit enfin déterminer l'intervalle $[A, B]$ tel que $P(A \leq m \leq B) = 1 - \alpha$.

$[A, B]$ est un intervalle aléatoire ($A = \bar{X} - \Delta$, $B = \bar{X} + \Delta$). Toute réalisation $[a, b]$ est un intervalle de confiance de m au niveau de confiance 1-α .

Il apparaît que la question de la détermination de l'intervalle de confiance passe par la détermination de la loi de probabilité de la variable aléatoire $\bar{X}$: $\bar{X} \to N(m, \sigma / \sqrt{n})$.
(cf. chapitre 6 "Distributions d'échantillonnage").

$$Z = \frac{\bar{X} - m}{\sigma / \sqrt{n}} \; ; \qquad Z \to N(0,1) \qquad \text{loi normale centrée réduite}$$

$$P(Z_{\alpha/2} \leq \frac{\bar{X} - m}{\sigma / \sqrt{n}} \leq Z_{1-\alpha/2}) = 1 - \alpha$$

$$P(\bar{X} + Z_{\alpha/2} \frac{\sigma}{\sqrt{n}} \leq m \leq \bar{X} + Z_{1-\alpha/2} \frac{\sigma}{\sqrt{n}}) = 1 - \alpha$$

$$-Z_{\alpha/2} \frac{\sigma}{\sqrt{n}} = Z_{1-\alpha/2} \frac{\sigma}{\sqrt{n}} = \Delta \; .$$

7.3.2.4. Mise en œuvre à l'aide d'Excel

1re méthode : elle est de type manuel.

A l'aide du logiciel, on réalise les calculs ci-dessus :

- $\bar{x} = 1,91$ (fonction MOYENNE)
- $Z_{1-\alpha/2} = 1,96$ (fonction LOI.NORMALE.STANDARD.INVERSE, dans laquelle on saisira 0,975 dans la zone "probabilité")
- $\frac{\sigma}{\sqrt{n}} = \frac{0,3}{\sqrt{40}} = 0,0474$.

On trouve $\Delta = Z_{\alpha/2} \frac{\sigma}{\sqrt{n}} = 0,093$. Soit $m = \bar{X} \pm \Delta$ au risque α et on en déduit l'intervalle de confiance, lié à l'estimation

$$a = \bar{x} - \Delta = 1,8172$$
$$b = \bar{x} + \Delta = 2,0031$$

Dans un échantillon de 40 poulets, on estime donc le poids moyen avec une précision de 93 grammes en prenant 5% de risque.

En résumé, lorsque l'écart-type de la population est connu, la marge d'erreur Δ ne dépend que de la taille n de l'échantillon et du niveau de confiance (1-α). Plus l'échantillon est grand, plus petite est l'erreur. Mais plus le niveau de confiance est grand, plus grande est l'erreur. Si l'écart σ est grand, il vaut mieux prendre un grand échantillon afin de limiter la marge d'erreur.

➢ *Remarque :* il est important de remarquer qu'un autre échantillon conduirait à un autre intervalle de confiance. Si l'on disposait d'un très grand nombre d'échantillons, on pourrait s'attendre à ce que 5% des intervalles de confiance trouvés ne contienne pas la moyenne m de la population.

2e méthode : c'est une méthode directe qui utilise la fonction INTERVALLE.CONFIANCE. Cette fonction, déjà utilisée pour les distributions d'échantillonnage des moyennes et proportions est particulièrement bien adaptée à ce problème.

On renseigne ses arguments de la façon suivante :

- pour Alpha, on saisit le risque pris soit ici 0,05
- pour Ecart-type, on saisit celui de la population (0,3)
- pour Taille, on saisit la valeur de n (40).

Le résultat affiché (0,093) est la valeur de Δ.

7.3.2.5. Simulations d'intervalles de confiance

Nous proposons ici de matérialiser la réelle valeur de l'intervalle de confiance et de niveau de confiance à l'aide de simulations réalisées sur Excel.

Supposons que la distribution des poids de poulets dans l'élevage soit complètement connue et que le paramètre statistique qui nous intéresse, leur moyenne, soit m = 1,8 kg. Par suite, la distribution de X, variable aléatoire "poids d'un poulet" est $X \rightarrow N(1{,}8\ ;\ 0{,}3)$.

Par simulation, nous proposons de générer l'extraction de 125 échantillons de taille 20. Dans l' Utilitaire d'analyse, nous choisissons "Génération de nombre aléatoires" et renseignons la boîte de dialogue.

Dans la zone "paramètres", la saisie de décimales pose problème. Nous avons saisi des valeurs en grammes.

Par définition, ce calcul génère à chaque lancement des échantillon différents

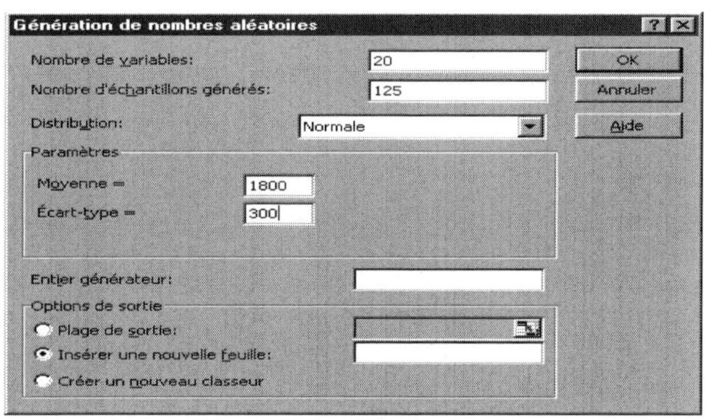

	X_1	X_2	…	X_{19}	X_{20}	MOYENNE	INTERVALLE DE CONFIANCE (Δ)	I
Échantillon 1	*2049*	*2436*	…	*1881*	*2192*	1873	131	1
Échantillon 2	*1969*	*1865*	…	*1444*	*1913*	1783	131	1
…	…	…	…	…	…	…	…	
Échantillon 124	*1763*	*2146*	…	*1808*	*1753*	1828	131	1
Échantillon 125	*1846*	*1481*	…	*1825*	*1815*	1640	131	0
								121

Tableau 7.2 Simulation d'échantillons aléatoires. Observation des moyennes et intervalles de confiance engendrés

Le tableau 7.2 montre les premières et dernières valeurs (en italique) parmi les 125 x 20 soit 2500 valeurs obtenues.

Pour le premier échantillon, puis pour tous les autres (recopie vers le bas), nous calculons les valeurs suivantes :

- moyenne (fonction MOYENNE)
- intervalle de confiance Δ, c'est à dire la précision de l'estimation (fonction INTERVALLE.CONFIANCE avec Alpha=0,05, Ecart-type=300, Taille=20)
- indicateur d'appartenance (I=1) ou non (I=0) de la moyenne à l'intervalle de confiance. Pour calculer cet indicateur, on utilise la fonction SI. Pour la cellule grisée du tableau, la formule s'écrit : =SI(ABS(LC(-2)-1800)<=LC(-1);1;0).

La somme des valeurs de I (bouton Σ) soit ici 121 indique le nombre d'échantillons ayant conduit à un intervalle de confiance contenant la vraie moyenne de la population ; le complémentaire de cette valeur soit 125-121 = 4 concrétise le risque α de 5%. On en déduit que 4 intervalles de confiance (125 – 121) ne contiennent pas la moyenne de la population.

7.3.3. Intervalle de confiance d'une moyenne pour une population normale de variance inconnue

Exemple : prix moyen du kilo de girolles

7.3.3.1. Présentation des données et position du problème

On s'intéresse au prix de vente des girolles sur les marchés toulousains à l'automne 2009. Des études antérieures montrent que la distribution de ce prix dans cette période peut être considérée comme sensiblement gaussienne.

A l'issue de 14 relevés réalisés de manière aléatoire et indépendante, on observe les résultats du tableau 7.3.

Prix en €	15,20	15,70	16,30	16,80	17,20	17,60	18,10	18,60	18,70	19,00	19,70	20,30	21,10	22,00

Tableau 7.3 Relevé de prix du kilo de girolles.

Questions

Estimer le prix moyen du kilo de girolles sur les marchés toulousains à l'automne 2009 et déterminer un intervalle de confiance de ce prix moyen au niveau de confiance $1-\alpha = 0,95$

7.3.3.2. Notations et modèle

- Population : c'est l'ensemble des étalages de girolles dans la zone et dans la période considérées
  - X est la variable aléatoire, prix d'un kilo de girolles (d'un étalage)
  - E(X) = m est le prix moyen du kilo de girolles
  - Var $X=\sigma^2$ (inconnue)
  - $X \rightarrow N(m,\sigma)$.
- Échantillon
  - La taille est n, ici 14
  - $X_1, X_2, \ldots, X_n$ sont des variables aléatoires indépendantes
  - $X_i \rightarrow N(m,\sigma)$.

7.3.3.3. Démarche statistique

$\overline{X} = \frac{1}{n}\sum_{i=1}^{n} X_i = \widehat{m}$ est la variable aléatoire "moyenne observée dans un tel échantillon, estimateur de la moyenne inconnue m d'estimation $\widehat{m} = \overline{x}$.

Précédemment, nous avons vu en quels termes se posait la question de l'intervalle de confiance d'une moyenne. On cherche Δ tel que $P(\overline{X} - \Delta \leq m \leq \overline{X} + \Delta) = 1 - \alpha$.. On veut donc déterminer l'intervalle $[A, B]$ tel que $P(A \leq m \leq B) = 1 - \alpha$ où $A = \overline{X} - \Delta$ et $B = \overline{X} + \Delta$

La population est gaussienne mais de variance inconnue. Notons $\hat{\sigma}$ l'estimation de l'écart-type. La loi de probabilité adaptée à l'estimateur est ici la loi de Student à (n-1) degrés de liberté

$$\frac{\overline{X} - E(\overline{X})}{\widehat{\sigma_{\overline{X}}}} = \frac{\overline{X} - m}{\hat{\sigma}/\sqrt{n}} \rightarrow T_{(n-1)}$$

$$P(t_{\alpha/2} < \frac{\overline{X} - m}{\hat{\sigma}/\sqrt{n}} < t_{1-\alpha/2}) = 1 - \alpha$$

$$P(\overline{X} + t_{\alpha/2}\frac{\hat{\sigma}}{\sqrt{n}} \leq m \leq \overline{X} + t_{1-\alpha/2}\frac{\hat{\sigma}}{\sqrt{n}} = 1 - \alpha$$

$$\Rightarrow \Delta = -t_{\alpha/2}\frac{\hat{\sigma}}{\sqrt{n}} = t_{1-\alpha/2}\frac{\hat{\sigma}}{\sqrt{n}}$$

7.3.3.4. Mise en œuvre au moyen d' EXCEL

Nous réalisons les calculs présentés ci-dessus.

- estimation du prix moyen du kilo de girolles : $\widehat{m}$=18,307 € (fonction MOYENNE)

ce qui veut dire qu'en moyenne, le prix du kilo de girolles sur le marché toulousain à l'automne 2009 est de 18,307 €

- calcul de l'intervalle de confiance : $\hat{\sigma}$=2,011 € (fonction ECARTYPE)

$$\frac{\hat{\sigma}}{\sqrt{n}} = \frac{2,011}{\sqrt{14}} = 0,538$$

- $t_{1-\alpha/2} = 2,16$ (fonction LOI.STUDENT.INVERSE). Dans la boîte de dialogue de cette fonction, on renseigne : Probabilité : 0,05 et Degré-liberté : 13 (c'est à dire n - 1).

On obtient $\Delta = 2,16$ x 0,538 = 1,161.

On estime donc le prix moyen du kilo de girolles à 18,307 € à 1,161 € près au niveau de confiance 95%.

a = 18,307 – 1,161 = 17,146 et b = 18,307 + 1,161 = 19,468

- *Remarque* : la fonction INTERVALLE.CONFIANCE, très pratique, n'est programmée qu'avec la Loi Normale. Elle est donc déconseillée lorsque la variance de la population est inconnue et l'échantillon petit. En effet, l'erreur est sous-estimée ce qui diminue la fiabilité. Ici, par exemple, cette fonction fournit une erreur Δ=1,053.

7.3.4. Intervalle de confiance d'une moyenne pour une population quelconque à l'aide d'un grand échantillon

Exemple : estimation du poids moyen de jambons

7.3.4.1. Présentation des données et position du problème

Une entreprise de salaisons veut estimer le poids moyen des jambons frais livrés par un gros fournisseur. Pour cela, on sélectionne un échantillon de 80 jambons et on note le poids en kg de chacun d'eux ce qui fournit les résultats du tableau 7.4.

9,45	9,23	9,57	9,10	10,10	10,30	10,13	9,25	10,08	9,78
9,52	10,11	9,89	9,70	9,64	10,23	10,22	9,95	9,87	9,21
9,69	8,70	9,60	10,09	10,05	9,62	9,12	9,69	10,29	9,95
9,89	9,83	10,17	9,38	9,73	9,70	10,18	10,13	10,17	10,04
11,26	11,80	10,51	12,00	11,12	10,68	10,55	11,80	11,01	11,25
11,27	10,92	10,47	11,01	11,27	10,52	11,08	11,15	11,14	10,37
11,01	10,56	10,86	11,24	11,09	10,53	10,49	11,29	10,67	11,10
10,90	11,40	10,40	10,84	11,91	10,76	10,72	10,32	11,60	10,58

Tableau 7.4 Poids de jambons (en kg).

Questions*:* estimer le poids moyen d'un jambon frais et déterminer un intervalle de confiance de ce poids moyen aux niveaux de confiance 95%, 99% et 99,9%.

7.3.4.2. Notations et modèle

- Population : c'est l'ensemble des jambons frais livrés par le fournisseur.
  - X est la variable aléatoire, poids d'un jambon (en kg)
  - E(X) = m est le poids moyen d'un jambon
  - $\text{Var } X = \sigma^2$ (inconnue).
- Échantillon
  - la taille est n, ici 80
  - $X_1, X_2, \ldots, X_n$ sont des variables aléatoires indépendantes.

7.3.4.3. Démarche statistique

$$\overline{X} = \frac{1}{n}\sum_{i=1}^{n} X_i = \widehat{m} \text{ est l'estimateur de la moyenne m.}$$

La question de la détermination de l'intervalle de confiance se pose dans les mêmes termes que dans l'exemple précédent. Il faut adopter une loi de probabilité de l'estimateur $\overline{X}$.

Comme dans de nombreux cas concrets, la population est quelconque (loi de probabilité et variance inconnues). L'échantillon est grand et la moyenne d'échantillonnage suit approximativement la loi Normale. La variance de la population étant inconnue, nous pouvons adopter, dans ce contexte, la loi de Student pour l'estimateur $\overline{X}$. La démarche statistique et les calculs sont les mêmes que ceux développés dans le paragraphe précédent.

7.3.4.4. Mise en œuvre au moyen d'Excel

Nous réalisons les calculs présentés ci-dessus.

La fonction MOYENNE donne l'estimation du poids moyen : $\widehat{m} = \overline{x} = 10{,}65$ kg.

La fonction LOI.STUDENT.INVERSE permet de déterminer l'intervalle de confiance.

Enfin, la fonction ECARTYPE permet de calculer $\widehat{\sigma}$ et donc $\widehat{\sigma}/\sqrt{n}$. On trouve 0,1117.

On obtient les résultats suivants indiqués sur le tableau 7.5 .

α	***0,05***	***0,01***	***0,001***
$T_{1-\alpha/2}$	1,99	2,64	3,42
IC (Δ)	0,22	0,29	0,38
a	10,43	10,35	10,27
b	10,87	10,94	11,03

Tableau 7.5 Intervalles de confiance du poids moyen d'un jambon en fonction du risque α.

Bien entendu, l'intervalle de confiance grandit lorsque le risque diminue : on prend moins de risque mais la marge d'erreur est plus grande.

On en déduit que le poids moyen d'un jambon est de 10,65 kg à 22 g près au risque 5% ou bien que ce poids moyen est compris entre 10,43 kg et 10,87 kg au risque 5%. On interprèterait de la même façon les résultats correspondant aux autres valeurs de risque.

Une autre méthode consiste à utiliser la fonction INTERVALLE.CONFIANCE. Rappelons que cette fonction n'est programmée que pour la loi normale. L'échantillon étant grand, l'utilisation de cette fonction est acceptable. Dans la zone "Ecart-type" de la boîte de dialogue, il faudra saisir l'écart-type estimé 0,999. On obtient le tableau 7.6 des résultats. Ils sont très proches des précédents.

α	***0,05***	***0,01***	***0,001***
IC (Δ)	0,22	0,29	0,37
a	10,43	10,36	10,28
b	10,87	10,94	11,02

Tableau 7.6 Intervalles de confiance du poids moyen d'un jambon en fonction du risque α (loi normale et fonction INTERVALLE.CONFIANCE).

En résumé, nous trouvons pratiquement les mêmes résultats. Dans le cas de l'intervalle de confiance d'une moyenne d'une population quelconque, au moyen d'un grand échantillon, l'utilisation de la fonction INTERVALLE.CONFIANCE est la méthode la plus rapide.

7.3.5. Intervalle de confiance d'une variance pour une population normale

Exemple : estimation de la variabilité du taux de viande maigre

7.3.5.1. Présentation des données et position du problème

Un groupement d'éleveurs de porcs participe à un essai sur des porcs issus d'une nouvelle sélection génétique. Plusieurs critères sont étudiés parmi lesquels le taux de viande maigre appelé TVM (richesse des carcasses en viande maigre). C'est un indicateur important dans la détermination du prix du kilo de viande.

Dans cette étude, nous nous intéresserons à la variabilité du TVM. Ce dernier est évalué à partir de 23 carcasses choisies indépendamment et de manière aléatoire. Les résultats x_i observés dans cet échantillon sont indiqués sur le tableau 7.7 (en pourcentage).

x_i	59,5	59,5	57,6	59,7	59,8	60,0	60,2	60,3	60,5	60,7	60,8	61,0	61,0	61,4	61,5	61,5	61,7	61,9
	62,0	62,4	62,5	62,7	63,0													

Tableau 7.7 Taux de viande maigre.

La distribution du TVM est considérée comme sensiblement gaussienne.

Questions : estimer la variance du TVM et déterminer un intervalle de confiance de la variance au niveau de confiance 95%.

7.3.5.2. Notations et modèle

- Population : c'est l'ensemble des porcs issus de la nouvelle sélection génétique.
  - X est la variable aléatoire TVM (en %)
  - $E(X) = m$ est le TVM moyen
  - $\text{Var}\, X = \sigma^2$
  - $X \rightarrow N(m, \sigma)$
- Échantillon
  - La taille est n, ici 23
  - $X_1, X_2, \ldots, X_n$ sont des variables aléatoires indépendantes
  - $X_i \rightarrow N(m, \sigma) \qquad \forall i \in \{1, 2, ..., n\}$
  - $S^2 = \widehat{\sigma^2} = \dfrac{1}{n-1}\sum_{i=1}^{n}(X_i - \overline{X})^2 = \dfrac{SCE}{n-1}$

7.3.5.3. Démarche statistique

On estime la variance par $\widehat{\sigma^2} = S^2$.

En termes statistiques, il s'agit de déterminer l'intervalle de confiance c'est à dire l'intervalle aléatoire $\left[A^2, B^2\right]$ tel que $P(A^2 \leq \sigma^2 \leq B^2) = 1 - \alpha$.

On doit rechercher une loi de probabilité impliquant la variance, sachant que la population est normale. Dans le chapitre 4 "Rappels de probabilité", nous avons indiqué une loi répondant à cette exigence :

$$\frac{(n-1)S^2}{\sigma^2} \rightarrow \chi^2_{(n-1)}, \text{ loi du } \chi^2 \text{ à (n-1) ddl.}$$

$$P\left[\chi^2_{(n-1);\alpha/2} \leq \frac{(n-1)S^2}{\sigma^2} \leq \chi^2_{(n-1);1-\alpha/2}\right] = 1 - \alpha$$

$$\Leftrightarrow P\left[\frac{(n-1)S^2}{\chi^2_{(n-1);1-\alpha/2}} \leq \sigma^2 \leq \frac{(n-1)S^2}{\chi^2_{(n-1);\alpha/2}}\right] = 1 - \alpha$$

d'où $A^2 = \dfrac{(n-1)S^2}{\chi^2_{(n-1);1-\alpha/2}}$ et $B^2 = \dfrac{(n-1)S^2}{\chi^2_{(n-1);\alpha/2}}$.

7.3.5.4. Mise en œuvre au moyen d'Excel

$\widehat{\sigma^2} = 1,619$ est l'estimation de la variance.

La fonction "intervalle de confiance de la variance" n'étant pas programmée dans le logiciel, il faut réaliser les calculs ci-dessus ($\alpha = 0,05$) :

- $\chi^2_{\alpha/2} = 10,982$ valeur obtenue à l'aide de la fonction KHIDEUX.INVERSE dont on renseigne la boîte de dialogue (Probabilité : 0,975 ; Degrés liberté : 22)
- $\chi^2_{1-\alpha/2} = 36,781$ (copier-coller à partir du résultat précédent, puis changer la probabilité dans la barre de formule)

- pour déterminer A^2 et B^2 : on réalise le calcul $\frac{1,619 \times 22}{36,781}$ soit 0,968. On trouve de la même façon : $B^2 = 3,243$.

$[0,968 ; 3,243)]$ constitue un intervalle de confiance de la variance de la population au niveau de confiance 95%.

> *Remarque :* contrairement aux questions relatives aux moyennes, l'intervalle de confiance n'est pas centré sur l'estimation de la variance 1,619. En effet, le centre de l'intervalle de confiance est 2,106.

7.3.6. Intervalle de confiance d'une proportion au moyen d'un grand échantillon

Exemple : lancement d'un nouveau produit

7.3.6.1. Présentation des données et position du problème

Une société de service de nettoyage envisage d'ajouter à ses prestations habituelles le nettoyage des rideaux et tentures. La société veut évaluer quel pourcentage de clients sont intéressés par un tel service.

Un sondage est réalisé auprès de 300 personnes choisies aléatoirement dans la population des clients. Dans cet échantillon, on observe que 23% des clients sont intéressés par ce nouveau service.

Questions : estimer la proportion p de clients prêts à utiliser ce nouveau service et déterminer un intervalle de confiance de cette proportion au niveau de confiance 95%.

7.3.6.2. Notations et modèle

- Population : c'est l'ensemble des clients de la société.
  - I est l'indicatrice de l'événement "utilisation potentielle du nouveau service"
  - p est la proportion de clients potentiels du nouveau service
  - $I \to B(p) \ \forall i \in \{1, 2, ..., 300\}$
  - $E(I) = p$ et $Var\ I = pq$ avec $q = 1-p$.
- Échantillon
  - La taille est n, ici 300
  - $I_1, I_2, \ldots, I_n$ sont des variables aléatoires indépendantes
  - $I_i \to B(p)$ est une variable de Bernoulli de paramètre p
  - $Y = \frac{1}{n}\sum_{i=1}^{n} I_i = \bar{I}$ est la variable aléatoire "proportion de clients potentiels du service nettoyage rideaux" observée dans un tel échantillon. Dans notre échantillon, on observe $y = 23\%$.

7.3.6.3. Démarche statistique

$Y = \hat{p}$ est l'estimateur de p, proportion de clients potentiels du nouveau service dans la population de clients .

Intervalle de confiance de p au niveau de confiance 1-α

Il s'agit de trouver Δ tel que $P(Y - \Delta \leq p \leq Y + \Delta) = 1 - \alpha$ c'est à dire Δ tel que $p = Y \pm \Delta$ au risque α.

Cela revient à déterminer l'intervalle aléatoire

$$[A = Y - \Delta \; , \; B = Y + \Delta] \text{ tel que } P[A \leq p \leq B] = 1 - \alpha$$

Toute réalisation $[a \; , \; b]$ de $[A \; , \; B]$ est un intervalle de confiance de p au niveau de confiance 1-α.

La démarche statistique est analogue à celle que nous avons suivie pour la détermination de l'intervalle de confiance d'une moyenne.

Loi de probabilité de Y est $Y \approx N(p, \sqrt{\frac{\text{Var I}}{n}})$ soit $Y \approx N(p, \sqrt{\frac{pq}{n}})$ comme déjà vu dans le chapitre 6 "Échantillonnage".

- *Remarque :* rappelons succinctement que si Y est la moyenne arithmétique de n variables de Bernoulli I_i indépendantes et de même paramètre p, si n est grand alors on peut appliquer à Y le Théorème Central Limite et en conclure que Y suit une loi normale de manière approchée.

$$Z = \frac{Y - p}{\sqrt{\frac{pq}{n}}} \qquad \text{d'où } Z \approx N(0,1)$$

$$P\left[Y + Z_{\alpha/2}\sqrt{\frac{pq}{n}} \leq p \leq Y + Z_{1-\alpha/2}\sqrt{\frac{pq}{n}} \right] = 1 - \alpha$$

Détermination des intervalles de confiance

1re stratégie : utilisation du maximum de pq

Var I = p q = p (1 - p)= p - p^2 = f (p)

L'étude élémentaire de cette fonction f (p) permet d'établir immédiatement que $\forall p \in [0 \; , \; 1]$, on a $pq \leq \frac{1}{4}$. De manière rigoureuse, on en déduit un intervalle aléatoire dont toute réalisation fournit un intervalle de confiance de p :

$$\left[Y + Z_{\alpha/2}\sqrt{\frac{1}{4n}} \; ; \; Y + Z_{1-\alpha/2}\sqrt{\frac{1}{4n}} \right]$$

$$\Delta = -Z_{\alpha/2}\sqrt{\frac{1}{4n}} = Z_{1-\alpha/2}\sqrt{\frac{1}{4n}}$$

Il est important de remarquer que dans cette stratégie, la marge d'erreur Δ est indépendante du résultat observé dans l'échantillon. C'est à partir de cette expression de Δ que l'on pourra déterminer la taille de l'échantillon adaptée à la précision et au niveau de confiance souhaités (étude préalable au sondage).

Nous qualifierons cette stratégie de stratégie rigoureuse en remarquant qu'elle maximise l'intervalle de confiance.

2e stratégie

L'échantillon étant grand, on peut accepter la loi de probabilité approchée de Y

$$Y \approx N(p, \sqrt{\frac{\text{Var}_{\text{observée}} \text{ I}}{n}}) \text{ avec } \text{Var}_{\text{observée}} \text{ I} = \frac{1}{n}\sum_{i=1}^{n}(I_i - \bar{I})^2$$

soit, après développement $\text{Var}_{\text{observée}} \text{ I} = \bar{I}(1 - \bar{I}) = Y(1 - Y)$.

On obtient ainsi, de manière approchée, un intervalle aléatoire dont toute réalisation fournit un intervalle de confiance de p :

$$\left[Y + Z_{\alpha/2}\sqrt{\frac{Y(1-Y)}{n}} \; ; \; Y + Z_{1-\alpha/2}\sqrt{\frac{Y(1-Y)}{n}} \right]$$

Nous qualifierons cette deuxième stratégie de stratégie approchée.

7.3.6.4. Mise en œuvre au moyen d'Excel

$\hat{p} = y = 0,23$.

1re méthode : stratégie rigoureuse

- $Z_{1-\alpha/2} = 1,9599$ (fonction LOI.NORMALE.STANDARD.INVERSE avec $\alpha = 0,05$) ;
- $\sqrt{\frac{1}{4n}} = 0,0288$
- $\Delta = 1,9599 \times 0,0288 = 0,0566 \simeq 6\%$

La proportion de clients potentiels du "service nettoyage rideaux" est de 23% à 6% près au risque 5%.

2e méthode : stratégie approchée

- $\Delta = Z_{1-\alpha/2}\sqrt{\frac{y(1-y)}{n}} = 1,9599 \text{ x } \sqrt{\frac{0,23 \text{ x } 0,77}{300}} = 0,0476 \simeq 5\%$
- $a = 0,23 - 0,0476 = 0,1824$ $\qquad b = 0,23 + 0,0476 = 0,2776$

La proportion de clients potentiels du "service nettoyage rideaux" est de 23% à 5% près au niveau de confiance de 95%. Autrement dit, la proportion de clients potentiels du service est comprise entre 18% et 28% au risque 5%.

3e méthode : utilisation de la fonction INTERVALLE.CONFIANCE

Dès le chapitre 6 consacré à l'échantillonnage, nous avons mentionné que la variable aléatoire Y est une moyenne arithmétique : $Y = \frac{\sum_{i=1}^{n} I_i}{n} = \bar{I}$. Pour un grand échantillon, nous pouvons donc utiliser la fonction INTERVALLE.CONFIANCE, les valeurs à saisir dans la boîte de dialogue étant relatives à la variable de Bernoulli I

- Alpha : 0,05
- Ecart-type : $\sqrt{0,23 \text{ x } 0,77}$ soit 0,4208
- Taille :300.

Remarquons que, pour l'écart-type, on donne l'estimation égale à la valeur de $\sqrt{y(1-y)}$.

Le résultat affiché, 0,0476, est celui que nous avons obtenu avec la deuxième stratégie. Il est clair que c'est la méthode la plus rapide.

8. LE TEST STATISTIQUE

8.1. INTRODUCTION

Les deux chapitres précédents "Échantillonnage" et "Estimation" ont approfondi les relations statistiques et probabilistes entre Population et Échantillon. Nous avons vu que l'on pouvait "prédire" la valeur d'un paramètre statistique d'un échantillon à partir de celui d'une population avec une certaine marge d'erreur et une certaine sécurité et, inversement, en échangeant les rôles d'échantillon et de population.

Le test statistique étudie aussi les relations entre population et échantillon, mais conduit à une prise de décision face à une question posée.

Exemples :

- Est-ce que l'appréciation d'une pause café est indépendante de la catégorie socio-professionnelle des participants?
- Est-ce que trois traitements de lutte contre l'infestation d'un verger ont la même efficacité?
- Peut-on considérer comme correcte la qualité de remplissage des bouteilles d'huile dans une chaîne de production d'un tel produit?
- Peut-on considérer que la teneur en pesticide d'un lait bio est identique à celle d'un lait classique du commerce?
- Peut-on considérer que quatre variétés de haricots verts produisent des haricots de même finesse?
- Est-ce qu'une certaine campagne publicitaire a permis l'augmentation du taux d'utilisation du produit présenté?

La réponse à chaque question de type "oui / non" sera faite à l'issue d'un résultat aléatoire (échantillon, expérimentation) et, par suite, "fatalement", cette réponse sera plus ou moins risquée.

Nous proposons d'introduire les notions fondamentales associées à la construction et à l'utilisation d'un test statistique classique à partir d'un exemple.

Exemple : comparaison des teneurs moyennes en huile de deux variétés de tournesol

8.2. HYPOTHESES

On veut comparer les teneurs moyennes en huile m_1 et m_2 de deux variétés V_1 et V_2 de tournesol.

m_1 et m_2 sont inconnues. On est en présence de deux hypothèses :

$$m_1 = m_2 \quad \text{("Hypothèse nulle } H_0\text{")}$$

et

$$m_1 \neq m_2 \quad \text{("Hypothèse alternative } H_1\text{")}$$

➢ *Remarques*

- "H_0 : $m_1 = m_2$" est dite hypothèse simple.
- Nous présentons ci-dessus l'hypothèse alternative courante $m_1 \neq m_2$, c'est à dire que l'on peut avoir $m_1 > m_2$ ou $m_1 < m_2$. Le test est dit bilatéral.

- Dans certains cas, l'hypothèse alternative peut se limiter à une seule inégalité, par exemple $m_1 < m_2$. La variété V_2 est une nouvelle variété sensée avoir une meilleure teneur en huile que la variété courante V_1. Dans ce cas, le test est dit unilatéral.
- Dans un contexte identique à celui de la remarque précédente, l'hypothèse "H_0 : $m_1 \leq m_2$", ainsi exprimée est dite "composite". Dans les calculs, c'est cependant la limite "H_0 : $m_1 = m_2$" qui est utilisée. Les hypothèses nulles utilisées dans cet ouvrage sont des hypothèses simples.

8.3. DONNEES, MODELE ET PRISE DE DECISION

Comment faire un choix entre les deux hypothèses précédentes ?

Considérons deux échantillons E_1 et E_2 de tailles n_1 et n_2 des variétés V_1 et V_2. On note respectivement $\overline{X_1}$ et $\overline{X_2}$ les variables aléatoires "teneur moyenne en huile" des échantillons correspondants et enfin $E = \left|\overline{X_1} - \overline{X_2}\right|$ l'écart (aléatoire) entre ces deux moyennes. On conçoit aisément que si l'écart E des moyennes observées dans les échantillons est petit, l'écart entre les vraies moyennes m_1 et m_2 doit aussi être petit.

E est dit "statistique du test".

Pour pouvoir apprécier, juger toute observation e de cet écart aléatoire E, il est nécessaire de connaître la loi de probabilité suivie par E en l'absence de différence entre les deux variétés V_1 et V_2. De manière générale, il s'agit de connaître la loi de probabilité de E, statistique du test, sous H_0 (c'est à dire en supposant H_0 vraie).

La loi de probabilité de E sera déterminée à partir des lois suivies par $\overline{X_1}$ et $\overline{X_2}$, elles-mêmes trouvées à partir des lois suivies par les variables aléatoires X_i (modèle). On peut ainsi déterminer un seuil C tel que l'écart E aura très peu de chances de dépasser (probabilité < seuil) en l'absence de différence entre m_1 et m_2, c'est à dire si H_0 est vraie.

On peut ainsi réaliser le TEST, construire la REGLE DE DECISION :

Accepter H_0 si $E < C$ Rejeter H_0 si $E \geq C$

Le test est une méthode statistique DECISIONNELLE.

➢ *Remarque :* le seuil de probabilité, noté α ($= P(E \geq C)$) est généralement choisi par l'utilisateur et, bien entendu, faible. En pratique, le choix de 5% est très fréquent, celui de 1% fréquent mais il peut être également beaucoup plus faible selon les applications. Ce seuil sera approfondi ultérieurement dans le paragraphe "Risques".

Définitions

- **Le test est dit SIGNIFICATIF lorsque le résultat est le REJET de H_0.**
- **$E \geq C$ définit la région de rejet (RR) (rejet de H_0).**
- **$E < C$ définit la région d'acceptation (RA).**

8.4. RISQUES

8.4.1. Risques et probabilité critique

La décision est toujours prise à partir d'une variable aléatoire car issue d'un ou plusieurs échantillons (E dans cet exemple). A chaque décision est associé un type de risque.

8.4.2. Risque de 1re espèce

Définition

Lorsqu'on rejette H_0, on prend le risque de le faire alors que cette hypothèse est vraie : c'est le risque de 1re espèce.

Concrètement, dans notre exemple, le risque de 1re espèce est le risque que l'on prend en décidant qu'en moyenne, les teneurs en huile des deux variétés de tournesol sont différentes alors qu'elles sont identiques.

On note α le risque de 1re espèce. Le maximum du risque de 1re espèce est appelé "niveau du test" ou encore "seuil". Dans la pratique, c'est le plus souvent l'utilisateur qui fixe ce seuil. Par abus de langage, c'est le maximum de risque de 1re espèce qu'on appelle α.

Traduction probabiliste :

Le risque est une probabilité conditionnelle :

$\alpha = P_{H0}$ (rejet de H_0)

$\alpha = P_{H0}$ (Rejet H_0) $=$ P(rejeter H_0 sachant que H_0 est bonne).

Dans notre exemple :

$$\alpha = P_{H0}(E \geq C) = P\left[(E \geq C) \; / \; H_0 \text{ vraie}\right]$$

(le signe "/" signifie "sachant que" ou "alors que")

$$\alpha = P\left[(E \geq C) \; / \; m_1 = m_2\right]$$

8.4.3. Probabilité critique

Définissons la probabilité critique à partir de notre exemple. Considérons e, réalisation de E, consécutive à l'observation d'un échantillon E_1 de la variété V_1 et d'un échantillon E_2 de la variété V_2. On appelle "probabilité critique", notée p_C, la probabilité que l'écart E atteigne une valeur au moins égale à e quand H_0 est vraie : $p_C = P_{H0}(E \geq e)$

En quelque sorte, la probabilité critique évalue la crédibilité de l'hypothèse H_0 testée, compte tenu du résultat observé à partir du ou des échantillons.

Plus la valeur de p_C est petite, moins H_0 est crédible et plus il y a de chances que H_0 soit rejetée.

8.4.4. Probabilité critique et règle de décision

$$p_C = P_{H0}(E \geq e) = P\left[(E \geq e) \; / \; H_0 \text{ est vraie}\right]$$

Nous remarquons la même traduction probabiliste que celle de α, niveau du test. Nous pouvons associer le même type d'interprétation, face à une description conditionnelle. La probabilité critique représente le risque que l'on prendrait en rejetant H_0 à tort (c'est à dire alors que H_0 est bonne).

Généralement, l'utilisateur s'est fixé le niveau α du test, risque maximal. On peut donc traduire la règle de décision à partir de la probabilité critique p_C :

- si $p_C \leq \alpha$, on rejette l'hypothèse H_0. p_C représente le risque que l'on prend
- si $p_c > \alpha$, on ne prend pas le risque jugé trop grand de rejeter H_0. Cette hypothèse est considérée comme acceptable.

➢ *Remarque :* selon l'ordre de grandeur de la probabilité critique, le test sera qualifié de significatif, très significatif et hautement significatif :

- $1^0/_0 \leq p_C \leq 5\%$ Test significatif, souvent symbolisé par *
- $1^0/_{00} \leq p_C \leq 1\%$ Test très significatif, souvent symbolisé par **
- $p_C \leq 1^0/_{00}$ Test hautement significatif, souvent symbolisé par ***.

8.4.5. Risque de 2e espèce

Définition

Lorsqu'on accepte H_0, on peut se tromper c'est à dire que l'on peut accepter H_0 alors que cette hypothèse est fausse : on prend alors un risque de 2e espèce noté β.

Concrètement, dans notre exemple, le risque de 2e espèce est le risque que l'on prend en concluant qu'en moyenne, les teneurs en huile des deux variétés de tournesol sont identiques alors qu'elles sont différentes.

Traduction probabiliste :

Le risque de 2e espèce est une probabilité conditionnelle :

$$\beta = P_{H1} \text{ (accepter } H_0) = P \text{ (accepter } H_0 / H_0 \text{ est fausse)} = P \text{ (accepter } H_0 / H_1 \text{ est vraie)}$$

Dans notre exemple,

$$\beta = P_{H1}(E < C) = P\left[(E < C) \ / \ H_0 \text{ est fausse}\right]$$

$$\beta = P\left[(E < C) \ / \ m_1 \neq m_2\right].$$

- *Remarques*
  - Le fait que l'on se place sous H_1 rend difficile voire impossible la détermination de β. En examinant notre exemple, on comprend la difficulté du calcul puisque, sous H_1, m_1 est différent de m_2, de multiples façons. En supposant la valeur d'un écart m_1-m_2, nous pouvons approcher l'évaluation d'un risque β associé.
  - La difficulté d'évaluation du risque de 2e espèce "fragilise" la sûreté de la décision "acceptation de H_0". Ce point est essentiel. En fait, lorsqu'on ne peut pas rejeter H_0, on n'est pas sur que H_0 soit vraie puisque souvent on ne peut pas afficher le risque pris en considérant H_0 comme vraie. C'est la raison pour laquelle, actuellement, pour ce type de décision, on préfère l'expression "on ne peut rejeter H_0" (sous-entendu : on n'a pas assez d'éléments, d'assurance, pour rejeter H_0).
  - β n'ayant aucun rôle décisif, la détermination de la région de rejet ne fait intervenir que le risque α.

8.4.6. Comparaison des deux types de risque

En général, les risques de 1re et 2e espèce évoluent en sens inverse. Par suite, il est délicat de minimiser simultanément les deux types de risque. On ne peut le faire qu'en augmentant la taille des échantillons ce qui, évidemment, augmente les précisions. D'un point de vue pratique, on comprend que, dans certaines études, les contraintes économiques imposent des limites aux tailles d'échantillons.

8.5. PUISSANCE DU TEST

La puissance du test est la probabilité d'accepter H_1 quand H_1 est vraie, soit encore la probabilité de rejeter H_0, alors qu'elle est fausse.

Puissance = P_{H1} (accepter H_1) = P(accepter H_1 / H_1) = P(refuser H_0 / H_0 fausse)

Puissance = $1 - \beta$

Concrètement, dans notre exemple, la puissance est la probabilité de conclure à la différence des teneurs moyennes en huile des deux variétés alors que cette différence existe.

8.6. RECAPITULATIF

		DECISION dépend d'une variable aléatoire	
	R	REJETER H_0 (exemple : $E \geq C$)	ACCEPTER H_0 (exemple : $E < C$)
H_0 VRAIE	**E A L**	DECISION INCORRECTE α	DECISION CORRECTE $1-\alpha$
H_1 VRAIE	**I T E**	DECISION CORRECTE $1-\beta$	DECISION INCORRECTE β
(INCONNUE)			

8.7. TEST D'HYPOTHESE ET INTERVALLE DE CONFIANCE

Les tests d'hypothèses peuvent se résoudre au moyen de calculs d'intervalle de confiance.

Ainsi, dans notre exemple, nous disposons des teneurs moyennes en huile $\overline{x_1}$ et $\overline{x_2}$ issues des échantillons E_1 (variété V_1) et E_2 (variété V_2).

Nous pouvons ainsi déterminer l'intervalle de confiance de l'écart $m_1 - m_2$ au niveau de confiance $1-\alpha$.. Ainsi, nous verrons si la valeur zéro, donc correspondant à $H_0 : m_1 = m_2$, appartient ou non à l'intervalle de confiance et nous en déduirons par conséquent si nous pouvons considérer H_0 comme acceptable ou si nous devons la rejeter.

- *Remarque :* cette méthode est peu pratique lorsqu'on travaille avec EXCEL car il est nécessaire de conduire quasi manuellement le détail des calculs.

8.8. APPROCHE PRATIQUE DES TESTS : QUEL TEST CHOISIR ?

8.8.1. Introduction

Généralement, le praticien commence par décrire les données du problème. Il souhaite ensuite continuer son analyse pour finalement prendre une décision. Dans ce qui suit, pour faciliter son choix, nous lui proposons un itinéraire.

En premier lieu, il est essentiel de noter la nature des variables impliquées dans l'analyse. Rappelons brièvement que ces variables peuvent être qualitatives (notées QL) comme par exemple la variété d'une production végétale, la catégorie socio-professionnelle, la région, les caractéristiques de l'image d'un produit, etc. Elles peuvent aussi être quantitatives (QT) comme les notes d'un test, les mesures, les prix, etc. Ces dernières sont toujours transformables en variables qualitatives après découpage en classes.

Dans la deuxième étape, nous suggérons d'évaluer tout simplement la dimension de la question étudiée. Est-ce un problème de statistique unidimensionnelle, bidimensionnelle ?

Nous allons prendre les exemples choisis dans cet ouvrage assortis d'un schéma récapitulatif des tests ou modèles appropriés. Pour être plus systématique, ce panorama sera présenté selon la dimension.

8.8.2. Statistique unidimensionnelle

1. On étudie une population d'agriculteurs en fonction de leur production dominante (cf. paragraphe 9.1.1).
   On prélève un échantillon d'agriculteurs. Les données sont les effectifs dénombrés dans cet échantillon pour chacune des modalités de la variable qualitative "production dominante".
   Est-ce que l'échantillon est représentatif de l'ensemble de la population ?

2. On analyse les résultats d'une dégustation de vins de Champagne (cf. paragraphe 9.1.2).
   Les données étant la série de notes données regroupées en classes, est-ce que leur distribution peut être considérée comme obéissant à une loi normale ?

3. On surveille attentivement la température d'une cave viticole.
   On dispose d'une série de relevés de températures constituant un échantillon gaussien.
   3.a Est-ce que la variabilité de la température est maîtrisée ? (cf. paragraphe 10.1)
   3.b Est-ce que la température moyenne est conforme à l'exigence ? (cf. paragraphe 10.2.2)

4. Est-ce que le volume moyen de remplissage de bouteilles d'huile sur une chaîne de production est conforme au cahier des charges ? (cf. paragraphe 10.2.1).
   Les données sont un échantillon gaussien extrait d'une population de variance connue.

5. Un société de vente sur Internet s'intéresse au montant des ventes qu'elle réalise sur une période donnée (cf. paragraphe 10.2.3).
   Elle prélève sur ses livres de compte un échantillon grand de montants de vente. Est-ce que le montant moyen des ventes de cette période est supérieur au montant moyen classique ?

6. Le taux d'efficacité d'un nouveau traitement est-il supérieur au taux de référence ? (cf. paragraphe 12.1).
   On fait cette analyse à partir d'un grand échantillon de sujets traités.

8.8.3. Statistique bidimensionnelle

7. Peut-on considérer que trois traitements phytosanitaires effectués dans un verger conduisent à des résultats homogènes ? (cf. paragraphe 9.2).
   Les résultats sont classés selon trois modalités : mauvais, moyen et bon. Les données sont des effectifs d'arbres répartis selon le traitement et son résultat.

8. Est-ce l'image d'un nouveau produit est liée à la catégorie socio-professionnelle ? (cf. paragraphe 9.3).
   Les données sont fournies par le tableau de contingence issu de l'échantillon enquêté.

9. On étudie la teneur d'un certain pesticide selon le type de lait, conventionnel ou biologique.

On dispose d'un échantillon gaussien pour chaque type de lait.

9.a Est-ce que les variabilités des teneurs sont identiques ? (cf. paragraphe 10.3).

9.b Est-ce que les teneurs moyennes sont identiques ? (cf. paragraphe 10.4.1).

10. Dans une étude menée sur des variétés de maïs, on s'intéresse au poids de 100 grains de deux variétés différentes. Est-ce que leurs poids moyens de 100 grains sont significativement différents ? (cf. paragraphe 10.4.2).
On dispose d'un échantillon gaussien pour chaque variété. Un test préalable a montré qu'il n'y avait pas homoscédasticité entre les deux variétés.

11. Les prix moyens du kilo de magret de canard sur deux lieux de vente sont-ils équivalents ? (cf. paragraphe 10.4.3).
Sur chaque lieu de vente, on a prélevé un grand échantillon de prix.

12. Peut-on considérer que quatre variétés de haricots verts fournissent en moyenne des haricots de même diamètre ? (cf. chapitre 11).
Les échantillons prélevés sont gaussiens avec homoscédasticité.

13. Est-ce qu'un additif alimentaire a amélioré la note moyenne de qualité de pizzas ? (cf. paragraphe 10.4.4).
On dispose de deux échantillons (sans additif et avec additif) appariés et gaussiens.

14. Un substitut alimentaire contribue-t-il à diminuer le poids moyen d'un ensemble de consommateurs ? (cf. paragraphe 10.4.5).
On dispose de deux échantillons grands et appariés.

15. Est-ce que les taux d'utilisation d'un produit de nettoyage sont identiques dans deux populations ? (cf. paragraphe 7.3.6).
On dispose de deux grands échantillons indépendants.

8.8.4. Tableaux récapitulatif des tests appropriés

8.8.4.1. Statistique unidimensionnelle

<table>
<tr><th>QL</th><th colspan="3">QT</th></tr>
<tr><td>Test de représentativité d'un échantillon

(TEST DU KHI-DEUX SUR UNE SERIE D'EFFECTIFS)

Ex. 1 (§ 9.1.1)</td><td colspan="3">Test de conformité d'une variance
Échantillon gaussien

(TEST DU KHI-DEUX)

Ex. 3a (§ 10.1)</td></tr>
<tr><td rowspan="3">Test d'ajustement par une loi théorique

(TEST DU KHI-DEUX SUR UNE SERIE D'EFFECTIFS)

Ex. 2 (§ 9.1.2)</td><td colspan="3">Test de conformité d'une moyenne</td></tr>
<tr><td>Échantillon gaussien et variance de population connue

(TEST AVEC LOI NORMALE)

Ex. 4 (§ 10.2.1)</td><td>Échantillon gaussien

(TEST DE STUDENT)

Ex. 3b (§ 10.2.2)</td><td>Échantillons grand

(TEST DE STUDENT)

Ex. 5 (§ 10.2.3)</td></tr>
<tr><td colspan="3">Test de conformité d'une proportion
Grand échantillon

(TEST AVEC LOI NORMALE)

Ex. 6 (§ 12.1)</td></tr>
</table>

8.8.4.2. Statistique bidimensionnelle

<table>
<tr><th>QL x QL</th><th colspan="5">QL x QT</th></tr>
<tr><td>Test d'homogénéité
(TEST DU KHI-DEUX SUR TABLEAU CROISE D'EFFECTIFS c'est à dire SUR TABLEAU DE CONTINGENCE)
Ex. 7 (§ 9.2)</td><td colspan="5">Test de comparaison de 2 variances
Échantillons gaussiens
(TEST DE FISHER-SNEDECOR)
Ex. 9a (§ 10.3)</td></tr>
<tr><td>Test d'indépendance
(TEST DU KHI-DEUX SUR TABLEAU DE CONTINGENCE)
Ex. 8 (§ 9.3)</td><td colspan="5">Test de comparaison de 2 moyennes
Échantillons gaussiens
(TEST DE STUDENT)</td></tr>
<tr><td></td><td colspan="3">Échantillons indépendants</td><td colspan="2">Échantillons appariés</td></tr>
<tr><td></td><td colspan="2">gaussiens</td><td rowspan="4">quelconques grands
Ex. 11 (§ 10.4.3)</td><td rowspan="4">gaussiens
Ex. 13 (§ 10.4.4)</td><td rowspan="4">quelconques grands
Ex. 14 (§ 10.4.5)</td></tr>
<tr><td></td><td colspan="2">homoscédasticité</td></tr>
<tr><td></td><td>avec</td><td>sans</td></tr>
<tr><td></td><td>Ex. 9b (§ 10.4.1)</td><td>Ex. 10 (§ 10.4.2)</td></tr>
<tr><td></td><td colspan="5">Analyse de variance à un facteur
(TEST DE FISHER-SNEDECOR)
Ex. 12 (chap. 11)</td></tr>
<tr><td></td><td colspan="5">Test de comparaison de 2 proportions
Grands échantillons indépendants
(TEST AVEC LOI NORMALE)
Ex. 15 (§ 7.3.6)</td></tr>
</table>

Tableaux 15.1 Récapitulatifs des tests correspondants aux problèmes posés.

9. ETUDE DES EFFECTIFS
TEST DU KHI-DEUX

9.1. TEST DE REPRESENTATIVITE, TEST D'AJUSTEMENT (TEST DE NORMALITE, ETC.)

9.1.1. Distribution théorique parfaitement connue

Exemple : représentativité d'un échantillon d'agriculteurs

9.1.1.1. Présentation des données et position du problème

On s'intéresse à la population d'agriculteurs d'une région agricole donnée. On a classé cette population selon la production dominante. En proportion, la composition est celle qui est indiquée sur le tableau 9.1.

Production dominante	Bovin-viande (BV)	Bovin-lait (BL)	Brebis laitières (BRL)	Céréaliers (CER)	Autres (AUT)
Fréquences relatives	33%	22%	15%	19%	11%

Tableau 9.1 Distribution de la production dominante.

On a réalisé un sondage auprès de 255 agriculteurs (la population étant grande, l'échantillon aléatoire est considéré comme simple). Selon la production dominante, on observe la répartition en effectifs d'agriculteurs suivante.

Production dominante	BV	BL	BRL	CER	AUT
Nombre d'agriculteurs	60	90	30	45	30

Tableau 9.2 Répartition en effectifs des agriculteurs sondés .

Question : est-ce que cet échantillon est représentatif de la population, le niveau du test étant de 5% ?

9.1.1.2. Notations et modèle

- Population
  - X est la variable aléatoire qualitative "Production dominante"
  - il y a 5 modalités (classes).
  - La distribution de X (modèle théorique) est

Classes X_i	X_1	X_2	X_3	X_4	X_5	Total
	BV	BL	BRL	CER	AUT	
p_i	0,33	0,22	0,15	0,19	0,11	1

- Échantillon

Classes X_i	X_1 (BV)	X_2 (BL)	X_3 (BRL)	X_4 (CER)	X_5 (AUT)	Total
Effectifs observés O_i	60	90	30	45	30	255

O_i est l'effectif observé dans la classe X_i. La taille de l'échantillon $\sum_{i=1}^{5} O_i = n = 255$.

9.1.1.3. Démarche statistique

Hypothèses du test

On émet les hypothèses suivantes

> H_0 : l'échantillon est représentatif de la population agricole étudiée
> contre
> H_1 : l'échantillon n'est pas représentatif.

Détermination des effectifs théoriques

Au niveau de l'échantillon, on recherche les effectifs que l'on devrait « théoriquement » avoir dans chaque classe si l'échantillon était représentatif.

Notons C_i, l'effectif théorique de la i^e classe. C'est l'effectif « espéré » dans la classe i sous l'hypothèse H_0.

Une approche intuitive de C_i donne $C_i = np_i$ ce qui peut se démontrer mathématiquement.

- *Remarque :* cette démonstration nécessite un passage à la limite qui, d'un point de vue pratique se traduit par l'exigence d'effectifs théoriques grands, au moins 5 selon la convention courante. T.H. Wonacott et alii. (1991) proposent des choix moins sévères.

Classes X_i	X_1	X_2	X_3	X_4	X_5	Total
Effectifs observés O_i	60	90	30	45	30	255
Effectifs théoriques C_i	84,15	56,1	38,25	48,45	28,05	255

→ 255 * 33%

Tableau 9.3 Effectifs observés et théoriques.

Questions

- comment apprécier l'écart entre les effectifs observés et les effectifs théoriques ?
- est-ce que cet écart est « naturel », normal, du au hasard des fluctuations d'échantillonnage ou bien est-il suffisamment important pour que l'on puisse conclure à une non représentativité de l'échantillon ?

Pour répondre à ces questions, il est nécessaire de trouver un outil de mesure de l'écart entre effectifs observés et effectifs théoriques et d'associer à cet outil une loi de probabilité afin de pouvoir « juger » cet écart.

La statistique du Khi-deux répond à cette double exigence.

Statistique du test

On établit que :

Sous H_0, la statistique du Khi-deux $_{\text{observé}}$ (ou Khi-deux $_{\text{calculé}}$) définie par :

$$\text{Khi-deux}_{\text{observé}} = \sum_{i=1}^{k} \frac{(O_i - C_i)^2}{C_i}$$

suit la loi mathématique du Khi-deux à ν degrés de liberté, avec ν = k-1 (k est le nombre de classes).
(Des contraintes théoriques exigent des effectifs théoriques suffisamment grands, en pratique souvent $C_i \geq 5$).

On peut ainsi déterminer mathématiquement (table statistique) une valeur seuil, dite Khi-deux $_{\text{théorique}}$, qui n'a que peu de chances (α) d'être dépassée, souvent α = 5%.

On note : Khi-deux $_{\text{théorique}} = \chi^2_{\nu;1-\alpha}$

Prise de décision

1. Si Khi-deux $_{\text{observé}} \geq$ Khi-deux $_{\text{théorique}}$ ce qui est très peu probable lorsque H_0 est vrai, on préfèrera rejeter l'hypothèse H_0. **Le test est dit "significatif"**.

Le risque associé à cette décision est le risque de rejeter l'hypothèse H_0 alors qu'elle est bonne. Autrement dit, c'est le risque de conclure que l'échantillon n'est pas représentatif de la population alors qu' en réalité il l'est. Ce risque est au maximum α.

2. Si Khi-deux $_{\text{observé}} <$ Khi-deux $_{\text{théorique}}$, on ne peut refuser H_0. Donc on l'accepte. La représentativité de l'échantillon est considérée comme acceptable et le test est dit « non significatif ».

Le risque associé est le risque d'accepter H_0 alors qu'elle est fausse. C'est le risque β (souvent non calculable).

Sous H_0 :

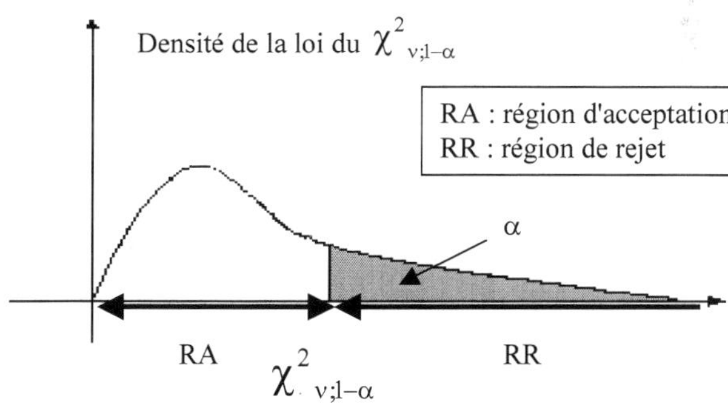

Figure 9.1 Visualisation du risque α et des régions d'acceptation et de rejet de H_0.

9.1.1.4. Réalisation pratique à l'aide d' EXCEL

<u>1e méthode</u> : c'est un calcul "manuel". EXCEL est utilisé comme outil de calcul et table statistique

Pour déterminer les effectifs théoriques et calculer le Khi-deux $_{\text{observé}}$, on utilise la fonctionnalité du tableur. On calcule le 1er effectif théorique et la contribution au Khi-deux. On tire ensuite la poignée de recopie (vers la droite).

Classes Xi	X1	X2	X3	X4	X5	Total
Effectifs observés Oi	60	90	30	45	30	255
Effectifs théoriques Ci	84,15	56,1	38,25	48,45	28,05	255
Contribution absolue au Khi-2	6,93	20,49	1,78	0,25	0,14	29,58

$$\frac{(O_i - C_i)^2}{C_i}$$

Poignée de recopie

$$\text{Khi-deux}_{\text{observé}} = \sum_{i=1}^{k} \frac{(O_i - C_i)^2}{C_i}$$

Tableau 9.4 Calcul du Khi-deux $_{\text{observé}}$.

Détermination du Khi-deux $_{théorique}$ avec $\alpha = 5\%$: $\chi^2_{4\,;\,0,95}$

On utilise la fonction KHIDEUX.INVERSE(0,05;4). Le résultat est 9,487.

Décision

Le Khi-deux $_{\text{observé}}$ (29,58) est supérieur au Khi-deux $_{\text{théorique}}$ (9,48). On rejette donc H_0 : l'échantillon n'est pas représentatif de la population (risque maximum 5%).

Le test est dit « significatif ».

2e méthode : utilisation de la fonction TEST.KHIDEUX

C'est la méthode la plus rapide. Comme précédemment, on détermine les effectifs théoriques (Tableau 9.3) et on insère la fonction dans une cellule quelconque de la feuille. Si l'on a au préalable nommé O_i la plage des effectifs observés et C_i celle des effectifs théoriques la formule s'écrit "=TEST.KHIDEUX(O_i;C_i)"

Le résultat affiché, appelé probabilité critique et noté p_c est la probabilité d'atteindre une valeur du χ^2 au moins égale à celle du $\chi^2_{\text{observé}}$ quand l'hypothèse H_0 est vraie. La probabilité critique mesure la crédibilité de H_0. C'est encore le risque que l'on prendrait en rejetant H_0 alors qu'elle est vraie.

Il est évident que l'on ne prendra ce risque que s'il est petit, inférieur au risque maximum α (souvent égal à 5%) que l'on s'est donné ou qui nous est imposé. La probabilité critique permet d'ailleurs de s'affranchir du niveau de test choisi avec une part d'arbitraire.

En résumé, la prise de décision obéit au cheminement suivant :

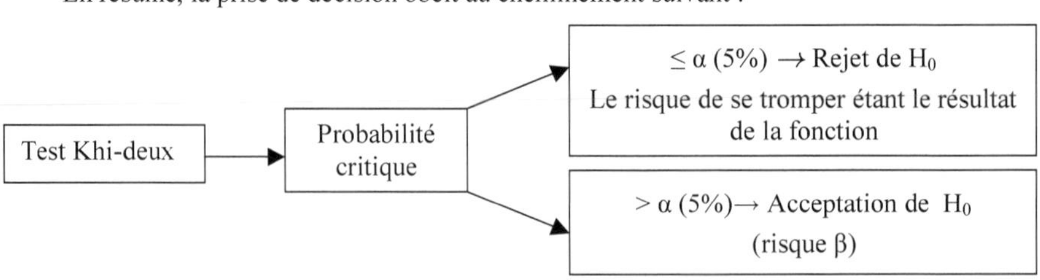

Dans notre exemple, la probabilité critique est $5{,}97.10^{-6}$ et on prend un risque infime en rejetant H_0 alors qu'elle est vraie. Il faut donc la rejeter. L'échantillon n'est donc pas représentatif et on est « pratiquement » sûr de ne pas se tromper !

Récapitulatif de l'exercice

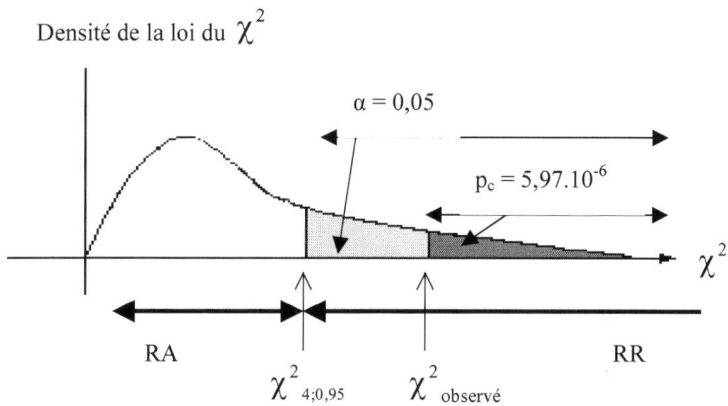

Figure 9.2 Récapitulatif des résultats du test : RR, RA, p_c et α.

- *Remarques relatives aux fonctions EXCEL liées au Khi-deux*

L'application de la fonction statistique KHIDEUX.INVERSE sur le résultat affiché par TEST.KHIDEUX (c'est à dire la probabilité précédente) fournit le Khi-deux $_{\text{observé}}$.

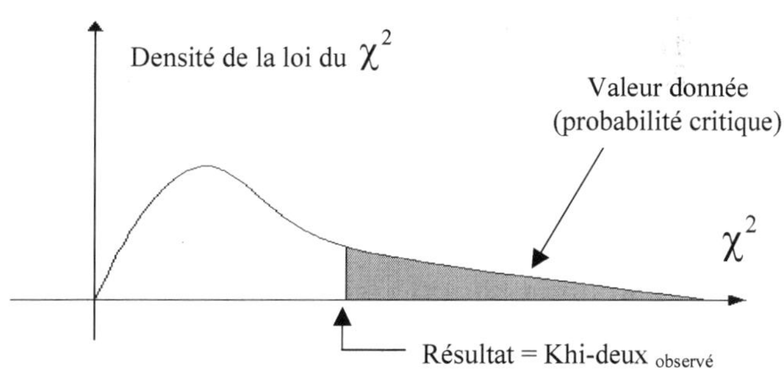

Figure 9.3 Détermination du Khi-deux $_{\text{observé}}$ à partir de la probabilité critique .

L' application de la fonction statistique LOI.KHIDEUX sur le Khi-deux $_{\text{observé}}$ fournit la probabilité de dépasser le Khi-deux $_{\text{observé}}$. C'est la valeur affichée par la fonction TEST.KHIDEUX.

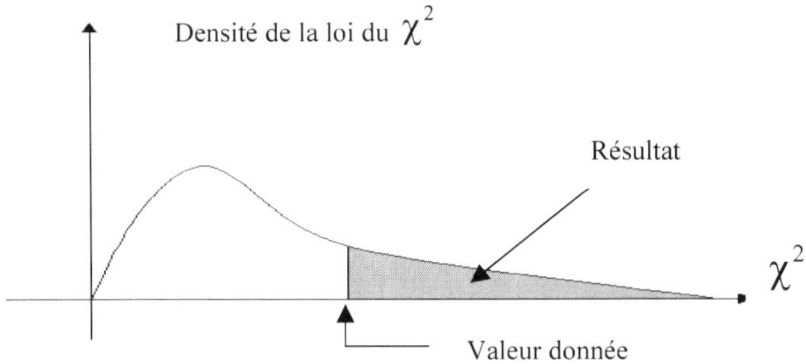

Figure 9.4 Détermination de la probabilité critique à partir du Khi-deux $_{\text{observé}}$.

Analyse critique du résultat du test et approfondissement de la recherche

Nous avons conclu, au risque de 6.10^{-6} que l'échantillon n'était pas représentatif de la population d'agriculteurs.

En examinant les effectifs observés et théoriques, nous remarquons de gros écarts pour les deux premières classes X_1 et X_2 (BV : Bovin-viande et BL : Bovin-lait).

Nous retrouvons cette constatation en examinant la contribution (absolue) au Khideux $_{\text{observé}}$. La deuxième classe (BL) explique, à elle seule, près de 70% du Khi-deux et l'ensemble de ces deux classes explique sa quasi totalité.

Il apparaît donc que les effectifs des éleveurs bovins faussent la représentativité de l'échantillon. On note un manque d'éleveurs Bovin-viande ($O_1 << C_1$) et un excès d'éleveurs Bovin-lait ($O_2 >> C_2$).

Lorsque le test du Khi-deux est significatif, il est intéressant de rechercher pourquoi. Nous examinerons ultérieurement, sur des exemples plus appropriés, une démarche de recherche systématique des classes explicatives du caractère significatif.

9.1.2. Distribution théorique connue mais de paramètres statistiques à estimer

Exemple : test de normalité de la note de qualité d'un vin de champagne

9.1.2.1. Présentation des données et position du problème

Fin 1999, un négociant, à cours de stock mais assailli de commandes, recherche désespérément un bon champagne. Il découvre un petit producteur qui, en prévision des festivités du millénaire a fort astucieusement constitué un bon stock.

Le négociant veut néanmoins s'assurer de la bonne qualité du champagne proposé. Plusieurs critères fondamentaux permettent de définir la qualité sensorielle d'un champagne . Dans cette étude, on se limitera à un critère majeur, l'intensité globale X. Notons :

- X la variable aléatoire "note d'intensité globale" (échelle croissante de 1 à 10)
- E(X) $= m$ la note moyenne d'intensité globale
- Var X $= \sigma^2$ la variance.

Le négociant demande une analyse sensorielle auprès d'un jury constitué de $n = 25$ dégustateurs confirmés.

Une petite analyse descriptive schématique, réalisée sur les 25 observations de cet échantillon fournit les résultats suivants :

- moyenne observée = 7,09 = $\bar{x}$

- écart-type estimé = 1,32 = $\hat{\sigma}$

$$\hat{\sigma}=\sqrt{\frac{SCE}{n-1}} \quad \text{avec} \quad SCE = \sum_{i=1}^{n}\left(x_i-\bar{x}\right)^2$$

(n = 25 = taille de l'échantillon)

Après découpage en classes, l'histogramme réalisé sur ces notes montre une distribution symétrique d'allure gaussienne (Tableau 9.5).

Question : peut-on ajuster la distribution des notes de l'intensité globale à l'aide d'une Loi Normale ?

Classes de notes	Effectifs observés O_i
$X \leq 5,4$	3
$5,4 < X \leq 6,2$	4
$6,2 < X \leq 7,0$	6
$7,0 < X \leq 7,8$	6
$7,8 < X \leq 8,6$	3
$X > 8,6$	3

Tableau 9.5 Distribution des fréquences absolues des notes de qualité.

9.1.2.2. Démarche statistique

Le problème est très proche de celui que nous venons d'étudier : il paraît donc superflu de recommencer l'approche « découverte » de l'outil statistique. La seule différence réside dans le fait que la distribution théorique (ou distribution de la population) n'est pas connue intégralement. Comme dans la plupart des cas réels, nous ne disposons que des données de l'échantillon.

Ici, ce sont les paramètres m et σ qui sont inconnus. Nous utiliserons leurs estimations trouvées dans l'étude descriptive. Ceci induit une modification du degré de liberté ν. La théorie établit que ce ddl général est :

ddl = ν = nombre de classes - 1 – nombre de paramètres estimés

➢ *Remarque :* le cas de l'ajustement à une distribution théorique parfaitement connue (problème précédent) apparaît donc comme un cas particulier, celui où le nombre de paramètres à estimer est nul.

Hypothèses du test

$H_0 : X \rightarrow N(\hat{m}, \hat{\sigma})$ soit $X \rightarrow N(7,09 \; , \; 1,32)$

contre

$H_1 : X \nrightarrow N(\hat{m}, \hat{\sigma})$

Décision et méthode de calcul

C'est la même stratégie que celle expliquée à propos du problème précédent.

9.1.2.3. Réalisation pratique à l'aide d' Excel

La démarche est la suivante :

- on détermine les proportions théoriques (ou probabilités) dans chaque classe
- on calcule les effectifs théoriques dans chaque classe (si certains d'entre eux sont inférieurs à 5, réaliser un regroupement de classes)

– on fait le test. Comme précédemment, nous proposons deux méthodes.

1re méthode

– calculer le Khi-deux observé
– déterminer le Khi-deux théorique $\chi^2_{v;1-\alpha}$
– les comparer et prendre la décision.

2e méthode

– réaliser un calcul équivalent à celui fourni par TEST.KHIDEUX (non utilisable ici) en calculant la probabilité critique et prendre la décision la plus adaptée.

➢ *Remarques*

– Les étapes 1 et 2 de la première méthode constituent la démarche traditionnelle de type manuel.
– Dans le cas spécifique d'un ajustement selon la Loi Normale, celle-ci est une loi théorique définie sur $]-\infty , +\infty[$. Il faut donc toujours « ouvrir » les extrémités de la distribution et être vigilant sur les proportions théoriques extrêmes.

- Explication détaillée de la suite des calculs sur Excel

Notations : - a est la borne inférieure de la classe
- b est la borne supérieure de la classe
- F est la fonction de répartition (ou fonction cumulative).

Nous indiquons dans ce qui suit le détail des calculs à réaliser et la façon de procéder.

Classes de notes	Bornes	F(b)	F(a)	Proba	Ci	*Ci* (regroup.)	Oi	*Oi* (regroup.)	Contribution abs. au Khi2
$X \leq 5,4$	5,4	0,100	0	0,100	2,505		3		
$5,4 < X \leq 6,2$	6,2	0,250	0,100	0,150	3,746	*6,252*	4	*7*	0,090
$6,2 < X \leq 7,0$	7	0,473	0,250	0,223	5,569	*5,569*	6	*6*	0,033
$7,0 < X \leq 7,8$	7,8	0,705	0,473	0,232	5,796	*5,796*	6	*6*	0,007
$7,8 < X \leq 8,6$	8,6	0,874	0,705	0,169	4,225	*7,383*	3	*6*	0,259
$X > 8,6$		1,000	0,874	0,126	3,158		3		
Total				*1*	*25*	*25*	*25*	*25*	0,389
									Khi-deux observé

Tableau 9.6 Détermination du Khi-deux observé (test de normalité) .

- Borne supérieure b

Pour la dernière classe, la borne supérieure est « concrètement » 10, mais, dans le contexte de l'ajustement à la Loi Normale, c'est l'infini. Il est important d 'en tenir compte dans le calcul des proportions théoriques (probabilités).

- F(b) :

Pour déterminer la première valeur F(5,4) (soit $P(X \leq 5,4)$, nous utilisons la fonction LOI.NORMALE dont on saisit les arguments :

– X : cliquer sur cellule contenant la borne de la 1re classe (LC(-1) → 5,4)
– Espérance : saisir la valeur moyenne de l'échantillon (7,09)

- Ecart-type : saisir la valeur de l'écart-type estimé (1,32)
- Cumulative : saisir VRAI.

On trouve 0,10. Sur la feuille Excel, on tire ensuite la poignée de recopie vers le bas jusqu'à l'avant dernière classe. On saisit 1 pour la dernière, ce qui correspond à $F(\infty)$.

- F(a)

Pour la première classe, **saisir** 0 (la borne inférieure de la 1re classe est « théoriquement » $-\infty$).

Pour les autres, la borne inférieure d'une classe étant nécessairement la borne supérieure de la classe précédente, il suffit de sélectionner l'ensemble des valeurs de F(b) à l'exception de la dernière (c'est à dire de 0,10 à 0,87) et de faire un « copier » puis « collage spécial / valeurs » à partir de la cellule située sous le zéro précédent.

- Probabilité notée proba = F(b)-F(a)

Le calcul par Excel est élémentaire. En sommant la colonne, on vérifie que l'on obtient bien 1.

- C_i

Effectif théorique = $n.p_i$, où p_i désigne la probabilité. Calculer le premier et recopier vers le bas.

En sommant la colonne, on doit obtenir l'effectif total soit n=25.

On note que les effectifs théoriques des deux premières classes ainsi que des deux dernières sont inférieurs à 5.

Il convient donc de réaliser un regroupement de chacune de ces paires de classes.

- O_i : effectifs observés
- O_i (après regroupement) : on travaille dorénavant sur 4 classes. Nous avons la plage des effectifs observés (plage réelle) et celle des effectifs théoriques (plage attendue).

- Test

1re méthode : Excel utilisé comme outil de calcul et table statistique

Pour déterminer le Khi-deux observé, on calcule la contribution absolue du 1er terme $\frac{(O_1 - C_1)^2}{C_1}$ soit 0,090 et on recopie vers le bas. La somme de cette colonne fournit le résultat soit 0,389.

Pour obtenir le Khi-deux théorique (avec $\alpha = 5\%$ soit $\chi^2_{1;0,95}$), on utilise la fonction KHIDEUX.INVERSE avec les arguments

- Probabilité : saisir la valeur choisie pour le niveau du test, par exemple 5%
- Degrés de liberté : saisir 1 (nombre de classes – 1– nombre de paramètres estimés soit 4 – 1 – 2). Rappelons que nous avons estimé la moyenne et l'écart-type.

Le résultat est : Khi-deux $_{\text{théorique}} = \chi^2_{1;0,95} = 3,84$.

Décision

Le Khi-deux $_{\text{observé}}$ (0,389) est inférieur au Khi-deux $_{\text{théorique}}$ (3,84). On ne peut donc rejeter H_0 et on considèrera que l'ajustement de la distribution selon la Loi Normale N(7,09;1,32) est acceptable. On peut accepter H_0 alors que cette hypothèse est fausse. C'est le risque β non calculable de manière générale.

2e méthode : Utilisation de la fonction LOI.KHIDEUX sur Khi-deux calculé.

Le calcul fournit la probabilité de dépasser le Khi-deux $_{\text{observé}}$. C'est la valeur de la probabilité critique p_c, résultat équivalent à celui fourni par la fonction TEST.KHIDEUX utilisée dans le cas précédent.

- *Remarque :* la fonction TEST.KHIDEUX ne peut être utilisée ici, son ddl, étant figé à (nombre de classes – 1), est donc erroné dans ce type d'application.

La fonction LOI.KHIDEUX a pour arguments :

- X : 0,389 (valeur du Khi-deux $_{\text{observé}}$)
- Degrés_liberté : 1

Son résultat (0,53...) indique le risque pris en rejetant l'hypothèse H_0 . En clair, on a 53 chances sur 100 de se tromper si on rejette H_0.

La décision s'impose ! On ne rejette pas H_0 et on accepte l'ajustement selon la Loi Normale N (7,09 ; 1,32).

9.2. TEST D' HOMOGENEITE

Exemple : homogénéité de traitements de vergers

9.2.1. Présentation des données et position du problème

Une orangeraie homogène en sol et situation géographique est attaquée uniformément par une infestation X. On souhaite comparer l'efficacité de trois traitements T_1, T_2, et T_3. Pour cela, on sélectionne trois échantillons (considérés comme aléatoires et simples) respectivement traités par T_1, T_2, et T_3. Au bout de 2 mois de traitement, on examine les résultats : une observation précise et méthodique de la totalité des arbres permet de définir 3 classes pour la variable résultat :

B : bon résultat (guérison totale)
AB : résultat moyen (guérison partielle)
M : mauvais résultat (guérison infime).

Traitements	Résultats		
	B	AB	M
T_1	9	7	7
T_2	10	5	12
T_3	8	7	11

Tableau 9.7

Les nombres d'orangers constituant les « effectifs », on dresse le tableau de contingence suivant, répartissant les arbres selon le type de traitement reçu et la classe de résultat.

Question : les traitements T_1, T_2, et T_3 ont-ils des résultats homogènes. En terme statistique, il s'agit de tester l'homogénéité des traitements T_1, T_2, et T_3 au niveau 5%.

9.2.2. Démarche statistique

Échantillons

Les données observées (effectifs) sont le croisement de deux variables *qualitatives* (traitement x résultat).

Notations

O_{ij} est l' effectif observé à la ie ligne et à la je colonne ; O_{23} = 12 par exemple est le nombre d'arbres traités par T_2 avec un mauvais résultat.

O_{ij}	B	AB	M	Total
T_1	(O_{11}) 9	(O_{12}) 7	(O_{13}) 7	($O_{1.}$) 23
T_2	10	5	12	27
T_3	8	7	11	26
Total	($O_{\cdot 1}$) 27	($O_{\cdot 2}$) 19	($O_{\cdot 3}$) 30	($O_{\cdot\cdot}$) 76

$O_{i\cdot}$ est la somme des effectifs de la i^e ligne (sommation sur les colonnes). Rappelons que le point désigne l'indice de la sommation. $O_{1.}$ est, par exemple, la somme des effectifs de la 1re ligne ; c'est le nombre d'arbres traités par T_1 et donc la taille de l'échantillon « T_1 ».

$O_{\cdot j}$ est la somme des effectifs de la j^e colonne (sommation sur les lignes). $O_{\cdot 1}$ est, par exemple, la somme des effectifs de la 1re colonne . C'est le nombre d'arbres guéris (bon résultat), tous traitements confondus.

$O_{\cdot\cdot}$ est l'effectif total. C'est le nombre total d'orangers traités (réunion des 3 échantillons T_1, T_2, et T_3).

Hypothèses du test

On émet les hypothèses suivantes :

H_0 :	résultats homogènes selon les traitements
	contre
H_1 :	non homogénéité des traitements.

Estimation des probabilités d'obtenir des résultats bons, moyens et mauvais sous H_0

Sous H_0, les traitements sont supposés de même efficacité. On réunit donc les 3 échantillons T_1, T_2, et T_3 pour estimer les probabilités (ou proportions théoriques) P(B), P(AB), P(M).

$\widehat{P(B)}$ = estimation de la proportion théorique d'arbres guéris

$$= \frac{\text{Nombre total d'arbres guéris (B)}}{\text{Nombre total d'arbres}} = \frac{O_{\bullet 1}}{O_{\bullet\bullet}} = \frac{27}{76}$$

La démarche est la même pour $\widehat{P(AB)}$ et $\widehat{P(M)}$

$$\widehat{P(AB)} = \frac{O_{\bullet 2}}{O_{\bullet\bullet}} = \frac{19}{76} \qquad \widehat{P(M)} = \frac{O_{\bullet 3}}{O_{\bullet\bullet}} = \frac{30}{76}$$

Détermination des effectifs théoriques C_{ij}

L'effectif théorique C_{ij} est l'effectif que l'on devrait avoir dans la cellule « ligne i-colonne j » si H_0 était vraie, c'est à dire s'il y avait homogénéité entre les traitements.

Par exemple :

- C_{11} est le nombre d'arbres guéris dans l'échantillon T_1 dans le cas où les traitements ont la même efficacité.
- C_{11} = Taille de l'échantillon T_1 x $\widehat{P(B)}$ = 23 x 27 / 76

La procédure est identique pour les autres effectifs théoriques.

D'une manière générale :

$$\text{Effectif théorique} = \frac{\text{Total ligne x Total colonne}}{\text{Total général}}$$

$$C_{ij} = \frac{O_{i\bullet} \times O_{\bullet j}}{O_{\bullet\bullet}} = \frac{\text{Total ligne i x Total colonne j}}{\text{Total général}}$$

A l'issue de cette étape, se pose la question de la mesure de l'écart entre les effectifs observés et les effectifs théoriques exactement en des termes identiques à ceux expliqués lors du tout premier exemple. On sait que la statistique Khi-deux répond à cette question.

Règle de décision et statistique du test

On établit que :

Sous H_0, la statistique du Khi-deux $_{\text{observé}}$ (ou Khi-deux $_{\text{calculé}}$), définie par :

$$\text{Khi-deux}_{\text{observé}} = \sum_{i=1}^{p} \sum_{j=1}^{q} \frac{(O_{ij} - C_{ij})^2}{C_{ij}}$$

suit la loi mathématique du Khi-deux à ν degré de liberté (ddl) avec :

p = nombre de lignes   q = nombre de colonnes ν = ddl = (p-1) (q-1)

➢ *Remarque :* explication du degré de liberté « ddl »

- 1re étape : sans tenir compte des paramètres estimés
  - 1er échantillon : q-1 (nombre de classes – 1)
  - …
  - pie échantillon : q-1
  - …

soit $ddl_1 = p\,(q-1)$

- 2e étape : avec prise en compte des paramètres estimés

(q-1) probabilités doivent être estimées (somme des probabilités = 1). Par suite le degré de liberté final est ddl = p (q-1) – (q-1) = (p-1) (q-1).

La suite du déroulement du test tant au niveau statistique qu'au niveau calcul à l'aide d'EXCEL est absolument identique à ce qui est détaillé au tout premier exemple.

Le seul point qui change est le ddl qui, dans le cas de données matricielles (au moins 2 lignes et 2 colonnes) est toujours :

ddl = (nombre de lignes – 1) (nombre de colonnes – 1)

9.2.3. Réalisation pratique à l'aide d' Excel

Calculons les effectifs théoriques.

➢ *Conseil* : les tests du Khi-deux de ce type, relatifs à des données matricielles (tableaux croisés) sont très fréquents en pratique et peuvent être de dimensions relativement importantes. Il est donc essentiel de « profiter » de deux fonctionnalités particulièrement intéressantes d'EXCEL : les références absolues et relatives ainsi que l'outil « poignée de recopie ». Il suffit donc de calculer un seul effectif théorique. Les autres sont calculés par recopie automatique.

Pour plus de clarté, appliquons cette procédure dans l'exemple qui nous occupe. Le tableau 9.8 montre la feuille EXCEL correspondante.

effectifs observés				
O_{ij}	**B**	**AB**	**M**	***Total***
T1	**9**	**7**	**7**	**23**
T2	**10**	**5**	**12**	**27**
T3	**8**	**7**	**11**	**26**
Total	***27***	***19***	***30***	***76***

effectifs théoriques				
C_{ij}	**B**	**AB**	**M**	***Total***
T1	**8,171**	**5,750**	**9,079**	***23***
T2	**9,592**	**6,750**	**10,658**	***27***
T3	**9,237**	**6,500**	**10,263**	***26***
Total	***27***	***19***	***30***	***76***

Tableau 9.8 Effectifs observés et théoriques (test d'homogénéité).

Les lignes et colonnes « Total » sont, bien entendu calculés sur EXCEL par l'intermédiaire du bouton Σ (sommation).

Rappel : $C_{11} = \frac{\text{Total ligne 1} \times \text{Total colonne 1}}{\text{Total général}} = \frac{27 \times 23}{76} = 8{,}171$

Pour parvenir à ce résultat, la procédure est la suivante :

- saisir "=" dans la cellule d'accueil (ici, L10C2)
- cliquer sur le Total colonne 2 ("27") ; dans la barre de formule, s'affiche la référence relative L(-4)C . Lorsqu'on va recopier vers le bas, il y aura erreur sur la ligne ; il convient donc de "fixer" la ligne. Pour cela, 2 appuis sur la touche F4 du clavier permettent de « tourner » la référence et de la transformer en L6C ; de la sorte, on fera toujours référence à la ligne Total correcte
- saisir "* "
- cliquer sur le Total ligne 3 ("23") . Dans la barre de formule se rajoute la référence L(-7)C(3) . Cette fois, il faut "fixer" la colonne et pour cela appuyer 3 fois sur la touche F4 jusqu'à obtenir L(-7)C5
- saisir la division par "/ "
- cliquer sur le Total général (« 76 ») dont il faut fixer à la fois ligne et colonne (1 appui sur F4)
- à ce niveau, la barre de formule doit afficher =L6C*L(-7)C5/L6C5
- faire « Entrée » et on obtient le résultat attendu 8,171.

Pour obtenir les 8 autres résultats, il suffit maintenant de faire une recopie vers le bas (poignée de recopie de L10C2 à L12C2) puis ces 3 cellules restant sélectionnées, une recopie vers la droite (poignée de recopie de C2 à C4). Faire enfin les sommations de vérification comme précédemment à l'aide du bouton Σ : on doit retrouver les mêmes résultats que sur le 1er tableau (sinon, cela veut dire que l'on s'est trompé dans le premier calcul !).

➢ *Remarque* : les utilisateurs d'Excel habitués aux références absolues trouveront la formule ci-dessus écrite sous la forme : B$6*$E3/$E$6.

Mise en œuvre du test

1re méthode : EXCEL utilisé comme outil de calcul et table statistique.

effectifs observés O_{ij}	B	AB	M	*Total*
T1	9	7	7	23
T2	10	5	12	27
T3	8	7	11	26
Total	*27*	*19*	*30*	*76*
Effectifs théoriques C_{ij}	B	AB	M	*Total*
T1	8,171	5,750	9,079	*23*
T2	9,592	6,750	10,658	*27*
T3	9,237	6,500	10,263	*26*
Total	*27*	*19*	*30*	*76*
1ère méthode : contribution absolue au khi-deux [(Oij-Cij)^2]/Cij	B	AB	M	*Total*
T1	0,084	0,272	0,476	*0,832*
T2	0,017	0,454	0,169	*0,640*
T3	0,166	0,038	0,053	*0,257*
Total	*0,267*	*0,764*	*0,698*	*1,729*	***khi-deux observé***

Tableau 9.9 Calcul du Khi-deux $_{\text{observé}}$ (test d'homogénéité).

Calculons le Khi-deux. La contribution absolue au Khi-deux de la 1re cellule (T_1,B) calculée par la formule

$$\frac{(O_{ij} - C_{ij})^2}{C_{ij}} \text{ soit } \frac{(9 - 8,171)^2}{8,171}$$ s'écrit dans EXCEL (cellule d'accueil L18C2) :

=((L(-15)C-L(-8)C)^2)/L(-8)C

Cette cellule étant sélectionnée, recopier vers le bas jusqu'à la cellule L20C2 . Les 3 cellules étant sélectionnées, recopier vers la droite jusqu'à la colonne 4.

Après sommations, le total général fournit la valeur du Khi-deux $_{\text{observé}}$: 1,729.

On détermine le Khi-deux théorique $\chi^2_{v;1-\alpha}$ à l'aide de fonction KHIDEUX.INVERSE insérée dans une cellule quelconque avec les arguments :

- Probabilité : niveau du test (5%)
- Degrés_liberté : (nombre de lignes – 1) x (nombre de colonnes – 1)

On trouve $\chi^2_{4;0,95} = 9,488$.

Décision

Le Khi-deux $_{\text{observé}}$ (1,729) est **inférieur** au Khi-deux $_{\text{théorique}}$ (9,488).

On ne peut rejeter l'hypothèse H_0 d'homogénéité des traitements

Le test est « non significatif ». En considérant comme acceptable l'homogénéité des traitements, on prend un risque de « 2e espèce » β (non calculable d'une manière générale).

2e méthode : plus rapide, elle fait appel à la fonction TEST.KHIDEUX

Dans une cellule disponible, il suffit d'appeler la fonction avec les arguments :

- Plage_réelle (nommée ici O_i) : plage des cellules indiquant les effectifs observés
- Plage_attendue (nommée ici C_i) : plage des cellules indiquant les effectifs théoriques

La valeur de la probabilité critique trouvée (0,785) signifie que l'on prendrait un risque de 78,5% en rejetant H_0 à tort. La décision est, bien entendu, la même que précédemment : on ne peut rejeter H_0. En clair, on ne peut conclure à la différence d'efficacité des traitements.

Comparaison des deux méthodes

La 2e méthode est clairement plus rapide. Lorsque le test est significatif, cette méthode donne la valeur exacte du risque α pris en rejetant H_0 à tort.

Cependant, lorsque ce test est significatif, il est intéressant, en pratique, de rechercher pourquoi ; pour cela, il est souvent judicieux d'analyser la contribution au Khi-deux et donc d'utiliser les calculs de la 1re méthode.

9.3. TEST D'INDEPENDANCE

Exemple : image du "café de l'après-midi" selon la catégorie socio-professionnelle

9.3.1. Présentation des données et position du problème

L'exemple développé ici a pour contexte une enquête consommateur en vue du lancement d'un produit. Une société commercialisant du café et souhaitant mettre sur le marché un nouveau "cru", désire effectuer une enquête-image auprès d'un échantillon représentatif de consommateurs.

Dans cette étude, nous allons approfondir un point particulier du dépouillement, la perception, l'image du "café de l'après-midi" selon la catégorie socio-professionnelle.

Pour cela, on considère les deux questions suivantes de l'enquête :

Question A : à quelle catégorie socio-professionnelle (CSP) appartenez-vous ?

1. Agriculteur	(AGRI)	5. Cadre	(CAD)
2. Artisan-commerçant	(ARTCOM)	6. Étudiant	ETU)
3. Employé	(EMP)	7. Sans emploi, retraité	(SERET)
4. Ouvrier	(OUV)	8. Autre	(AUT)

Les tris à plat, réalisés à la première étape du dépouillement de l'enquête, expliquent certains regroupements de catégories. Ces items seront considérés comme une variable qualitative A à p=8 modalités.

Question B : qu'évoque en vous le "café de l'après-midi" (une seule réponse possible) ?

1. Un plaisir	(PLAI)	4. Une habitude	(HAB)
2. Un parfum, un goût	(PARF)	5. Un stimulant	(STI)
3. Une détente	(DET)	6. Un moment de convivialité	(CONV)

Ces items seront considérés comme une variable qualitative B à $q = 6$ modalités.
On observe le tableau de contingence suivant (tableau croisé d'effectifs) :

Oij	PLAI	PARF	DET	HAB	STI	CONV	*Total*
AGRI	12	14	10	7	6	6	***55***
ART COM	11	15	7	9	5	5	***52***
EMPL	10	7	17	19	5	6	***64***
OUV	5	6	13	15	7	6	***52***
CAD	8	9	11	6	12	16	***62***
ETUD	8	7	6	5	15	12	***53***
SANS EMP	11	9	8	5	5	14	***52***
AUTRE	7	6	8	11	13	12	***57***
Total	***72***	***73***	***80***	***77***	***68***	***77***	***447***

Tableau 9.10 Effectifs observés dans le tableau de contingence "CSP - image du café".

Question : est-ce que l'image du "café de l'après-midi" est liée à la catégorie socio-professionnelle ?

9.3.2. Démarche statistique

La démarche statistique est très proche de celle qui a été menée durant le test d'homogénéité précédent. Dans de très nombreux cas concrets, il est d'ailleurs identique de poser le problème comme un test d'homogénéité ou comme un test d'indépendance.

Les notations matricielles sont identiques à celles que nous avons adopté pour le test d'homogénéité.

Les hypothèses sont:

H_0 :	l'image du café de l'après-midi est indépendante de la CSP
	contre
H_1 :	l'image du café de l'après-midi est liée à la CSP

Détermination des effectifs théoriques C_{ij} :

Raisonnons sur un exemple (une cellule définie par une CSP et une perception), puis généralisons. Sous l'hypothèse H_0 d'indépendance, exprimons la probabilité d'être *employé* (EMP) et de penser à l'*habitude* (HAB) en ce qui concerne le café de l'après-midi.

$$P(\text{EMP et HAB}) = P(\text{EMP})\ P(\text{HAB}) = \frac{\text{Effectif théorique}(\text{EMP}, \text{HAB})}{\text{Effectif total}}$$

Pour calculer l'effectif théorique, il suffit de remplacer par leurs estimations les probabilités d'être *employé* et de penser à *habitude* .

$$\text{Effectif théorique (EMP, HAB)} = \widehat{P(\text{EMP})}\ \widehat{P(\text{HAB})} \times \text{Effectif total}$$

soit :

$$C_{34} = \widehat{P(A_3)}\ \widehat{P(B_4)}\ O_{..}$$

Effectif total (Taille de l'échantillon)

Ligne 3
Colonne 4

4ième colonne ; 4ième modalité de la variable image

Ligne 3 ; 3ième modalité de la variable A

$$C_{34} = \frac{O_{3\bullet}}{O_{\bullet\bullet}} \times \frac{O_{\bullet 4}}{O_{\bullet\bullet}} \; O_{\bullet\bullet} = \frac{O_{3\bullet}\, O_{\bullet 4}}{O_{\bullet\bullet}} = \frac{\text{Total ligne 3} \times \text{Total colonne 4}}{\text{Effectif total}}$$

D'une manière générale :

Effectif théorique C_{ij} (ligne i, colonne j)
$C_{ij} = \frac{\text{Total ligne i} \times \text{Total colonne j}}{\text{Total général}} = \frac{O_{i\bullet}\, O_{\bullet j}}{O_{\bullet\bullet}}$

- *Remarque :* le résultat est le même que pour le test d'homogénéité. On détermine ainsi tous les effectifs théoriques.

Prise de décision et statistique du test :

Comme pour le test d'homogénéité, on établit que :

Sous H_0, la statistique du Khi-deux $_{\text{observé}}$ (ou Khi-deux $_{\text{calculé}}$), définie par :
$\text{Khi-deux}_{\text{observé}} = \sum_{i=1}^{p} \sum_{j=1}^{q} \frac{(O_{ij} - C_{ij})^2}{C_{ij}}$
suit la loi mathématique du Khi-deux à ν degré de liberté (ddl) avec
p = nombre de lignes q = nombre de colonnes ν = ddl = (p-1) (q-1)

9.3.3. Mise en œuvre au moyen d'Excel

La procédure est exactement la même que celle que nous avons détaillée pour le test d'homogénéité : on calcule le premier effectif théorique (en faisant très attention aux références absolues et relatives) et on utilise la poignée de recopie.

Rappel schématique :

- $C_{11} = \frac{\text{Total ligne 1} \times \text{Total colonne 1}}{\text{Total général}}$
- Total ligne 1 : fixer la colonne (référence absolue pour la colonne)
  Total colonne 1 : fixer la ligne
  Total général : tout fixer.
- Poignée de recopie : d'abord vers le bas pour obtenir les effectifs théoriques de la 1re colonne ; ensuite, cette 1re colonne étant sélectionnée, vers la droite.

Réalisation pratique

1re méthode : on utilise la fonction TEST.KHIDEUX.

C'est la méthode la plus rapide. Ayant pris soin de nommer respectivement Oij et Cij les plages des effectifs observés et théoriques, il suffit de saisir les arguments de la fonction

- Plage réelle : Oij
- Plage attendue : Cij.

La probabilité critique obtenue 0,00101 est la probabilité de dépasser le Khi-deux $_{\text{observé}}$.

On prendrait donc 0,1 % de risque en rejetant l'hypothèse H_0 à tort. La décision est donc de rejeter cette hypothèse : la perception du "café de l'après-midi" est liée à la catégorie socio-professionnelle . En prenant cette décision, on prend un risque de un millième. Ce test est donc très significatif.

Cij	PLAI	PARF	DET	HAB	STI	CONV	*Total*
AGRI	8,859	8,982	9,843	9,474	8,367	9,474	***55***
ART COM	8,376	8,492	9,306	8,957	7,911	8,957	***52***
EMPL	10,309	10,452	11,454	11,025	9,736	11,025	***64***
OUV	8,376	8,492	9,306	8,957	7,911	8,957	***52***
CAD	9,987	10,125	11,096	10,680	9,432	10,680	***62***
ETUD	8,537	8,655	9,485	9,130	8,063	9,130	***53***
SANS EMP	8,376	8,492	9,306	8,957	7,911	8,957	***52***
AUTRE	9,181	9,309	10,201	9,819	8,671	9,819	***57***
Total	***72***	***73***	***80***	***77***	***68***	***77***	***447***

Tableau 9.11 Effectifs théoriques (test d'indépendance).

2e méthode : stratégie de type manuel (calculs du Khi-deux $_{\text{observé}}$ et du Khi-deux $_{\text{théorique}}$)

Cette méthode, plus longue, est néanmoins intéressante lorsque le test est significatif car elle permet de revenir aux données concrètes et de rechercher les sources de la liaison.

Calcul du Khi-deux $_{\text{observé}}$

contri abs	PLAI	PARF	DET	HAB	STI	CONV	*Total*
AGRI	1,114	2,803	0,002	0,646	0,670	1,274	***6,509***
ART COM	0,822	4,987	0,572	0,000	1,071	1,748	***9,200***
EMPL	0,009	1,140	2,685	5,770	2,304	2,290	***14,198***
OUV	1,361	0,731	1,466	4,076	0,105	0,976	***8,715***
CAD	0,395	0,125	0,001	2,051	0,699	2,650	***5,921***
ETUD	0,034	0,317	1,281	1,868	5,969	0,902	***10,371***
SANS EMP	0,822	0,030	0,183	1,748	1,071	2,839	***6,694***
AUTRE	0,518	1,176	0,475	0,142	2,161	0,485	***4,957***
Total	***5,075***	***11,310***	***6,665***	***16,301***	***14,049***	***13,164***	**66,565**

Tableau 9.12 Calcul du Khi-deux $_{\text{observé}}$ (test d'indépendance).

Le calcul sur Excel a été détaillé lors du test précédent (références relatives).
Le Khi-deux $_{\text{observé}}$ est égal à 66,565.

Calcul du Khi-deux $_{\text{théorique}}$: $\chi^2_{\nu;1-\alpha}$

Nous avons vu qu'il suffit d'utiliser la fonction KHIDEUX.INVERSE(0,05;35) , 35 étant le degré de liberté. On trouve $\chi^2_{35;0,95} = 49,80$

Décision

Le Khi-deux $_{\text{observé}}$ (66,565) est **supérieur** au Khi-deux $_{\text{théorique}}$ (49,80). On rejette l'hypothèse H_0. Le test est "significatif".

- *Remarque* : on peut rechercher si le test reste significatif au niveau 1%. En remplaçant 0,05 dans la boîte de dialogue ci-dessus par 0,01, on trouve un

Khi-deux théorique de 57,34. La conclusion est identique : on peut affirmer, avec un risque inférieur à 1% que l'image du "café de l'après-midi" et la catégorie socio-professionnelle sont liées. D'après la valeur de la probabilité critique calculée au cours de la première méthode, nous savons que le test est significatif au risque de 1,02°/oo.

Approfondissement

Le développement suivant, consécutif à un test du Khi-deux significatif, ne présente aucun caractère obligatoire ni systématique. Il n'en demeure pas moins que lors d'études réelles, certaines variables peuvent avoir un enjeu important. Il paraît alors intéressant de proposer une stratégie permettant de revenir au plus près de la réalité du problème.

Lorsque le test du Khi-deux est significatif, le Khi-deux observé, mesure de l'écart entre les effectifs observés et théoriques, dépasse le seuil $\chi^2_{v;1-\alpha}$. Rappelons qu'au delà de ce seuil, l'écart est jugé "trop important". Il est peu probable qu'il soit dû au hasard d'échantillonnage. Il est donc profitable de rechercher quelles sont les cellules (couples lignes-colonnes) qui contribuent le plus au Khi-deux observé .

A. Approfondissement au moyen des contributions relatives

Un procédé simple consiste à calculer la contribution relative de chaque cellule au Khi-deux $_{\text{observé}}$: il suffit de diviser la contribution absolue par la valeur du Khi-deux observé et d'exprimer le résultat en pourcentage.

Dans EXCEL, on calcule la contribution relative de la 1re cellule (prendre bien entendu la valeur du Khi-deux observé en référence absolue) et on utilise la poignée de recopie. On vérifiera que le total est bien 100%.

contri relativ	PLAI	PARF	DET	HAB	STI	CONV	*total*
AGRI	1,67%	**4,21%**	0,00%	0,97%	1,01%	1,91%	*9,78%*
ART COM	1,24%	**7,49%**	0,86%	0,00%	1,61%	***2,63%***	*13,82%*
EMPL	0,01%	1,71%	***4,03%***	**8,67%**	***3,46%***	***3,44%***	***21,33%***
OUV	***2,04%***	1,10%	***2,20%***	**6,12%**	0,16%	1,47%	*13,09%*
CAD	0,59%	0,19%	0,00%	***3,08%***	1,05%	***3,98%***	*8,90%*
ETUD	0,05%	0,48%	1,92%	***2,81%***	**8,97%**	1,36%	*15,58%*
SANS EMP	1,24%	0,05%	0,28%	***2,63%***	1,61%	**4,26%**	*10,06%*
AUTRE	0,78%	1,77%	0,71%	0,21%	3,25%	0,73%	*7,45%*
total	*7,62%*	***16,99%***	*10,01%*	*24,49%*	*21,11%*	*19,78%*	*100,00%*

Tableau 9.13 Contributions relatives au Khi-deux $_{\text{observé}}$.

Par exemple, la formule de la cellule L35C2 est = L(-11)C/L32C8 ce qui donne 1,67%.

Une simple lecture de ce tableau, permet de remarquer rapidement les cellules les plus explicatives. On peut d'ailleurs procéder de façon plus systématique en calculant la contribution moyenne d'une cellule, définie en pourcentage par la formule :

$$100 \times \frac{1}{\text{nombre de cellules}} = \frac{100}{48} = 2{,}08\%$$

Ceci veut dire que si toutes les cellules contribuaient de la même façon au Khi-deux, elles l'expliqueraient chacune à hauteur de 2,08%. On dégage ainsi facilement les cellules qui contribuent plus que la moyenne (sur le tableau 9.13, en caractères italiques gras, supérieur à la moyenne et en grands caractères gras plus du double de la moyenne) et on peut pointer parmi ces éléments ceux qui peuvent être considérés comme les plus explicatifs.

Nous pouvons maintenant ordonner les cellules (associations lignes-colonnes) par ordre d'importance décroissante et mettre en relief par exemple celles qui ont une contribution au moins égale à la contribution moyenne.

rang	contributions relatives	contributions cumulées	CSP x perception
1	9%	9%	étudiant x stimulant
2	9%	18%	employé x habitude
3	7%	25%	artisan-commerçant x parfum-odeur
4	6%	31%	ouvrier x habitude
5	4%	35%	agriculteur x parfum-odeur
6	4%	39%	sans emploi-retraité x convivialité
7	4%	43%	employé x détente
8	4%	47%	cadre x convivialité
9	3%	50%	employé x stimulant
10	3%	53%	employé x convivialité
11	3%	56%	autre x stimulant
12	3%	59%	cadre x habitude
13	3%	62%	étudiant x habitude
14	3%	65%	sans emploi-retraité x habitude
15	3%	68%	artisan-commerçant x convivialité
16	2%	70%	ouvrier x détente

Tableau 9.14 Associations expliquant les plus forts écarts à l'indépendance.

On constate qu'un tiers des cellules permettent d'expliquer plus des deux tiers du Khi-deux. Six cellules ont une contribution au moins égale au double de la contribution moyenne et expliquent, à elles seules, près de 40% du Khi-deux.

On peut approfondir l'analyse concrète en recherchant dans quel sens se fait l'écart à l'indépendance. Pour cela on compare l'effectif observé et l'effectif théorique pour chacune de ces cellules.

	CSP x perception	**Comparaison effectifs**	**Commentaire**
1	ETU x STI	Eff. observé >> Eff. théorique	On observe beaucoup **plus** d'*étudiants* associant "café de l'après-midi" à *stimulant* que si la perception du café était indépendante de la CSP
2	EMP x HAB	Eff. observé > Eff. théorique	Idem
3	ARTCOM x PARF	Eff. observé >> Eff. théorique	Idem
4	OUV x HAB	Eff. observé >> Eff. théorique	Idem
5	AGRI x PARF	Eff. observé >> Eff. théorique	Idem
6	SERET x CONV	Eff. observé >> Eff. théorique	Idem
7	EMP x DET	Eff. observé >> Eff. théorique	Idem
8	CAD x CONV	Eff. observé >> Eff. théorique	Idem

9	EMP x STI	Eff. observé << Eff. théorique	On observe beaucoup **moins** d'*employés* associant "café de l'après-midi" à *stimulant* que si la perception du café était indépendante de la CSP
10	EMP x CONV	Eff. observé << Eff. théorique	Idem
11	AUT x STI	Eff. observé > Eff. théorique	Idem que 1
12	CAD x HAB	Eff. observé << Eff. théorique	Idem que 9
13	ETU x HAB	Eff. observé << Eff. théorique	Idem que 9
14	SERET x HAB	Eff. observé << Eff. théorique	Idem que 9
15	ARTCOM x CONV	Eff. observé << Eff. théorique	Idem que 9
16	OUV x DET	Eff. observé > Eff. théorique	Idem que 1

Tableau 9.15 Attractions et répulsions explicatives entre les CSP et l'image du café.

Synthèse

On remarque que les principales sources d'écart à l'indépendance peuvent provenir d'associations "attractives" (effectifs observés > effectifs théoriques) ou d'associations répulsives (effectifs observés < effectifs théoriques). Nous proposons de schématiser ces points essentiels d'interprétation de la façon suivante :

- Effectif observé > Effectif théorique
  - ++ : forte attraction (contribution relative de la cellule ≥ 2 fois la contribution moyenne)
  - \+ : attraction (contribution moyenne < contribution relative de la cellule < 2 fois la contribution moyenne).
- Effectif observé < Effectif théorique
  - \- - : forte répulsion (même stratégie que pour l'attraction)
  - \- : répulsion.

cellules explicatives de la liaison	PLAISIR	PARFUM GOUT	DETENTE	HABITUDE	STIMULANT	CONVIVIALITE
AGRICULTEUR		++				
ARTISANT COMMERCANT		++				-
EMPLOYE			+	++	-	-
OUVRIER	-		+	++		
CADRE				-		+
ETUDIANT				-	++	
SANS EMPLOI RETRAITE				-		++
AUTRES					+	

Tableau 9.16 Schéma récapitulatif de l'intensité des associations attractives et répulsives entre CSP et image du café.

La "répulsion" ouvrier-plaisir (OUV-PLAI) a été retenue car la contribution relative 2,04% atteint pratiquement la contribution moyenne (2,08%).

D'un point de vue pratique, une telle synthèse est intéressante car elle met en exergue les spécificités des critères ou leur absence de spécificité (comme *habitude* par exemple). Pour le lancement du produit, on pourra orienter de façon pertinente le conditionnement ainsi que les stratégies publicitaires en fonction du public ciblé.

➢ *Remarque :* une telle démarche, s'appuyant sur les contributions relatives est générale et peut s'appliquer à tous les tests du Khi-deux significatifs.

B. Approfondissement de ce cas concret au moyen des statistiques descriptives

Dans toute étude de cas réel, une analyse descriptive des données est toujours enrichissante. Pour l'étude de cas qui nous occupe ici, l'élaboration et l'analyse des *profils-lignes* étudiées dans la partie statistique descriptive bidimensionnelle est des plus intéressante.

Profils lignes	PLAI	PARF	DET	HAB	STI	CONV	total	*poids des lignes*
AGRICULTEUR	22%	**25%**	18%	13%	11%	11%	100%	12%
ARTISANT COMMERCANT	21%	**29%**	13%	17%	10%	**10%**	100%	12%
EMPLOYE	16%	11%	**26%**	**30%**	**8%**	**9%**	100%	14%
OUVRIER	**10%**	11%	**25%**	**29%**	13%	12%	100%	12%
CADRE	13%	14%	18%	**10%**	19%	**26%**	100%	14%
ETUDIANT	15%	13%	11%	**10%**	**28%**	23%	100%	12%
SANS EMPLOI RETRAITE	21%	17	15%	**10%**	10%	**27%**	100%	12%
AUTRES	12%	11%	14%	19%	**23%**	21%	100%	13%
poids colonnes =profil ligne moyen	16%	16%	18%	17%	15%	17%	100%	100%

(En grande police et en gras : valeurs nettement supérieures à celles du profil moyen ; en police normale et en gras : valeurs inférieures).

Tableau 9.17 Profils lignes CSP.

Rappel succinct

- Les *profils-lignes* (CSP) sont les répartitions en proportion selon les lignes. Leur simple lecture permet de caractériser le comportement de chaque CSP et d'en faire la comparaison.
- Le *poids associé à un profil-ligne* indique l'importance relative d'un profil-ligne. Par exemple, le poids associé au 1er profil-ligne "agriculteur" est de 12%. C'est la proportion d'agriculteurs de l'échantillon. Dans la présente étude, on remarque d'ailleurs que les CSP ont pratiquement toutes la même importance.
- Le *profil-ligne moyen* est le poids des colonnes. Par exemple, sur l'échantillon global (toutes CSP rassemblées), on observe que 16% des individus ont associé "café de l'après-midi" et plaisir et que 16% ont fait l'association avec parfum et goût. D'un point de vue concret, ce profil-ligne dit moyen joue un rôle de référence pour l'ensemble. Dans notre exemple, il permettra de dégager la typicité de chaque CSP.

Interprétation

25% des Agriculteurs ont une perception sensorielle du café (parfum, goût) alors que seulement 16% de l'échantillon global fait cette association. On retrouve là ce que nous avions précédemment qualifié d' "attraction". On peut conclure de la même façon pour les Artisans-commerçants.

Le profil Employés est très typé puisque 26% d'entre eux associent à détente contre 18% pour l'ensemble des personnes interrogées. L'association avec "habitude" est encore plus marquée (30% contre 17%). Par contre, seulement 8% des employés font l'association avec "stimulant" contre 15% de l'ensemble. On retrouve le même effet pour l'association avec convivialité (9% contre 17%).

On pourrait faire la même démarche avec les autres CSP et l'on retrouverait ainsi, bien entendu, les résultats schématisés précédemment.

En conclusion, le test du Khi-deux a permis de conclure à une liaison significative entre la catégorie socio-professionnelle et la perception du "café de l'après-midi". L' approfondissement du Khi-deux et l'analyse des profils-lignes permettent de décrire comment se fait cette liaison.

10. TESTS RELATIFS AUX MOYENNES ET AUX VARIANCES

10.1. TEST DE CONFORMITE D'UNE VARIANCE AU MOYEN D' UN ECHANTILLON GAUSSIEN

Exemple : variabilité de la température d'une cave à vin

10.1.1. Présentation des données et position du problème

Pour de bonnes conditions de vieillissement, une cave à vin doit impérativement être bien isolée pour éviter des variations trop importantes de température préjudiciables à la qualité du vin. Il est donc essentiel de contrôler la variabilité de la température.

On considère que la température dans une cave est une variable aléatoire sensiblement normale. Comme référence, on adopte un écart-type de 1°5 C.

Afin de contrôler la variabilité de la température, on a relevé 21 fois la température sur une période de 2 mois. Les données observées sont les suivantes :

8	8,2	8,9	9,8	10	11	11	11	11	12	12	12	12	13	13	13	13	14	14	14	14

Tableau 10.1 Relevés de température (°C) dans une cave à vins.

Question : peut-on considérer que la variabilité observée des températures est acceptable relativement à la référence indiquée ? Pour répondre à cette question, on réalisera un test de conformité de la variance à 2,25 (soit $1{,}5^2$) et au niveau 5%.

10.1.2. Notations et modèle

- Population
  - X est la variable aléatoire "température de la cave" (en °C)
  - $E(X) = m$ est la température moyenne de la cave
  - $\text{Var } X = \sigma^2$

  La variabilité thermique est considérée correcte lorsque $\sigma^2 = \sigma_0^2$ avec $\sigma_0^2 = 2{,}25$
  - $X \approx N(m, \sigma)$
- Échantillon E
  - $n = 21$
  - $X_i \approx N(m, \sigma)$ avec $i = 1, n$
  - $ddl = n - 1 = 20$
  - $\widehat{\sigma^2} = S^2 = \dfrac{SCE}{ddl}$

10.1.3. Démarche statistique

On réalise le test

$$H_0 : \quad \sigma^2 = \sigma_0^2 \quad \text{contre} \quad H_1 : \quad \sigma^2 > \sigma_0^2$$

Outil statistique et prise de décision

On établit que

Sous H_0, la statistique $\frac{SCE}{\sigma_0^2}$ suit la loi mathématique du χ^2 à ν ddl avec $\nu = n - 1$.

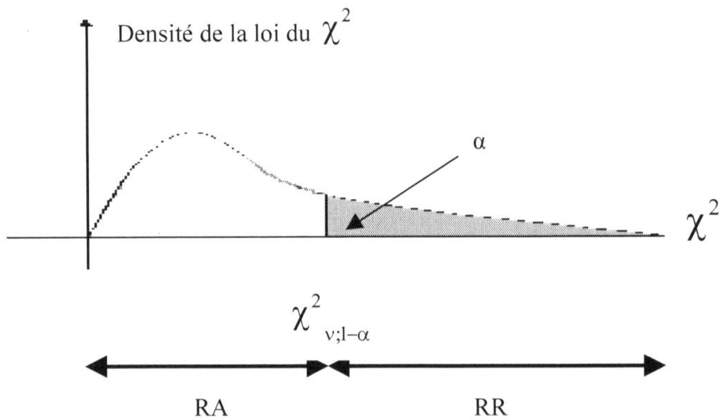

RA : région d'acceptation de H_0

RR : région de rejet de H_0

Figure 10.1 Régions d'acceptation et de rejet de H_0 (test unilatéral de conformité d'une variance.

10.1.4. Mise en œuvre à l'aide d'Excel

Détermination des valeurs théoriques du χ^2, *c'est à dire* $\chi^2_{\nu;1-\alpha}$

On appelle la fonction KHIDEUX.INVERSE (0,05 ; 20) et on obtient :

$$\chi^2_{\nu;1-\alpha} = \chi^2_{20;0,95} = 31,41.$$

Décision

Nous pouvons présenter plusieurs méthodes, mais toutes reposent directement sur la loi de probabilité énoncée.

<u>1re méthode</u> : calcul du Khi-deux $_{\text{observé}}$

$$\text{Khi-deux}_{\text{observé}} = \frac{SCE_{\text{observé}}}{\sigma_0^2}$$

La fonction SOMME.CARRES.ECARTS fournit SCE $_{\text{observé}}$ égal à 70,1695.

Par suite, $\text{Khi-deux}_{\text{observé}} = \frac{70,1695}{2,25} = 31,1864$.

On constate que Khi-deux $_{\text{observé}} \in$ RA. On ne peut donc pas rejeter l'hypothèse H_0. Par conséquent, nous considérons comme acceptable l'hypothèse de conformité de la variance.

<u>2e méthode</u>

Nous calculons la région d'acceptation de H_0 de la variance estimée et nous situons la variance estimée à partir de l'échantillon observé.

$$\widehat{\sigma^2} = \frac{SCE}{ddl} = \frac{SCE}{n-1} \; ; \; \frac{(n-1)\hat{\sigma}^2}{\sigma_0^2} < \chi^2_{v;1-\alpha}$$

Notons $\left[0;\widehat{\sigma_1}^2\right]$ la région d'acceptation de $\hat{\sigma}^2$: $\widehat{\sigma_1}^2 = \dfrac{\sigma_0^2 \cdot \chi^2_{v;1-\alpha}}{n-1}$

On trouve : $\widehat{\sigma_1}^2 = \dfrac{2,25 \times 31,410}{20} = 3,534$ et $RA = [0\,;3,534]$

La variance estimée à partir de l'échantillon observé est $\widehat{\sigma^2} = 3,5085$. Elle appartient à la région d'acceptation et on ne peut alors refuser H_0. Nous considérons que la conformité de la variance est acceptable. Au plan pratique, on peut en déduire que la température de la cave est maîtrisée. La gestion de cette dernière méthode est pratique puisqu'à chaque nouvel échantillonnage de 21 relevés de température, il suffit de calculer la variance estimée et de regarder si elle appartient ou non à la région d'acceptation, dite encore "intervalle de pari".

3e méthode

Nous pouvons calculer l'intervalle de confiance de la variance de la température à partir des données observées dans l'échantillon.

$$P\left(\frac{SCE}{\sigma_0^2} \leq \chi^2_{v;1-\alpha}\right) = 1-\alpha$$

L'intervalle de confiance de σ^2 (intervalle aléatoire) au niveau de confiance $(1-\alpha)$ est donc défini par:

$\sigma_0^2 > \dfrac{SCE}{\chi^2_{v;1-\alpha}}$ soit $\sigma_0^2 > \dfrac{70,1695}{31,41}$ et enfin $\sigma_0^2 > 2,23$

Cet intervalle de confiance constitue l'ensemble des hypothèses H_0 pour la variance σ^2. La référence $\sigma_0^2 = 2,25$ appartient à cet intervalle. Par conséquent, nous ne pouvons rejeter H_0. Nous considérons la conformité de la variance comme acceptable.

- *Remarque :* avec des petits échantillons, les intervalles de confiance sont grands. Comme on n'a pas assez d'information pour que le test soit significatif, on accepte souvent H_0.

10.2. TEST DE CONFORMITE D'UNE MOYENNE

10.2.1. Échantillon extrait d'une population normale de variance connue. Détermination de risques de 2e espèce (β)

Exemple : contrôle de qualité (volume de remplissage de bouteilles)

10.2.1.1. Présentation des données et position du problème

Sur une chaîne de remplissage de bouteilles d'huile d'olive vierge, 1re pression à froid, on réalise périodiquement un contrôle de la qualité de remplissage. L'importance de ce contrôle est primordiale tant au niveau économique (pour la société de production et ses clients) qu'au niveau juridique (respect des garanties). Le conditionnement s'effectue dans des bouteilles de verre d'un litre.

Quand l'appareillage fonctionne correctement, la variable aléatoire X, quantité d'huile contenue dans une bouteille, suit une loi normale de moyenne 100 cl et d'écart-type 2,5 cl ; on suppose que ce dernier est stable. On réalise un sondage sur 55 bouteilles. Les résultats obtenus exprimés en cl sont reportés sur le tableau 10.2.

93,2	93,7	93,9	94,1	94,3	94,5	94,7	94,9	95,1	95,3	95,5	95,7	95,9	96,1	96,3
96,6	96,8	97,0	97,1	97,3	97,5	97,7	97,9	98,1	98,3	98,5	98,7	98,9	99,1	99,3
99,5	99,7	99,9	100,1	100,3	100,5	100,7	100,9	101,1	101,3	101,5	101,7	101,9	102,1	102,3
102,5	102,7	103,0	103,1	103,3	103,5	103,7	104,0	104,5	105,0					

Tableau 10.2 Volume d'huile contenu dans 55 bouteilles (en cl).

Questions

1. Peut-on considérer que le contenu moyen d'une bouteille dans cet échantillon est conforme à l'attente (100 cl) ? Tester cette hypothèse de conformité au niveau 0,5%. Préciser la région d'acceptation (RA) de la moyenne d'échantillon associé à un tel test.
2. Calculer le risque de 2e espèce β associé à la région RA dans les cas où le contenu moyen sur l'ensemble de la chaîne de remplissage est de 99 cl, 98,5 cl, 98 cl. Étendre cette détermination de β dans le cas de niveaux de tests 0,3%, 0,5%, 5% et de tailles d'échantillon n=20 puis n=100 et préciser les puissances de tests associées.

10.2.1.2. Notations et modèle

- Population : c'est l'ensemble des bouteilles d'huile étudiées.
  - X est la variable aléatoire "quantité d'huile contenue dans une bouteille (en cl.)"
  - $E(X) = m$ est le contenu moyen d'une bouteille (chaîne en fonctionnement correct)
  - $m = m_0 = 100$
  - $\text{Var } X = \sigma_0^2 = 6{,}25$
  - $X \rightarrow N(m, \sigma_0)$.
- Échantillon
  - la taille est n = 55
  - $X_i \rightarrow N(m, \sigma_0) \quad i = 1, n$

  $\overline{X}$ est la variable aléatoire, contenu moyen observé dans un tel échantillon.

10.2.1.3. Démarche statistique

On réalise le test :

$H_0 : m = m_0$ contre $H_1 : m \neq m_0$

c'est à dire $H_0 :$ $m = 100$ (conformité avec l'exigence)
contre
$H_1 : m \neq 100$ (non conformité avec l'exigence)

Approche intuitive

La moyenne $\overline{X}$ observée dans l'échantillon prend des valeurs inévitablement différentes de 100 cl, ces valeurs fluctuant autour de 100. Il est donc nécessaire de pouvoir juger l'écart $E = |\overline{X} - 100|$. Étant donné le hasard d'échantillonnage, peut-on considérer cet écart E comme naturel ou est-il, au contraire, trop grand pour pouvoir être dû au seul hasard ? On doit donc rechercher un seuil S que l'écart E a très peu de chances de dépasser (moins de 0,5%) lorsque la chaîne de remplissage fonctionne correctement. Si l'écart E dépasse ce seuil, nous déciderons qu'il est préférable de réviser l'appareillage. Il apparaît ainsi que, statistiquement, nous devons connaître la loi de probabilité de l'écart E, soit finalement la loi de probabilité de la moyenne d'échantillon $\overline{X}$, lorsque la chaîne fonctionne correctement.

Outil statistique, statistique du test et prise de décision

Sous H_0, $\overline{X} \to N(m_0 , \frac{\sigma_0}{\sqrt{n}})$.

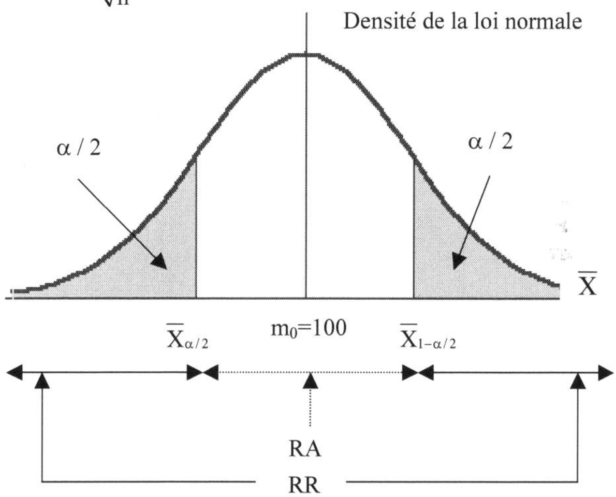

RA : région d'acceptation de H_0
RR : région de rejet de H_0.

Figure 10.2 Intervalle de probabilité de la moyenne au risque α.

La région d'acceptation RA de la moyenne $\overline{X}$ est dite "intervalle de probabilité ou de pari" (IP) de la moyenne d'échantillonnage au niveau de sécurité 1-α.

$(\overline{X}_{1-\alpha/2} - 100)$ et $(100 - \overline{X}_{\alpha/2})$ représentent le seuil S évoqué précédemment (seuil qui n'a qu'une probabilité α d'être dépassé).

10.2.1.4. Mise en œuvre au moyen d'Excel

Question 1

<u>1re méthode</u> : Détermination de la région d'acceptation de la moyenne $\overline{X}$.

On calcule $\sigma_{\overline{X}} = \frac{\sigma_0}{\sqrt{n}}$ à l'aide du clavier ce qui donne : $\sigma_{\overline{X}} = \frac{2,5}{\sqrt{55}} = 0,3371... \simeq 0,34$

➢ *Remarque :* sous H_0, $\overline{X} \to N(100 ; 0,34)$

On appelle la fonction d'Excel et on saisit successivement les valeurs appropriées de la fonction.

Pour $\overline{X}_{1-\alpha/2} = \overline{X}_{0,9975}$, avec LOI.NORMALE.INVERSE(0,9975;100;2,5), on trouve 100,9463. Notons $\overline{X}_b$ cette valeur.

Pour $\overline{X}_{\alpha/2}$, on fait un copier-coller sur le résultat précédent et, dans la barre de formule, on remplace la valeur précédente par 0,0025.

On trouve $\overline{X}_{\alpha/2} = 99,0537$, valeur que l'on note $\overline{X}_a$.

On en déduit : $RA = [99,0537; 100,9463] = IP$ de $\overline{X}$ $(\alpha = 0,5\%)$

Décision :

La moyenne observée de cet échantillon est $\overline{X}_{\text{observé}} = 99,4236$ (fonction MOYENNE)

Comme $\overline{X}_{\text{observé}} \in RA$, on ne peut rejeter H_0 et nous considérons comme acceptable l'hypothèse de conformité à l'exigence $m_0 = 100$.

Remarque : Cette stratégie de manipulation du test de conformité pour ce type d'application est intéressante pour gérer pratiquement le contrôle de qualité. En effet, il convient de rappeler que, pour un risque et une taille d'échantillon donnés, l'intervalle de probabilité ou région d'acceptation de la moyenne d'échantillon est unique (contrairement à l'intervalle de confiance qui lui, est aléatoire car déduit des valeurs observées dans l'échantillon). A chaque contrôle (prélèvement de 55 bouteilles), il suffit donc de calculer la moyenne et de vérifier si elle appartient ou non à la région d'acceptation.

2e méthode : Calcul de la probabilité critique p_c.

Sous H_0 :

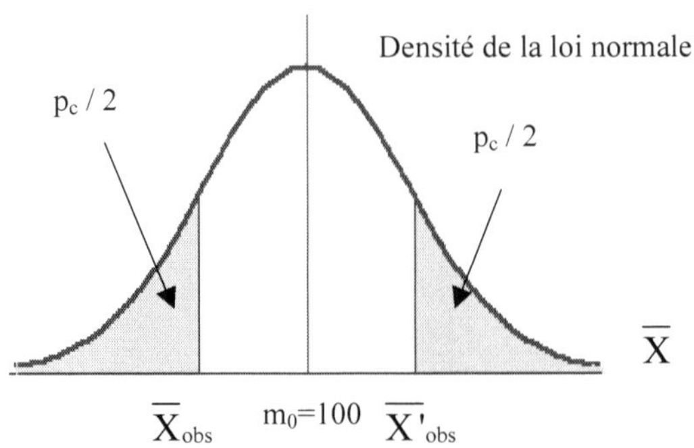

Figure 10.3 Moyenne observée et probabilité critique.

$$p_c = P(\overline{X} < |\overline{X}_{\text{observé}}|) + P(\overline{X} > |\overline{X}'_{\text{observé}}|) \quad \text{avec} \quad \overline{X}'_{\text{observé}} = 100 + (100 - \overline{X}_{\text{observé}})$$

$$p_c = 2\ P(\overline{X} < \overline{X}_{\text{observé}}) \quad \text{si} \quad \overline{X}_{\text{observé}} < m_0 = 100 \text{ (notre cas dans cet exemple)}$$
$$= 2\ P(\overline{X} > \overline{X}_{\text{observé}}) \quad \text{si} \quad \overline{X}_{\text{observé}} > m_0 = 100.$$

On trouve : $p_c = 2 \times 4,37.10^{-2} = 8,73.10^{-2} \simeq 9\%$

(on utilise la fonction LOI.NORMALE, qui donne la valeur de la fonction de répartition). On prendrait un risque de 9% en refusant la conformité.

Le risque étant supérieur au niveau du test 0,5%, on ne peut rejeter H_0 et on considère comme acceptable l'hypothèse H_0 de conformité à l'exigence "1litre".

En prenant cette décision, on prend un risque de 2e espèce β que l'on pourra calculer ultérieurement sous certaines hypothèses.

➢ *Remarque* : pour déterminer la probabilité critique p_c, on peut considérer la variable E telle que

$$E = \overline{X} - 100 \;;\quad E \to N(0\,,\,\sigma_{\overline{X}}) \text{ soit ici } E \to N(0\,;\,0,34)$$

$$E_{\text{observé}} = \overline{X}_{\text{observé}} - 100$$

$$p_c = P(E > |E_{\text{observé}}|) + P(E < -|E_{\text{observé}}|) = 2\,P(E > |E_{\text{observé}}|)$$

<u>3e méthode</u>

A partir de l'échantillon observé, on peut calculer un intervalle de confiance de m, contenu moyen sur l'ensemble de la chaîne de remplissage au niveau de confiance 1-α. La fonction INTERVALLE.CONFIANCE(0,005;2,5;55) fournit le résultat $\Delta = 0,9463$.

L'intervalle de confiance de m, au niveau de confiance 99,5% est la fourchette aléatoire $\left[\overline{X} - \Delta \;,\; \overline{X} + \Delta\right]$. Grâce à l'échantillon observé, on en déduit un intervalle de confiance $[m_a\,,\,m_b]$ avec :

$$m_a = \overline{X}_{\text{observé}} - \Delta = 98,4774$$

$$m_b = \overline{X}_{\text{observé}} + \Delta = 100,3699$$

$[98,4774\,;\,100,3699]$ constitue l'ensemble des hypothèses pour m. Comme m = 100 appartient à cet ensemble, on ne rejette pas H_0.

Question 2

Il s'agit de calculer le risque de 2e espèce β correspondant à la région d'acceptation RA de la moyenne d'échantillon $\overline{X}$ déterminée précédemment (risque α = 0,5%). Rappelons que, de manière générale, β représente le risque pris en acceptant H_0 alors que cette hypothèse est fausse ou, ce qui est équivalent, H_1 est vraie. Dans le cas présent, c'est le risque pris en concluant à la conformité du remplissage alors que ce n'est pas vrai.

$$\beta = P_{H_1}(\text{accepter } H_0)$$
$$= P_{H_1}(\overline{X} \in \text{RA})$$
$$= P\,(\overline{X} \in \text{RA}) \quad \text{alors que } m \neq m_0 \quad (\text{c.a.d. } m \neq 100)$$
$$= P\,(\overline{X}_a \leq \overline{X} \leq \overline{X}_b) \quad \text{avec } \overline{X} \to N(m, \sigma_{\overline{X}})$$

Pour évaluer une telle probabilité, il est donc nécessaire de supposer une valeur du contenu moyen m différente de 100.

Excel permet de calculer facilement β dans les hypothèses m = 99 , m = 98,5 et m = 98 (en pratique, ces hypothèses doivent rester relativement réalistes).

Pour m = 99 :

$$\beta = P\left[99,0537 \leq \overline{X} \leq 100,9463\right] \quad \text{avec } \overline{X} \to N(99\,,\,0,3371)$$
$$= F(100,9463) - F(99,0537) \qquad (F,\ \text{fonction de répartition})$$

Pour déterminer $F(100,9463)$, on utilise la fonction

LOI.NORMALE(100,9463;99;0,3371;vrai)

On trouve 0,9999. Le calcul de F(99,0537) se fait de façon similaire.

Bien entendu, il est important d'associer le risque β à la valeur supposée de m. Le risque d'accepter la conformité alors qu'elle n'y est pas peut être important. Mais la non conformité peut par ailleurs être relativement proche de la référence 100 !

RA	$\overline{X}_a$ 99,0537	$\overline{X}_b$ 100,9463	
m	Fonction de répartition F F(a)	F(b)	β= F(b) – F(a)
99	0,5633	0,9999...	44%
98,5	0,9498	1	5%
98	0,9991	1	0,1%

Tableau 10.3 Valeur du risque β en fonction de la moyenne m de la population.

Extension du calcul du risque β en fonction du niveau du test de conformité et de la taille n de l'échantillon

Ce type de calcul permet au "contrôleur de conformité" de mieux gérer concrètement le risque pris lors de l'acceptation de la conformité. Il s'agit d'évaluer l'importance de ce risque et en même temps l'enjeu (confrontation à la valeur supposée pour "m"). Il faut également mesurer la variation de ce risque en fonction du niveau α du test en fonction de la taille de l'échantillon.

Le calcul du risque β a été expliqué dans les trois exemples précédents.

Afin de profiter des potentialités d'Excel et de diminuer les temps de calcul, nous proposons maintenant d'organiser la détermination de ce spectre de valeurs β selon une grille de calcul systématique. Nous complétons par les puissances des tests associées à ces valeurs Rappelons que la puissance d'un test est la probabilité de refuser H_0 alors qu'elle est fausse et est, par conséquent égale à 1-β. Concrètement, dans notre exemple, c'est la probabilité de conclure à un volume moyen de remplissage non conforme dans le cas où effectivement, ce volume moyen n'est réellement pas conforme.

Nous proposons l'organisation suivante :

- Hors grille, on saisit les contenus de références populations m_0 (100) et σ_0 (2,5)
- Grille :

n	$\sigma_{\overline{X}}$	α	$\overline{X}_a$	$\overline{X}_b$	m	β	Puissance

avec :

- n = taille de l'échantillon
- $\sigma_{\overline{X}} = \dfrac{\sigma}{\sqrt{n}}$ soit ici $\dfrac{2,5}{\sqrt{n}}$
- α = niveau du test de conformité
- $\overline{X}_a$ = borne inférieure de la région d'acceptation de $\overline{X} = \overline{X}_{\alpha/2}$
  (déterminée à partir de LOI.NORMALE.INVERSE vue à la 1re question, 1re méthode)
- $\overline{X}_b$ = borne supérieure de la région d'acceptation de $\overline{X} = \overline{X}_{1-\alpha/2}$
  (détermination analogue à celle de $\overline{X}_a$. Dans la zone Probabilité, on doit saisir 1-α/2 avec α en référence relative)
- m : valeur supposée pour la moyenne de la population, c'est à dire ici, le contenu moyen
- $\beta = F(\overline{X}_b) - F(\overline{X}_a)$ où F désigne la fonction de répartition.

Pour déterminer $F(\overline{X}_b)$, on utilise la fonction LOI.NORMALE avec les arguments :

- x, contenu de la colonne $\overline{X}_b$ (réf. relative)

- Espérance, contenu de la colonne m (réf. relative)
- Écart-type, contenu de la cellule $\sigma_{\bar{X}}$ (réf. relative)
- Cumulative : vrai.

On complète la barre de formule de manière similaire avec $F(\bar{X}_a)$.

La première valeur de β étant calculée, il suffit bien entendu de "tirer la poignée de recopie" vers le bas. En ce qui concerne la puissance 1-β, on calcule sa première valeur (référence relative) et on tire la poignée de recopie vers le bas. Les évaluations de la puissance en fonction de celles de α et n sont naturellement en sens inverse de celles de β

Commentaires des résultats observés pour β et pour la puissance du test (tableau 10.4)

- Évolution du risque de 2ème espèce β

Examinons les résultats obtenus pour β. Nous retrouvons des résultats théoriquement connus pour ce type de test. Mais ici l'intérêt est de pouvoir apprécier concrètement ces valeurs et, par suite, de choisir avec plus de "responsabilité" son protocole de contrôle de conformité.

Pour une même taille d'échantillon, le risque β diminue quand α augmente. Pour apprécier cet effet au niveau des résultats, on peut comparer les valeurs de β lorsque l'on passe de α = 0,5% à α = 5%. On adopte parfois un compromis entre les deux types de risque.

Dans le contrôle de qualité des processus industriels, on limite le risque α de conclure à la non conformité alors qu'elle existe. Quand on interrompt un processus de fabrication à la suite d'une décision de non conformité, on veut être "presque" sûr que cette décision est fondée !

Pour un α et une taille d'échantillons donnés, β diminue quand l'écart entre la moyenne m et la référence m_0 croît. Ainsi, pour un échantillon de 55 observations et un risque α de 0,5%, on prend un risque β de 44%, risque de conclure à la conformité du remplissage (100 cl) alors que ce dernier est de 99 cl. Le risque est important mais le décalage de remplissage "1 cl" est limité. En revanche, le risque de conclure à la conformité alors qu'elle n'y est pas n'est plus que de 0,1 % lorsque le taux de remplissage est de 98 cl. Si le décalage par rapport à la référence est plus important (double du cas précédent), on a peu de chances de conclure à tort à la conformité. On perçoit ainsi l'importance économique de cet indicateur.

Pour un même niveau α, β diminue quand la taille de l'échantillon augmente (intuitivement, on conçoit facilement que la précision augmente avec cette taille). Là encore, on adopte parfois un compromis.

Dans le domaine industriel (résistance des matériaux, durées de vie d'objets ou de produits alimentaires, etc...), le contrôle de qualité entraîne assez souvent la destruction de l'objet contrôlé. On comprend que dans de tels cas, il est économiquement difficile de prendre de grands échantillons. Pour ce faire, il existe d'intéressantes procédures d'échantillonnage, à plusieurs niveaux. A ce sujet, on pourra consulter le recueil des normes AFNOR (1996).

Dans les domaines où tester la conformité d'une moyenne n'entraîne dans les cas défavorables aucune destruction, par exemple dans le cas d'une surveillance de température moyenne d'une serre, d'un bassin de poissons, d'un atelier "naisseur-engraisseur" de porcs, etc., on pourra prendre des échantillons plus grands et diminuer ainsi les risques de façon conséquente.

Le tableau 10.3 représente la portion concernée de la feuille de calcul.

m_0 :	100	σ_0 :	2,5				

	Sous H_0				Sous H_1		
n	$\frac{\sigma_0}{\sqrt{n}}$	α	$\overline{X}_{\alpha/2} = \overline{X}_a$	$\overline{X}_{1-\alpha/2} = \overline{X}_b$	*m*	*β*	***Puissance***
20	0,5590	***0,3%***	98,3	101,7	**98**	***27,0%***	73%
20	0,5590	***0,5%***	98,4	101,6	**98**	***22,0%***	78%
20	0,5590	***5,0%***	98,9	101,1	**98**	***5,3%***	95%
20	0,5590	***0,3%***	98,3	101,7	**98,5**	***61,2%***	39%
20	0,5590	***0,5%***	98,4	101,6	**98,5**	***54,9%***	45%
20	0,5590	***5,0%***	98,9	101,1	**98,5**	***23,5%***	77%
20	0,5590	***0,3%***	98,3	101,7	**99**	***88,1%***	12%
20	0,5590	***0,5%***	98,4	101,6	**99**	***84,6%***	15%
20	0,5590	***5,0%***	98,9	101,1	**99**	***56,8%***	43%
55	0,3371	***0,3%***	99,0	101,0	**98**	***0,2%***	100%
55	0,3371	***0,5%***	99,1	100,9	**98**	***0,1%***	100%
55	0,3371	***5,0%***	99,3	100,7	**98**	***0,0%***	100,00%
55	0,3371	***0,3%***	99,0	101,0	**98,5**	***6,9%***	93%
55	0,3371	***0,5%***	99,1	100,9	**98,5**	***5,0%***	95%
55	0,3371	***5,0%***	99,3	100,7	**98,5**	***0,6%***	99%
55	0,3371	***0,3%***	99,0	101,0	**99**	***50,1%***	50%
55	0,3371	***0,5%***	99,1	100,9	**99**	***43,7%***	56%
55	0,3371	***5,0%***	99,3	100,7	**99**	***15,7%***	84%
100	0,2500	***0,3%***	99,3	100,7	**98**	***0,0%***	100%
100	0,2500	***0,5%***	99,3	100,7	**98**	***0,0%***	100%
100	0,2500	***5,0%***	99,5	100,5	**98**	***0,0%***	100%
100	0,2500	***0,3%***	99,3	100,7	**98,5**	***0,1%***	100%
100	0,2500	***0,5%***	99,3	100,7	**98,5**	***0,1%***	100%
100	0,2500	***5,0%***	99,5	100,5	**98,5**	***0,0%***	100%
100	0,2500	***0,3%***	99,3	100,7	**99**	***15,1%***	85%
100	0,2500	***0,5%***	99,3	100,7	**99**	***11,6%***	88%
100	0,2500	***5,0%***	99,5	100,5	**99**	***2,1%***	98%

Tableau 10.4 Évolution du risque β et de la puissance en fonction de la taille n de l'échantillon, du risque α et de la moyenne supposée m.

- *Remarque :* on peut obtenir des renseignements complémentaires sur le risque β et la puissance d'un test dans les ouvrages de Pierre Dagnélie (1998).

- Évolution de la puissance du test

Les évolutions de la puissance du test en fonction de α et n sont naturellement en sens inverse de celles de β. A ce niveau encore les résultats sont intéressants pour le responsable du contrôle qualité qui choisit le protocole qui lui semble le plus adapté.

- Conclusion

Il convient de souligner qu'il faut, bien entendu, dépasser le choix des valeurs supposées pour m, α et n , ces choix n'étant qu'illustratifs. Passé l'investissement "temps" de la réalisation de la grille, donc principalement la première ligne, l'utilisateur peut ensuite obtenir très rapidement les résultats appropriés à son (ses) problème(s) ; il fait ainsi ses choix de façon plus objective, plus responsable en dosant ses risques et sa sécurité.

10.2.2. Échantillon extrait d'une population normale de variance inconnue. Détermination de risques de 2e espèce

Exemple : conformité de la température d'une cave à vins

10.2.2.1. Présentation des données et position du problème

Pour assurer un vieillissement correct des vins, une bonne cave à vins doit être thermiquement bien isolée. Il convient d'éviter de trop grandes variations de température et de maintenir une température moyenne voisine de 11°C.

Après l'étude du contrôle de la variabilité de cette température (cf. paragraphe 10.1, Étude du test de conformité d'une variance), nous allons maintenant étudier le contrôle de la conformité de la température moyenne.

Rappelons la normalité supposée de la variable aléatoire "température de la cave".

Les températures relevées lors du contrôle figurent dans le paragraphe mentionné ci-dessus.

Questions :

1. Peut-on considérer que les températures relevées lors du contrôle sont, en moyenne conformes à "l'exigence 11°C" ? Tester cette hypothèse de conformité de moyenne au niveau 5%.

2. La résolution du test de conformité montre que, pour un niveau de test donné, on peut déterminer une région d'acceptation de la moyenne d'échantillon. Nous proposons d'évaluer le risque pris à l'issue d'une acceptation de la conformité dans les cas où la température moyenne de la cave seraient : m = 10,5°C, m = 11,5°C, m = 12°C et m = 13° C.

Nous nous poserons la même question dans les cas où le test est réalisé aux niveaux 2% puis 1%.

10.2.2.2. Notations et modèle

- Population (sous-jacente)
  - X est la variable aléatoire "température de la cave"
  - E(X) = m est la température moyenne de la cave (cave "idéale" : $m = m_0 = 11°C$)
  - $\text{Var}\, X = \sigma^2$ (inconnue)
  - $X \to N(m\ ,\sigma\ )$.

- Échantillon
  - $n = 21$
  - $X_i \to N(m, \sigma) \qquad i = 1, n$
  - $\overline{X} = \frac{\sum_{i=1}^{n} X_i}{n}$ variable aléatoire, moyenne observée dans un tel échantillon
  - $\widehat{\sigma^2} = S^2 = \frac{SCE}{n-1}$.

10.2.2.3. Démarche statistique (question 1, conformité d'une moyenne)

On réalise le test

H_0 :	température moyenne de la cave conforme à l'exigence 11°C
	contre
H_1 :	température moyenne de la cave non conforme
c'est à dire	$H_0 : m = m_0$ contre $H_1 : m \neq m_0$

Approche intuitive :

L'approche est du même type que celle évoquée lors du précédent test de conformité d'une moyenne.

Outil statistique, statistique du test et prise de décision

Sous H_0, la statistique définie par $T = \dfrac{\overline{X} - m_0}{\widehat{\sigma_{\overline{X}}}} = \dfrac{\overline{X} - m_0}{\hat{\sigma} / \sqrt{n}}$ suit la loi mathématique T de Student à ν degrés de liberté avec $\nu = n - 1$.

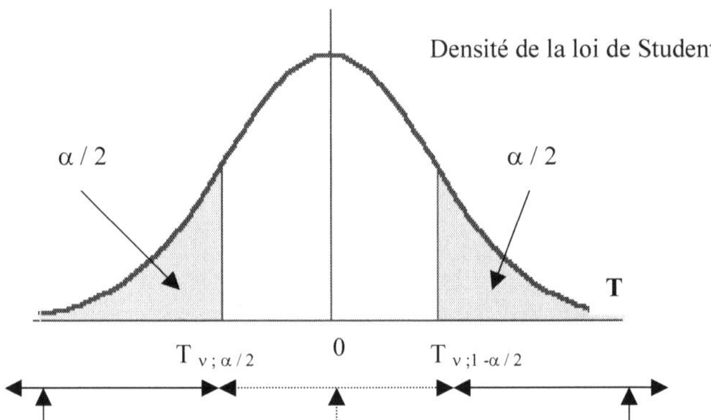

RA : région d'acceptation de H_0
RR : région de rejet de H_0.

Figure 10.4 Régions d'acceptation et de rejet de l'hypothèse de conformité (test bilatéral).

- *Remarque :* au lieu de réaliser ce test, on peut aussi déterminer l'intervalle de confiance de m au niveau de confiance 1-α et ensuite regarder si la référence m_0 appartient ou non à l'intervalle de confiance. Cette démarche est développée dans la paragraphe qui suit (5e méthode).

10.2.2.4. Mise en œuvre à l'aide d'Excel (1re question)

1re méthode : elle est de type manuel.

On détermine les valeurs théoriques, fractiles de la loi de Student : $T_{\nu;\alpha/2}$ et $T_{\nu;1-\alpha/2}$.

On appelle la fonction LOI.STUDENT.INVERSE et on trouve :

$$T_{v;1-\alpha/2} = 1,7247 \qquad (= -T_{v;\alpha/2})$$

Calcul du $T_{observé}$:

$$T_{observé} = \frac{\overline{X}_{observé} - m_0}{\hat{\sigma}/\sqrt{n}}$$

$\overline{X}_{observé} = 11,6619$ (fonction MOYENNE)

$\hat{\sigma} = 1,8731$ (fonction ECARTYPE)

$n = 21 \rightarrow \sqrt{n} = 4,5826$ (clavier)

On trouve: $\widehat{\sigma_{\overline{X}}} = \dfrac{\hat{\sigma}}{\sqrt{n}} = 0,4087$

$m_0 = 11$

On trouve : $T_{observé} = 1,6194$

Décision

Comme $|T_{observé}| < T_{théorique} = T_{v;1-\alpha/2}$, on ne peut rejeter H_0 et on considère donc comme acceptable l'hypothèse de conformité. D'un point de vue pratique, on en déduit que l'exigence d'une température moyenne de la cave égale à 11°C est satisfaite.

2e méthode : détermination de la région d'acceptation de la conformité pour la moyenne d'échantillon

Sous H_0, la région d'acceptation de la variable aléatoire $T = \dfrac{\overline{X} - m_0}{\widehat{\sigma_{\overline{X}}}}$ est $\left[T_{v;\alpha/2}, T_{v;1-\alpha/2}\right]$.

On en déduit :

$$P(m_0 + T_{v;\alpha/2}\frac{\hat{\sigma}}{\sqrt{n}} \leq \overline{X} \leq m_0 + T_{v;1-\alpha/2}\frac{\hat{\sigma}}{\sqrt{n}}) = 1-\alpha$$

Notons : $\Delta = T_{v;1-\alpha/2}\dfrac{\hat{\sigma}}{\sqrt{n}} = T_{v;\alpha/2}\dfrac{\hat{\sigma}}{\sqrt{n}}$

$m_0 - \Delta \leq \overline{X} \leq m_0 + \Delta$: région d'acceptation de H_0 pour la moyenne d'échantillon $\overline{X}$.

Calculs numériques :

$\alpha = 5\%$ $\quad T_{v;1-\alpha/2} = 1,7247$ (voir 1ère méthode)

$$\Delta = 1,7247 \times 0,4087 = 0,7050$$

Région d'acceptation de $\overline{X}$: $RA_{\overline{X}} = [10,2950 \;,\; 11,7050]$

Décision :

$\overline{X}_{observé} \in RA$: on ne peut rejeter H_0 et on considère que l'exigence d'une température moyenne de la cave égale à 11°C est satisfaite.

- *Remarque :* comme nous l'avons indiqué à l'occasion du test précédent, cette méthode qui dégage la région d'acceptation de la moyenne d'échantillon présente l'intérêt de simplifier la gestion pratique de la température moyenne de la cave.

3e méthode : détermination de la probabilité critique

$$p_c = P(T < -|T_{observé}|) + P(T > |T_{observé}|)$$

On utilise la fonction LOI.STUDENT en renseignant sa boîte de dialogue de la façon suivante :

- x : toujours une valeur positive de $T_{observé}$ (valeur absolue)
- ddl : 20
- uni / bilatéral : choisir bilatéral.

Avec x = 1,6194, on obtient $p_c = 0,1210$.

Rappelons que cette valeur renseigne sur la crédibilité de H_0. Quand la conformité est satisfaite, on a une probabilité de 12% d'observer une valeur de T atteignant la valeur observée (1,6194).

Décision : On prendrait un risque de 12% en rejetant H_0. Ce risque est trop grand, supérieur au niveau donné ; on en déduit que la conformité de la moyenne est acceptable.

4e méthode : Utilisation de la fonction TEST.STUDENT (méthode rapide)

V	Référence (R)	V	Référence (R)
8	11	**12**	11
8,2	11	**12,2**	11
8,9	11	**12,5**	11
9,8	11	**12,8**	11
10,4	11	**13**	11
10,6	11	**13,4**	11
10,9	11	**13,5**	11
11,1	11	**14,1**	11
11,4	11	**14,2**	11
11,7	11	**14,3**	11
11,9	11		

Tableau 10.5 Échantillon "référence" couplé à l'échantillon observé .

Pour préparer les données, on "confronte" chaque valeur observée de l'échantillon à la référence 11, ce qui se traduit par la saisie d'une série de valeurs "11" à coté de chaque valeur de l'échantillon. Les données doivent se présenter sous la forme suivante (évidemment sur 2 colonnes dans Excel) :

Tout se passe comme si l'on disposait d'un deuxième échantillon dont les n valeurs sont égales à la référence 11, échantillon couplé à l'échantillon réellement observé.

On utilise la fonction TEST.STUDENT (Matrice1 ; Matrice2 ; Uni/bilatéral ; Type) avec :

- Matrice1 : plage des valeurs observées
- Matrice2 : plage des valeurs référence
- Uni/bilatéral : saisir 2 (test bilatéral)
- Type : saisir 1 ce qui indique le caractère apparié de l'échantillon réel et de l'échantillon référence.

Le résultat affiché est la probabilité critique 12,103%. Son interprétation est bien entendu identique à la précédente

Explication statistique

Dans cette démarche "TEST.STUDENT", les calculs sont effectués sur les écarts à la référence m_0 (ici 11).

$Y_i = X_i - m_0$

Or, $\overline{Y} = \overline{X} - m_0$ (sous H_0, $E(\overline{X}) = m_0 \Rightarrow E(\overline{Y}) = 0$)

$\text{Var}\ \overline{Y} = \text{Var}\ \overline{X}$

Par conséquent, les variables de Student associées à $\overline{X}$ et $\overline{Y}$ sous H_0 sont identiques.

➢ *Remarque :* cette fonction TEST.STUDENT , classiquement utilisée pour la comparaison de deux moyennes à partir d'échantillons appariés sera étudiée en détail ultérieurement.

5e méthode : Détermination de l'intervalle de confiance de m, température moyenne de la cave.

$$X \to N(m,\sigma) \quad \Rightarrow \quad T = \frac{\overline{X} - m}{\hat{\sigma}/\sqrt{n}} \to T_{n-1} \quad \text{(loi de Student à } \nu = n\text{-1 ddl)}$$

$$P(T_{\upsilon;\alpha/2} \leq T \leq T_{\upsilon;1-\alpha/2}) = 1 - \alpha$$

Par suite : $$P(\overline{X} + T_{\nu;\alpha/2} \frac{\hat{\sigma}}{\sqrt{n}} \leq m \leq \overline{X} + T_{\nu;1-\alpha/2} \frac{\hat{\sigma}}{\sqrt{n}}) = 1 - \alpha$$

On en déduit l'intervalle de confiance de m au niveau de confiance (1-α).

$$\text{IC de } m = \left[\overline{X} + T_{\nu;\alpha/2} \frac{\hat{\sigma}}{\sqrt{n}} \, , \, \overline{X} + T_{\nu;1-\alpha/2} \frac{\hat{\sigma}}{\sqrt{n}} \right]$$

$$\Leftrightarrow \left[\overline{X} - \Delta \, , \, \overline{X} + \Delta \right] \quad \text{avec} \quad \Delta = T_{\nu;1-\alpha/2} \frac{\hat{\sigma}}{\sqrt{n}}$$

On peut donc déterminer un intervalle de confiance à partir de l'échantillon observé :

$\overline{X}_{\text{observé}} = 11,6619$ $\Delta = 0,7050$ (voir 2e méthode)

Et par suite : $\text{IC de } m = [10,6286 \, , \, 12,5962]$.

Cet intervalle constitue l'ensemble des hypothèses possibles pour m, température moyenne de la cave. La référence "11°C" appartenant à cet intervalle, on ne peut pas refuser l'hypothèse H_0.

10.2.2.5. Démarche statistique (2e question : risque β)

Lorsque nous refusons l'hypothèse H_0 de conformité, nous nous donnons pour réaliser le test un risque maximal toléré (niveau du test) ; de plus, nous pouvons, au moyen d'un logiciel comme Excel, calculer précisément le risque pris lors du rejet de H_0 (probabilité critique).

Quand nous ne pouvons pas rejeter H_0, nous la considérons comme acceptable : le risque pris, risque de 2e espèce β est la probabilité d'accepter H_0 alors qu'elle est fausse, soit, ici le risque de conclure que la température moyenne de la cave est conforme à l'exigence 11°C alors que celle-ci n'est pas satisfaite.

Détermination du risque β

$\beta = P$ (accepter H_0 / H_0 fausse) = P (accepter H_0 / H_1 vraie)

$= P_{H1}$ (accepter H_0) ; H_1 : $m \neq m_0$

Il apparaît donc que, pour évaluer un tel risque, nous devons supposer pour m des valeurs différentes de la référence $m_0 = 11$ (mais cependant concrètement réalistes).

L'événement "accepter H_0" est réalisé lorsque la moyenne d'échantillonnage appartient à la région d'acceptation déterminée à partir de l'échantillon observé (cf. 1re question, 2e méthode).

$$RA_{\bar{X}} = [m_0 - \Delta\ ,\ m_0 + \Delta] = [a\ ,\ b] \text{ avec } a = m_0 - \Delta \text{ et } b = m_0 + \Delta.$$

$$\beta = P_{H1}(\bar{X} \in RA_{\bar{X}}) = P_{H1}(a \le \bar{X} \le b)$$

$$= P(a \le \bar{X} \le b) \qquad \text{avec } X \to N(m, \sigma) \qquad (m \ne m_0)$$

$$= P(\frac{a-m}{\hat{\sigma}_{\bar{X}}} \le \frac{\bar{X}-m}{\hat{\sigma}_{\bar{X}}} \le \frac{b-m}{\hat{\sigma}_{\bar{X}}})$$

$$\text{avec } T = \frac{\bar{X}-m}{\hat{\sigma}_{\bar{X}}}, \text{ variable aléatoire de Student à } \nu = (n-1) \text{ ddl}$$

Nous proposons de nous situer au niveau de l'échantillon observé, la région d'acceptation RA dépendant de ce dernier. Dans ce cadre, nous utiliserons l'estimation de l'écart-type qu'il nous fournit pour encadrer T.

Notons $T_a = \frac{a-m}{\hat{\sigma}_{\bar{X}}}$, $T_b = \frac{b-m}{\hat{\sigma}_{\bar{X}}}$ et $\hat{\sigma}_{\bar{X}}$ l'estimation issue de l'échantillon observé.

$\beta = F(T_b) - F(T_a)$ où F est la fonction de répartition.

10.2.2.6. Mise en œuvre au moyen d'Excel (2e question : risque β)

Pour réaliser ce calcul dans Excel, nous disposons de la fonction LOI.STUDENT uni / bilatérale qui fournit pour toute valeur $T_{donnée}$ positive les probabilités uni et bilatérales réparties en queue de distribution, c'est à dire :

- cas unilatéral : $P(T > T_{donnée})$
- cas bilatéral : $P(T < -T_{donnée}) + P(T > T_{donnée})$

On doit calculer β en s'appuyant uniquement sur cette fonction LOI.STUDENT, cas unilatéral. Selon les simulations envisagées pour m, on peut imaginer les 3 cas illustrés sur la figure 10.5.

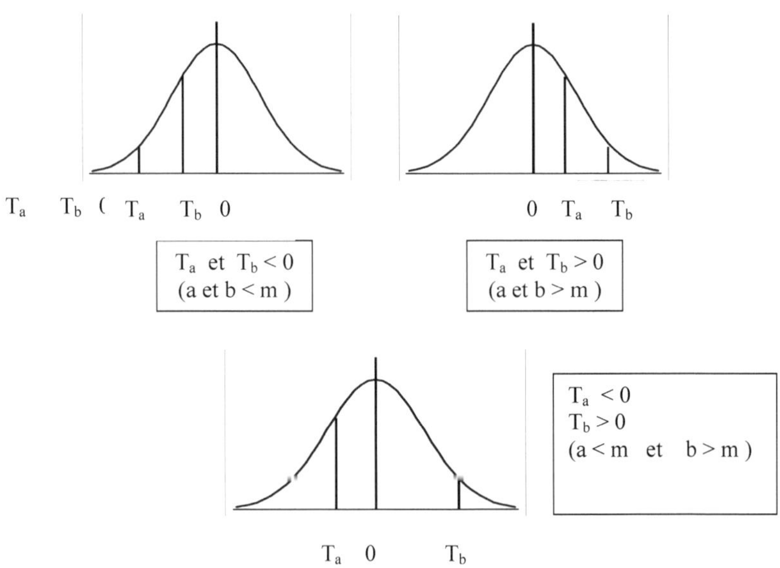

Figure 10.5 Différentes possibilités de position relative des variables de Student T_a et T_b.

Les deux premiers cas seront calculés de façon similaire :

$$\beta = \text{ABS}\left[\text{LOI.STUDENT sur ABS}(T_b) - \text{LOI.STUDENT sur ABS}(T_a)\right]$$

Pour le 3e cas :

$$\beta = 1 - \left[\text{LOI.STUDENT sur ABS}(T_b) + \text{LOI.STUDENT sur ABS}(T_a)\right]$$

Nous proposons d'affecter à m les valeurs 10,5°C , 11,5°C , 12°C et 13 °C en considérant en outre 3 niveaux de risque relatif au test de conformité : 5% , 2% et 1%.

Pour éviter des calculs trop fastidieux tout en conservant une interactivité avec les données de départ (d'où réutilisation facile de ces évaluations du risque β pour un autre échantillon observé voire une autre référence), nous proposons d'organiser la feuille Excel comme il est indiqué sur le tableau 10.6.

Signification des titres et explication des calculs

- Au-dessus de la grille de calcul proprement dite, il est intéressant de rappeler les résultats (contenus de cellules) des calculs effectués lors de la question précédente, à savoir :
  - $\sigma_{\bar{X}}$: écart type estimé de la moyenne d'échantillon
  - ddl = ν = n-1, ici n = 20
  - référence m_0, ici 11.
- Grille de calcul
  - m : valeurs supposées de la température moyenne de la cave
  - α : niveau du test de conformité
  - $T_{\nu;1-\alpha/2}$ (valeurs positives du $T_{\text{théorique}}$) : déterminé au moyen de la fonction LOI.STUDENT.INVERSE ; prendre le contenu de α en référence relative et le ddl en référence absolue ;
  - $\Delta = T_{\nu;1-\alpha/2} \times \hat{\sigma}_{\bar{X}} = T_{\nu;1-\alpha/2} \times 0,4087$

    ($T_{\nu;1-\alpha/2}$: Référence relative ; 0,4087 : Référence absolue)
  - RA = [a , b] est la région d'acceptation de la moyenne d'échantillon $\bar{X}$.

    $a = m_0 - \Delta = 11 - \Delta$

    (11 : Référence absolue ; Δ : Référence relative)

    $b = m_0 + \Delta = 11 + \Delta$ (même stratégie de calcul)
  - T_a : valeur de la variable de Student associée à "a" sous H_1

    $T_a = \dfrac{a-m}{\hat{\sigma}_{\bar{X}}}$ soit $T_a = \left(\dfrac{1}{0,4087}\right)(a-m)$

    ($\frac{1}{0,4087}$: Référence absolue ; (a − m) : Référence relative)
  - $T_b = \dfrac{b-m}{\hat{\sigma}_{\bar{X}}}$ (calcul similaire à celui de T_a)
  - COCAS (codage des 3 cas possibles)

$\hat{\sigma}_{\bar{X}}$	*0,40874*

ddl	20

m_o	11

H_1		Sous H_0				Sous I			
m	α	$T_{\nu;1-\alpha/2}$	Δ	RA =[a,b]		T_a	T_b	COCAS	P(AB
		$T_{théorique}$ +...		...a	...b				
10,5	***0,05***	1,7247	0,7050	10,2950	11,7050	-0,5015	2,9480	-1	0,3
10,5	***0,02***	2,1967	0,8979	10,1021	11,8979	-0,9734	3,4199	-1	0,1
10,5	***0,01***	2,5280	1,0333	9,9667	12,0333	-1,3047	3,7512	-1	0,1
11,5	***0,05***	1,7247	0,7050	10,2950	11,7050	-2,9480	0,5015	-1	0,0
11,5	***0,02***	2,1967	0,8979	10,1021	11,8979	-3,4199	0,9734	-1	0,0
11,5	***0,01***	2,5280	1,0333	9,9667	12,0333	-3,7512	1,3047	-1	0,0
12	***0,05***	1,7247	0,7050	10,2950	11,7050	-4,1712	-0,7218	+1	0,0
12	***0,02***	2,1967	0,8979	10,1021	11,8979	-4,6432	-0,2499	+1	0,0
12	***0,01***	2,5280	1,0333	9,9667	12,0333	-4,9745	0,0814	-1	0,0
13	***0,05***	1,7247	0,7050	10,2950	11,7050	-6,6178	-3,1683	+1	0,0
13	***0,02***	2,1967	0,8979	10,1021	11,8979	-7,0897	-2,6964	+1	0,0
13	***0,01***	2,5280	1,0333	9,9667	12,0333	-7,4210	-2,3651	+1	0,0

Tableau 10.6 Variation du risque β en fonction du risque α et de la moyenne de r

On crée une variable logique égale à 1 si l'on est dans les deux premiers cas ($T_a < 0$ et $T_b < 0$) ou ($T_a > 0$ et $T_b > 0$) sinon à –1.

On peut procéder de la manière suivante : $COCAS = \frac{T_a}{ABS(T_a)} \times \frac{T_b}{ABS(T_b)}$

Pour P (ABS (T_a)) on utilise la fonction LOI.STUDENT (unilatéral) sur ABS (T_a) ce qui traduit la probabilité de dépasser ABS(T_a) en renseignant la boîte de dialogue de la façon suivante :

- X : valeur absolue de T_a , fonction ABS (réf. relative)
- Degrés_liberté : cliquer sur la valeur (réf. absolue) ou la saisir (20)
- Uni / bilatéral : saisir 1.

Pour P (ABS (T_b)) on suit la même stratégie.

Pour déterminer β, on utilise la formule conditionnelle (fonction SI) correspondant aux deux valeurs possibles –1 et +1 de COCAS :

β = (1-(LC(-2)+LC(-1))) si LC(-3)= -1
β = ABS (LC(-2)-LC(-1)) si LC(-3)= +1

soit :

```
=SI(LC(-3)=-1 ;1-(LC(-2)+LC(-1)) ;ABS(LC(-2)-LC(-1)))
```

Commentaire des résultats

On retrouve des résultats connus sur le plan théorique pour ces tests bilatéraux classiques. Pour une même valeur de m, différente de la référence m_0 = 11°C, le risque β augmente lorsque le risque α diminue. Pour un risque α donné, β diminue lorsque l'écart entre m et la référence m_0 croît. On remarque des valeurs de risque β très fortes pour les valeurs de m égales à 10,5°C et à 11,5°C. Dans ces cas, on a un risque très important de conclure à la conformité alors qu'elle n'y est pas. Les valeurs supposées de température sont cependant proches de l'exigence 11°C, ce qui, en quelque sorte, relativise d'un point de vue concret cette erreur de 2e espèce. Si, par contre, la température réelle de la cave est de 13°C, donc relativement différente de l'exigence 11°C, le risque de conclure à la conformité alors qu'elle n'y est pas est beaucoup plus faible (inférieur à 2%).

Par exemple, pour le test réalisé à la 1re question (niveau 5%), le risque de décider à tort de la conformité de la température moyenne s'élève à 69% lorsque la température moyenne est égale à 10,5°C (risque grand mais très petit écart par rapport à la conformité). Il n'est plus que de 24% pour une température moyenne réelle de 12°C et chute à 0,24% pour 13°C.

10.2.3. Échantillon quelconque grand

Exemple : vente de livres par Internet

10.2.3.1. Présentation des données et position du problème

On s'intéresse à la vente par Internet de livres spécialisés dans le domaine de l'environnement.

Un examen attentif de ces ventes durant les trois années 1998, 1999 et 2000 montre une stabilité du montant moyen de l'ordre de 40 €. Pour favoriser l'accroissement du montant des ventes et donc de leur moyenne, une campagne publicitaire a été lancée en 2001. A l'issue du 1er trimestre 2002, un sondage est réalisé sur 65 ventes choisies au hasard. Les montants (en euros) observés dans cet échantillon sont indiqués sur le tableau 10.7.

30	33	31	34	32	35	33	36	34	45	15	50	36	43	37	40	38	41	39	22
10	43	41	44	10	45	43	46	44	6	45	48	46	49	47	50	48	51	49	52
50	53	51	54	52	55	53	56	54	57	47	47	47	47	47	47	47	47	48	48
60	62	67	40	70															

Tableau 10.7 Montant des ventes (en €).

Question : avec un risque maximal de 5%, peut-on considérer que le montant moyen des ventes a augmenté durant le 1er trimestre 2001 ?

10.2.3.2. Notations et modèle

- Population : c'est l'ensemble des ventes réalisées par la société.
  - X est la variable aléatoire "montant d'une vente"
  - E(X) = m est le montant moyen des ventes
  - la référence est m_0 = 40 € (montant moyen des ventes durant les 3 années 1998, 1999 et 2000)
  - $\text{Var}\,X = \sigma^2$ (inconnue).
- Échantillon
  - n = 65
  - $\overline{X} = \frac{\sum_{i=1}^{n} X_i}{n}$ variable aléatoire, montant moyen observée dans un tel échantillon ;
  - $\widehat{\sigma^2} = S^2 = \frac{SCE}{n-1}$

10.2.3.3. Démarche statistique

On réalise le test :

H_0 :	stabilité du montant moyen des ventes durant le trimestre considéré contre
H_1 :	montant moyen des ventes en augmentation
	c'est à dire $H_0 : m = m_0$ contre $H_1 : m > m_0$ (TEST UNILATERAL)

Comme il a été expliqué lors des études précédentes, il est nécessaire de connaître la loi de probabilité de la moyenne d'échantillon $\overline{X}$. Une étude descriptive des données dans l'échantillon montre que l'on ne peut le considérer comme gaussien. Lors d'études réelles, de tels cas sont fréquents . En revanche, l'échantillon étant suffisamment grand (n > 30), on pourra utiliser le test de Student, "robuste" relativement à la normalité dans ce cas.

En pratique, la démarche statistique est finalement identique à celle qui a été réalisée précédemment malgré le contexte statistique différent ; elle est approchée.

Statistique du test et prise de décision : $T = \frac{\overline{X} - m}{\hat{\sigma}/\sqrt{n}} \approx T_\nu$ loi de Student à $\nu = (n-1)$ ddl.

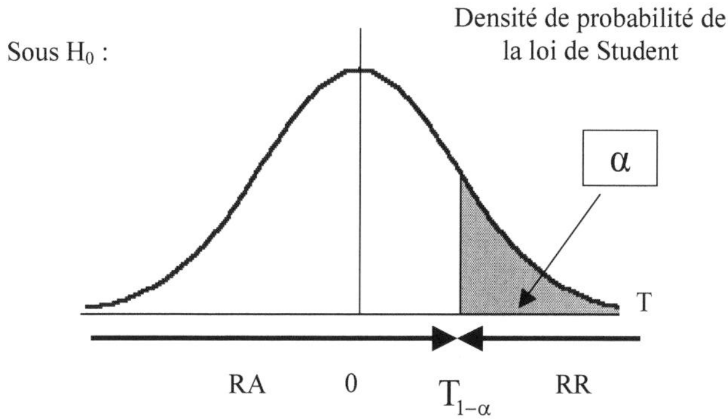

Figure 10.6 Régions d'acceptation et de rejet de l'hypothèse de conformité de la moyenne (test unilatéral).

10.2.3.4. Mise en œuvre à l'aide d'Excel

Dans l'étude précédente, nous avons vu plusieurs méthodes pour réaliser ce test. Nous sélectionnons ici deux d'entre elles, bien complémentaires. L'une est choisie pour ses conséquences pratiques au niveau de la gestion du suivi du montant moyen des ventes, l'autre, plus rapide et précise, parce qu'elle permet de mesurer le risque exact dans le cas d'un rejet de H_0.

1re méthode : détermination de la région de rejet de H_0 pour $\overline{X}$ $(RR_{\overline{X}})$

- Région de rejet pour T (RR)

$T > T_{\nu\,;1-\alpha}$; $\alpha = 5\%$. On utilise la fonction LOI.STUDENT.INVERSE(0,1;64) et on obtient $T_{0,95} = 1,6690$:

> *Remarque :* Dans la zone "Probabilité" de cette boîte, on doit saisir 2α, soit ici 0,10. En effet, la fonction LOI.STUDENT.INVERSE répartit la probabilité symétriquement sur les deux queues de la distribution.

- Région de rejet pour $\overline{X}$

Sous H_0 : $T = \dfrac{\overline{X} - m_0}{\hat{\sigma}/\sqrt{n}}$

$RR_{\overline{X}}$ est définie par : $\overline{X} > m_0 + T_{\nu;1-\alpha}\dfrac{\hat{\sigma}}{\sqrt{n}}$. Notons $\Delta = T_{\upsilon;1-\alpha}\dfrac{\hat{\sigma}}{\sqrt{n}}$.

$\hat{\sigma} = 12,1824$ (fonction ECARTYPE)

$\dfrac{\hat{\sigma}}{\sqrt{n}} = \dfrac{\hat{\sigma}}{\sqrt{65}} = 1,5110$ Par suite : $\Delta = 2,5219$

$RR_{\overline{X}} : \overline{X} > 42,5219$

- $\overline{X}_{\text{observé}} = 43,4723$ (fonction MOYENNE).

Décision

$\overline{X}_{\text{observé}} \in RR_{\overline{X}}$. Nous rejetons donc H_0 et acceptons H_1. Avec un risque maximal de 5%, nous décidons que le montant moyen des ventes a augmenté au cours du premier trimestre 2002.

Rappelons que cette méthode offre l'avantage de permettre facilement une gestion concrète du contrôle.

2e méthode : utilisation de la fonction TEST.STUDENT

Nous utilisons cette fonction en adoptant la pratique spéciale indiquée dans l'étude précédente. Rappelons succinctement que nous créons un deuxième échantillon couplé avec celui qui a été observé et dont toutes les valeurs sont égales à la référence 40 €.

V	**M**
30	**40**
33	**40**
31	**40**
34	**40**
32	**40**

Rappelons que les données doivent se présenter dans la feuille Excel sur 2 colonnes de la façon ci-contre. On nomme V la plage des vraies valeurs observées et M celle des n valeurs égales à la moyenne de référence.

La fonction TEST.STUDENT(V;M;1;1) donne la valeur 0,0124 de la probabilité critique. Si le montant moyen des ventes est resté stable, on n'a que 1,24% des chances d'observer une moyenne qu puisse atteindre la moyenne observée 43,4723 € . L'hypothèse de la stabilité est peu crédible.

Nous préférons donc rejeter H_0 et nous concluons, avec un risque inférieur à 1,25% que le montant moyen des ventes a augmenté.

Cette méthode est rapide et fournit la probabilité critique qui est importante pour ce genre d'application. En effet, dans ce type de décision, il est fondamental de mesurer le risque car il y a nécessairement des conséquences en terme d'investissement économique.

10.3. TEST DE COMPARAISON DE 2 VARIANCES (ECHANTILLONS GAUSSIENS)

Exemple : comparaison de deux types de laits (bio et non bio)

10.3.1. Présentation des données et position du problème

Dans le cadre d'études sur la qualité sanitaire des laits, on veut comparer la teneur d'un pesticide, le lindane, dans les laits biologiques (LAIBIO) et les laits non biologiques dits conventionnels (LAICO).

Dans ce but, des échantillons de deux types de laits ont été envoyés à un laboratoire d'analyses. Les résultats observés (en ppb) sont indiqués sur le tableau 10.8.

N°	1	2	3	4	5	6	7	8	9	10	11	12	13	14	15	16
LAICO	0,1	0,1	0,1	0,1	0,1	0,1	0,1	0,2	0,1	0,2	0,2	0,2	0,2	0,3	0,2	0,3
LAIBIO	0	0	0	0	0,1	0,1	0,1	0,1	0,1	0,1	0,2	0,2	0,1	0,1		

Tableau 10.8 Teneur en lindane dans les laits conventionnels et les laits biologiques.

Après étude des distributions, nous considèrerons les échantillons comme "gaussiens".

Question :

Dans un premier temps, on veut comparer les variances de la variable aléatoire "Teneur en lindane" pour les deux types de laits.

On s'attachera ensuite à comparer les teneurs moyennes en lindane, ce qui reste le but essentiel de l'étude. Ceci sera l'objet du paragraphe suivant.

10.3.2. Notations et modèle

- Population 1 : laits conventionnels
  - X_1 est la variable aléatoire "teneur en lindane"
  - $E(X_1) = m_1$ est la teneur moyenne en lindane

- $Var(X_1) = \sigma_1^2$
- $X_1 \approx N(m_1, \sigma_1)$

- Échantillon 1
  - $n_1 = 16$
  - $X_{1i} \approx N(m_1, \sigma_1) \qquad i = 1, n_1$
  - $\overline{X_1} = \dfrac{\sum_{i=1}^{n_1} X_{1i}}{n_1}$ est la variable aléatoire, moyenne observée dans un échantillon de taille n_1
  - $SCE_1 = \sum_{i=1}^{n_1} \left(X_{1i} - \overline{X_1}\right)^2$
  - $S_1^2 = \widehat{\sigma_1^2} = \dfrac{SCE_1}{n_1 - 1}$ est la variable aléatoire, estimateur de la variance à partir d'un échantillon de taille n_1 ;
  - $\nu_1 = n_1 - 1$ est le degré de liberté associé à SCE_1 (ou encore à la variance estimée).

- Population 2 : laits biologiques
  - X_2 est la variable aléatoire "teneur en lindane"
  - $E(X_2) = m_2$ est la teneur moyenne en lindane
  - $Var(X_2) = \sigma_2^2$
  - $X_2 \to N(m_2, \sigma_2)$.

- Échantillon 2
  - $n_2 = 14$
  - $X_{2i} \to N(m_2, \sigma_2) \qquad i = 1, n_2$
  - $\overline{X_2} = \dfrac{\sum_{i=1}^{n_2} X_{2i}}{n_2}$ est la variable aléatoire, moyenne observée dans un échantillon de taille n_2.
  - $SCE_2 = \sum_{i=1}^{n_2} (X_{2i} - \overline{X_2})^2$ est la variable aléatoire, estimateur de la variance à partir d'un échantillon de taille n_2.
  - $\nu_2 = n_2 - 1$ est le degré de liberté associé à SCE_2 (ou encore à la variance estimée).

10.3.3. Démarche statistique

Les hypothèses sont

$H_0 : \quad \sigma_1^2 = \sigma_2^2$	contre $\quad H_1 : \quad \sigma_1^2 \neq \sigma_2^2$

Statistique du test

Sous H_0, la statistique du $F_{observé}$ définie par $F_{observé} = \frac{S_1^2}{S_2^2}$ suit la loi mathématique du F de Fischer-Snedecor à (ν_1, ν_2)degrés de liberté avec $\nu_1 = n_1 - 1$ (ddl du numérateur) et $\nu_2 = n_2 - 1$ (ddl du dénominateur)

Ceci se justifie intuitivement. Si le rapport des variances estimées à partir des échantillons s'écarte "suffisamment" de 1, il est naturel qu'il en soit de même au niveau des variances des populations et on sera conduit à rejeter l'égalité des variances des populations sous-jacentes.

Décision

Réalisons le test au niveau 5%. On distingue les cas $F_{observé} > 1$ et $F_{observé} < 1$.

- 1er cas : $F_{observé} > 1$

C'est le cas presque toujours pratiqué (on considère le rapport des variances estimées en mettant la plus grande au numérateur ; il faudra penser à adapter en conséquence les degrés de liberté du $F_{observé}$ qui sont, dans l'ordre, ddl du numérateur, ddl du dénominateur).

Sous H_0 :

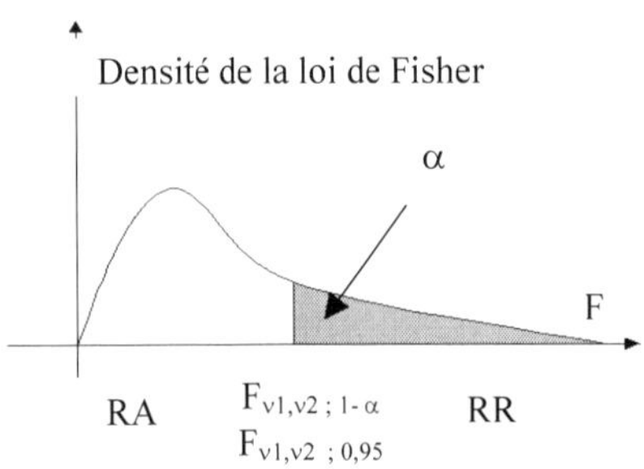

RA = région d'acceptation de H_0
RR = région critique (Rejet de H_0)

$F_{observé} \geq F = F_{\nu 1,\nu 2\,;\,\alpha} \Rightarrow$ Rejet de H_0 ;
$F_{observé} < F_{\nu 1,\nu 2\,;\,\alpha} \Rightarrow$ Acceptation de H_0.

Figure 10.7 Prise de décision dans le cas où $F_{observé} > 1$ (RA et RR).

- 2eme cas : $F_{observé} < 1$

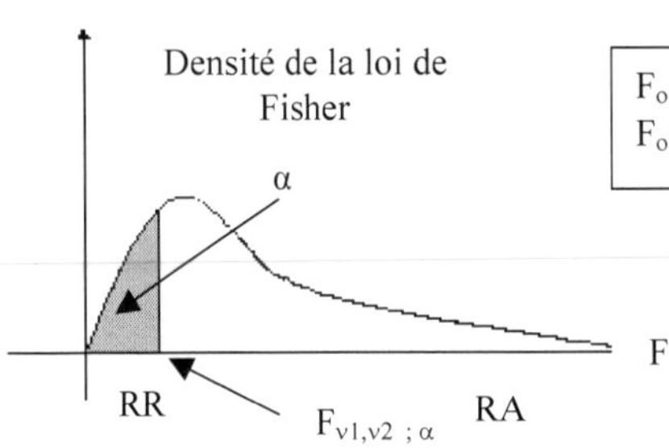

$F_{observé} < F = F_{\nu 1,\nu 2\,;\,\alpha} \Rightarrow$ rejet de H_0
$F_{observé} > F_{\nu 1,\nu 2\,;\,\alpha} \Rightarrow$ acceptation de H_0

Figure 10.8 Prise de décision dans le cas où $F_{observé} < 1$ (RA et RR).

10.3.4. Réalisation pratique au moyen d'Excel

1re méthode (de type manuel)

On effectue le calcul des variances estimées à partir de chacun des échantillons, à l'aide de la fonction VAR (plages concernées nommées respectivement LAITCO et LAITBIO).

	LAICO	LAIBIO
n	*16*	*14*
ddl	*15*	*13*
VAR	*0,0053*	*0,0034*

ddl = degrés de liberté = n - 1

VAR = variance estimée (dite parfois variance empirique).

Pour calculer la valeur de $F_{\text{observé}}$, formons le rapport des variances estimées dans le sens >1.

$$F_{\text{observé}} = \frac{0{,}0052...}{0{,}0033...} = 1{,}555$$

(ddl numérateur = 15 ; ddl dénominateur = 13)

$F_{v1,v2\ ;\ 1-\alpha} = F_{15,13\ ;0,95}$: c'est la valeur du F à (15,13) ddl qui a 5% de chance d'être dépassé. Pour calculer cette valeur, il suffit d'appeler dans une cellule libre la fonction INVERSE.LOI.F (0,05 ; 15 ; 13). Le résultat est $F_{15,13\ ;\ 0,95} = 2{,}533$.

Décision

Comme $F_{\text{observé}} \ll F_{15,13\ ;0,95}$, on ne peut rejeter H_0 et on considère l'égalité des variances σ_1^2 et σ_2^2 comme acceptable. On accepte donc l'égalité des variabilités des teneurs en lindane pour les laits biologiques et les laits conventionnels. On dit qu'il y a homoscédasticité.

2e méthode

Cette méthode, proche de la précédente, s'appuie sur le calcul du $F_{\text{observé}}$. Elle consiste à déterminer la probabilité critique c'est à dire la probabilité de dépasser la valeur atteinte par le $F_{\text{observé}}$. Pour ce faire, il convient d'appliquer la fonction LOI.F sur la valeur du $F_{\text{observé}}$. L'utilisation de cette fonction ne présente aucune difficulté.

LOI.F (1,555;15;13) est égal à 0,219. Cela veut dire que l'on a 21,49% de chances d'observer une valeur de F au moins égale à celle du $F_{\text{observé}}$ quand H_0 est vraie. On n'a donc pas de raison de rejeter cette hypothèse. Autrement dit, en rejetant H_0, on prendrait 21,49% de risques de se tromper ce qui est beaucoup trop important (>5%).

3e méthode

C'est la plus rapide. On utilise la fonction TEST.F(LAITCO,LAITBIO) sans oublier que le résultat doit être divisé par 2. En effet, cette fonction donne la probabilité critique d'un test bilatéral. Or, dans la pratique, le test d'égalité des variances de Fischer-Snedecor est toujours utilisé "en unilatéral" ce qui justifie cette précaution. On vérifie que l'on retrouve bien le résultat précédent (21,49%).

L'interprétation de ce résultat est la même que précédemment.

4e méthode

Rappelons qu'EXCEL est muni d'un "UTILITAIRE D'ANALYSE" (voir Annexe) fournissant le résultat de traitements statistiques. Pour le problème qui nous occupe, il convient d'utiliser le "Test d'égalité des variances (F-Test)".

Compte tenu de la particularité du Test-F ($F_{observé} > 1$ ou $F_{observé} \leq 1$), nous choisissons de présenter les deux stratégies (échange des rôles de variable 1 et variable 2) afin d'observer clairement les points de convergence et de divergence. On renseigne les zones comme suit :

- Stratégie 1 :
  - plage pour la variable 1 : LAITCO
  - plage pour la variable 2 : LAITBIO
  - Seuil de signification : 0,05
- Stratégie 2 :
  - plage pour la variable 1 : LAITBIO
  - plage pour la variable 2 : LAITCO
  - Seuil de signification : 0,05.

On observe à l'écran les deux familles de résultats ci-dessous, respectivement associées à ces deux stratégies :

STRATEGIE 1	*Variable 1*	*Variable 2*
Moyenne	0,14625	0,08071
Variance	0,00525	0,00338
Observations	16	14
Degré de liberté	15	13
F	1,55542	
P(F<=f) unilatéral	0,21491	
Valeur critique pour F (unilatéral)	2,53311	

STRATEGIE 2	*Variable 1*	*Variable 2*
Moyenne	0,08071	0,14625
Variance	0,00338	0,00525
Observations	14	16
Degré de liberté	13	15
F	0,64291	
P(F<=f) unilatéral	0,21491	
Valeur critique pour F (unilatéral)	0,39477	

Légende du 1er tableau (attention aux traductions de l'anglais qui peuvent être maladroites, voire erronées)

- Moyenne : moyenne arithmétique ($\overline{x_1}$; $\overline{x_2}$)
- Variance : variance estimée ($\widehat{\sigma_1^2}$; $\widehat{\sigma_2^2}$)
- Observations : taille n_i des échantillons
- Degré de liberté : $n_i - 1 = \nu_i$
- F : $F_{observé}$ (à remarquer : ≥ 1)
- P ($F \leq f$) : probabilité de dépasser le $F_{observé}$, car dans ce cas, le $F_{observé}$ est supérieur à 1 (probabilité critique)
- Valeur critique : $F_{théorique} = F_{\nu 1, \nu 2\ ;\ 0,95}$.

Légende du 2e tableau : (mêmes remarques concernant les traductions). Dans cette seconde stratégie, le $F_{observé}$ est < 1 pour P ($F \leq f$) . *Attention* : dans ce cas, le $F_{observé}$ étant inférieur à 1, il s'agit de la probabilité d'obtenir une valeur F inférieure au $F_{observé}$.

Les figures 10.9 sont la traduction graphique des résultats affichés selon les deux stratégies.

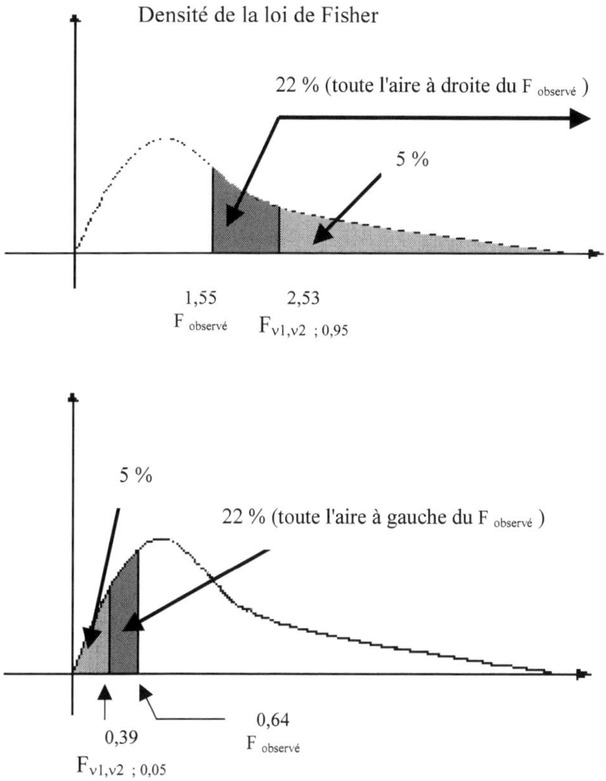

Figure 10.9 Visualisation du $F_{observé}$ et du $F_{théorique}$ dans les 2 cas $F_{observé} > 1$ et $F_{observé} < 1$.

Interprétation

Avec l'indicateur noté " P(F ≤ f) " , nous retrouvons l'interprétation faite au cours des 2e et 3e méthodes.

Avec les indicateurs notés " F " et " valeur critique pour F (unilatéral) ", nous retrouvons la 1re méthode avec une adaptation pour le cas $F_{observé} < 1$.

➢ *Remarques*

L' avantage réside dans le fait que tous les résultats sont affichés.

Par contre, les titres posent un problème car il y a un risque d'erreur lié au réflexe classique de l'utilisateur. "$F_{observé} < F_{théorique}$ " entraîne l'acceptation de H_0. Si le $F_{observé}$ est inférieur à 1, c'est le contraire. Par ailleurs, on regrette l'absences de fonctionnalité EXCEL.

Conseil

Il faut prendre la décision à partir du résultat affiché par " P(F ≤ f) unilatéral ", tout risque d'erreur est ainsi écarté.

Conseil général pour tester l'égalité des variances

La méthode "Test-F" en divisant le résultat par 2 (3e méthode) est la plus rapide.

De plus, elle élimine tout risque d'erreur relativement à la question "$F_{\text{observé}}$ inférieur ou supérieur à $F_{\text{théorique}}$ ". Elle offre enfin la richesse des fonctions EXCEL : interactivité avec les données, utilisation des copier-coller, formules, etc.

10.4. TEST DE COMPARAISON DE 2 MOYENNES

10.4.1. Échantillons indépendants gaussiens avec homoscédasticité

Exemple : comparaison de deux types de laits bio et non bio (suite)

10.4.1.1. Position du problème, notations et modèle

Nous rappelons qu'il s'agit de comparer la teneur moyenne en lindane (pesticide) de laits conventionnels (non biologiques) et de laits biologiques (cf. §10.3.1). Les notations et le modèle ont été précisés au paragraphe 10.3.2.

10.4.1.2. Démarche statistique

Hypothèses

On réalise le test bilatéral

$$H_0 : \quad m_1 = m_2 \quad \text{contre} \quad H_1 : \quad m_1 \neq m_2$$

- *Remarque :* le test étant bilatéral, lors du rejet de H_0 , on peut avoir $m_1 - m_2 < 0$ ou $m_1 - m_2 > 0$.

Outil statistique

a) Étant donné le résultat issu du test précédent d'égalité des variances, on suppose la variance égale dans les deux populations et on la note σ_0^2 .

On estime σ_0^2 par $\widehat{\sigma_0^2} = \dfrac{\nu_1 \widehat{\sigma_1^2} + \nu_2 \widehat{\sigma_2^2}}{\nu_1 + \nu_2} = \dfrac{SCE_1 + SCE_2}{\nu_1 + \nu_2}$ (moyenne des variances estimées pondérées par les ddl). $\widehat{\sigma_0^2}$ est un estimateur sans biais de σ_0^2 et $\nu = \nu_1 + \nu_2$ le ddl associé à σ_0^2.

b) La statistique du test est $D = \overline{X}_1 - \overline{X}_2$; $D_{\text{observé}} = 0{,}14 - 0{,}08 = 0{,}06$ (fonction MOYENNE et calcul).

L'approche intuitive est la suivante. D'une manière générale, on veut comparer les teneurs moyennes en lindane. Il est donc naturel de s'appuyer sur les moyennes observées dans les échantillons (0,14 pour les laits conventionnels et 0,08 pour les laits bio) et de chercher à "juger" l'écart (absolu) observé de 0,06. Est-ce que cet écart D est suffisamment petit pour être attribué au hasard d'échantillonnage ou bien, est-il trop grand pour être dû au seul hasard ? On comprend ainsi qu'il est nécessaire de déterminer la loi de probabilité de D afin de calculer un seuil au-delà duquel il sera très peu probable d'observer un écart des moyennes dû au seul hasard.

Les paramètres statistiques de D sont :

$E(D) = m_1 - m_2$ et $\operatorname{Var} D = \operatorname{Var} \overline{X}_1 + \operatorname{Var} \overline{X}_2 = \sigma_0^2 (\dfrac{1}{n_1} + \dfrac{1}{n_2})$

Nous allons estimer la variance de D par $\widehat{\operatorname{Var} D} = \widehat{\sigma_0}^2 (\dfrac{1}{n_1} + \dfrac{1}{n_2}) = \widehat{\sigma_D}^2$.

Sous l'hypothèse H_0, $E(D) = 0$.

Statistique du test

Sous H_0, la statistique du $T_{observé}$ définie par $T_{observé} = \frac{D_{observé}}{\widehat{\sigma_D}} = \frac{D_{observé}}{\widehat{\sigma_0}\sqrt{\frac{1}{n_1}+\frac{1}{n_2}}}$ suit la loi mathématique du T de Student à ν degrés de liberté avec $\nu = \nu_1 + \nu_2 = (n_1 - 1) + (n_2 - 1)$

Décision

Sous H_0 :

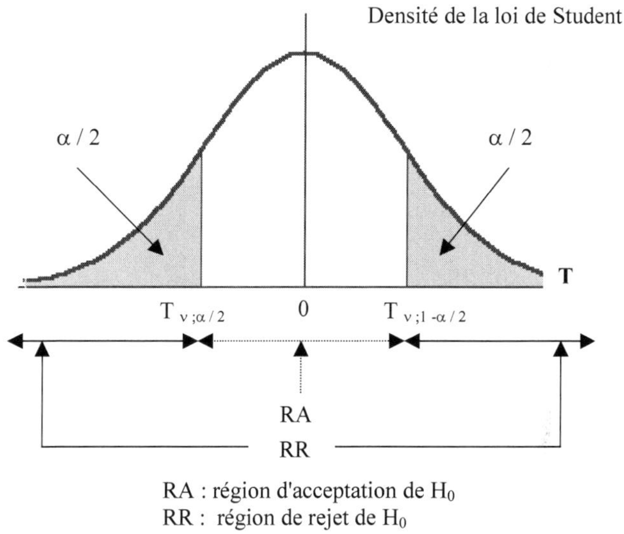

Figure 10.10 Prise de décision dans un test bilatéral de comparaison de deux moyennes.

Par conséquent,

Si $T_{observé} \geq |T_{\nu;1-\alpha/2}|$, on rejette l'hypothèse H_0. **Le test est significatif**

Si $T_{observé} < |T_{\nu;1-\alpha/2}|$, on accepte H_0. **Le test n'est pas significatif.**

➢ *Remarque :* $T_{\nu\,;\,\alpha/2}$ et $T_{\nu\,;1-\alpha/2}$ correspondent pour D aux seuils négatif et positif, respectivement $\widehat{\sigma_D}\ T_{\nu;\alpha/2}$ et $\widehat{\sigma_D}\ T_{\nu;1-\alpha/2}$. C'est à dire pour H_1 , respectivement aux conditions $m_1 - m_2 < 0$ et $m_1 - m_2 > 0$. Dans le test bilatéral, le risque est bilatéral.

10.4.1.3. Réalisation pratique au moyen d'Excel et interprétation

1re méthode : (de type manuel)

1. Calcul des moyennes et estimation de la variance commune σ_0^2

	LAICO	LAIBIO	Total	$\widehat{\sigma_0^2}$ (= SCE / ddl)
n	16	14		
ddl = (n-1)	15	13	28	
SCE	*0,078...*	0,043...	0,122...	0,004
Moyennes	0,146	0,081		

➢ *Remarque :* pour calculer SCE, il suffit d'insérer dans la cellule concernée, la fonction SOMME.CARRES.ECARTS (LAICO) pour le premier type de lait. Le résultat est 0,078775.

2. Calcul des statistiques $T_{\text{observé}}$ et $T_{\text{théorique}}$

   a. Estimation de la variance de D

   Calculer (au clavier) : $\widehat{\sigma_0^2}\left(\frac{1}{16}+\frac{1}{14}\right)=\widehat{\sigma_D^2}$. Le résultat est 0,0005...

   b.Ecart-type estimé de $D=\sqrt{0,0005}=\widehat{\sigma_D}$ On trouve 0,0224...

   c. $D_{\text{observé}}$: 0,06... (on fait la différence des moyennes)

   d. $T_{\text{observé}}=\dfrac{D_{\text{observé}}}{\widehat{\sigma_D}}$ On trouve 2,7...

   e. $T_{\nu;1-\alpha/2}$

Pour ce calcul, on insère la fonction LOI.STUDENT.INVERSE dont on renseigne les zones Probabilité (0,05) et Degré liberté (28).

Pour $\alpha = 5\%$, on trouve $T_{28\ ;\ 0,95} =$ 2,048 = $T_{\text{théorique}}$.

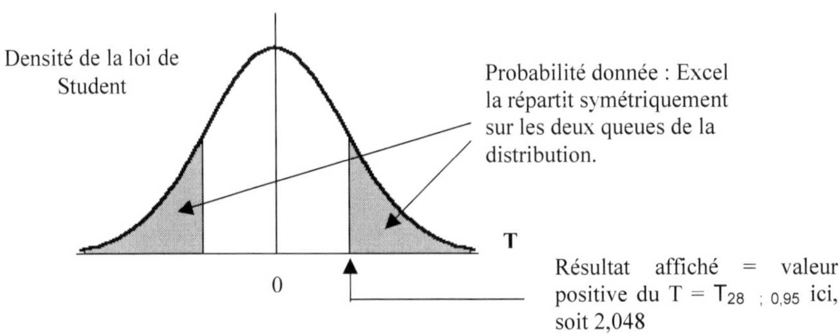

Figure 10.11 Fonctionnement de LOI.STUDENT.INVERSE.

*P*uisque $|T_{\text{observé}}| > T_{28\ ;\ 0,95}$, on prend la décision de rejeter l'hypothèse H_0.

Le test est significatif. Les teneurs moyennes en lindane des deux types de lait sont significativement différentes au niveau $\alpha = 5\%$.

2e méthode

Cette méthode, proche de la précédente, consiste à calculer la probabilité critique

$$P\left[T < -\left|T_{\text{observé}}\right|\right] + P\left[T > \left|T_{\text{observé}}\right|\right]$$

On applique pour cela la fonction LOI.STUDENT sur $\left|T_{\text{observé}}\right|$ en renseignant les arguments

- X : 2,70 (saisir seulement la référence cellule)
- Degrés liberté : 28
- Uni / bilatéral : 2

On trouve 0,014…

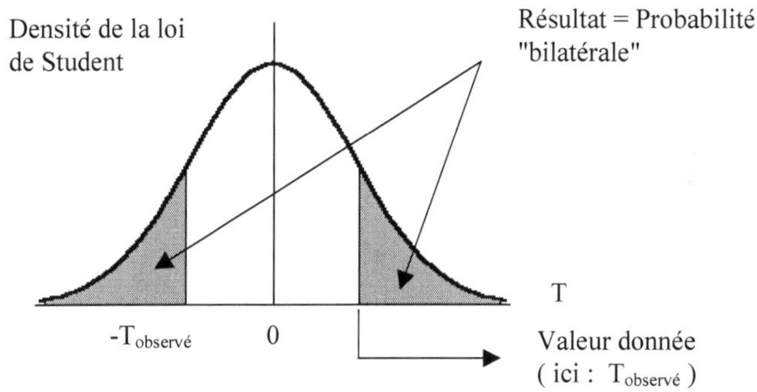

Figure 10.12 Fonctionnement de LOI.STUDENT (en bilatéral).

On prend 1,15% de risque en rejetant H_0. On rejette donc l'hypothèse puisque ce risque est inférieur au niveau implicite $\alpha = 5\%$. Bien entendu, ce résultat est identique au précédent. Il est cependant plus précis car on connaît le véritable risque associé à la décision de rejet.

3e méthode

C'est la méthode la plus rapide.

On utilise la fonction TEST.STUDENT(LAICO;LAIBIO;2;2). Dans la zone Uni / bilatéral il faut en effet saisir 2 pour ce test qui est bilatéral. Quant à la zone Type, il faut la renseigner à 2 ce qui correspond à l'homoscédasticité (cf. § 10.3.4)

Le résultat est la probabilité visualisée sur le schéma figurant à la méthode précédente. On trouve donc 1,148%. C'est le risque pris en rejetant H_0 à tort. On interprète ce résultat comme précédemment.

4e méthode

On utilise ici l'utilitaire d'analyse d'EXCEL. On choisit le test intitulé "Test d'égalité des espérances : deux observations de variances égales" et on renseigne la boîte de dialogue.

- plage pour la variable 1 : LAICO
- plage pour la variable 2 : LAIBIO
- Différence entre les moyennes (hypothèse): 0
- Seuil de signification : 0,05

➢ *Remarque* : la zone intitulée "Différence entre les moyennes (hypothèse)" signifie $H_0 : m_1 = m_2 \Leftrightarrow m_1 - m_2 = 0$. Saisir 0.

Les résultats sont indiqués sur le tableau ci-dessous sur lequel on reconnaît les résultats déterminés dans les méthodes précédentes.

	Variable 1	Variable 2
Moyenne	0,146	0,0807
Variance	0,0053	0,0034
Observations	16	14
Variance pondérée	0,0044	
Différence hypothétique des moyennes	0	
Degré de liberté	28	
Statistique t	2,7055	
P(T<=t) unilatéral	0,0057	
Valeur critique de t (unilatéral)	1,701	
P(T<=t) bilatéral	0,0115	
Valeur critique de t (bilatéral)	2,0484	

La signification de certains titres n'est pas explicite. Indiquons leur sens.

- Variance = variance estimée
- Variance pondérée = $\dfrac{\nu_1\widehat{\sigma_1^2}+\nu_2\widehat{\sigma_2^2}}{\nu_1+\nu_2}$ (en fait "pondérée" par les ddl)
- Degré de liberté = $\nu_1 + \nu_2$ (soit 15 + 13)
- Statistique t = $T_{\text{observé}}$
- Valeur critique de t signifie $T_{\text{théorique}}$.

On retrouve les interprétations déjà faites. Les inconvénients et avantages de cet utilitaire sont identiques à ceux que nous avons indiqués à propos du test de comparaison de deux variances.

➢ *Remarque sur le test unilatéral ; réflexion sur un aspect concret du problème posé*

Pour cette étude concrète de comparaison de deux moyennes, il aurait été tout à fait justifié de réaliser un test unilatéral. En effet, on sait que les produits biologiques résultent d'une agriculture soumise à un cahier des charges. Par suite, si les taux de lindane des produits biologiques et conventionnels sont significativement différents, cela signifie que le taux de lindane des laits bio est inférieur à celui des laits conventionnels. D'où le test :

H_0 :	$m_1 = m_2$	contre	H_1 :	$m_1 > m_2$

Sous H_0 :

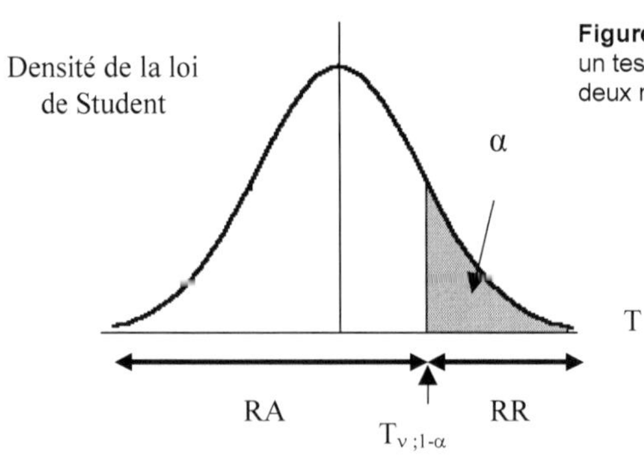

Figure 10.13 Prise de décision dans un test unilatéral de comparaison de deux moyennes.

Si l'on utilise la méthode la plus rapide (TEST.STUDENT) avec l'option "test unilatéral" (renseignée de la même manière que pour le test bilatéral, sauf la zone Uni / bilatéral où l'on saisit 1)). On trouve 0,0057 soit la moitié de la probabilité critique issue du test bilatéral).

On prend un risque de 5,7 $^{0}/_{00}$ en rejetant H_0, c'est à dire en acceptant H_1 , donc en concluant que $m_2 < m_1$. Pour les laits biologiques, la teneur moyenne en lindane est très significativement inférieure à celle des laits conventionnels.

Si l'on souhaite retrouver, à partir des fonctions EXCEL $T_{v\ ;\ 0,95} = T_{28\ ;\ 0,95}$ ($\alpha = 5\%$) dans le cas du test unilatéral, il suffit de saisir 0,10 pour l'argument Probabilité de la fonction LOI.STUDENT.INVERSE. On trouve 1,7 (cf. figure 10.11).

10.4.2. Échantillons indépendants gaussiens sans homoscédasticité

Exemple : Comparaison de deux variétés de maïs

10.4.2.1. Présentation des données et position du problème

On s'intéresse à deux nouvelles variétés de maïs nommées ici V_1 et V_2, destinées à la fabrication de pop-corn.

Dans cette étude, on considère la variable aléatoire "poids de 100 grains" (en grammes).

Les deux variétés cultivées dans des conditions homogènes fournissent chacune un échantillon (E_1 de taille $n_1 = 40$ pour la variété V_1 et E_2 de taille $n_2 = 60$ pour la variété V_2)

Les données observées sont reportées sur le tableau 10.9. Sur la feuille Excel on les saisit sur 2 colonnes.

V_1	25	26	26	27	27	27	28	28,5	28,5	28,5	29	30	30	30	31
V_2	26	27	27	28	30	30	28	26,5	27	28	28	28,5	28	28,5	28

V_1	32,5	33	33,5	33,5	34	34	34	34	34	35	35	35	36	36	36
V_2	29	29	30	30,5	27	29	29	30	30	27,5	29	30	28	29,5	29,5

V_1	37	37	37	37,5	37,5	38,5	39	41	41	42					
V_2	27,5	28	29,5	28	30	28	30	29	30,5	30	31	31	31	31,5	31,5

V_1															
V_2	32	32	32	32	32,5	33	33	33	33,5	33,5	34	34	34	35	35

Tableau 10.9 Observations de poids de 100 grains de 2 variétés de maïs V_1 et V_2 (en g).

Une étude préalable a permis de considérer les échantillons comme gaussiens.

Question: peut-on considérer qu'en moyenne, les poids des 100 grains des deux variétés sont identiques ? Pour répondre à cette question, réaliser un test de comparaison des deux moyennes au niveau 1%.

10.4.2.2. Notations et modèle

Variété V_1

- Population 1
  - X_1 est la variable aléatoire "poids de 100 grains"
  - $E(X_1) = m_1$ est le poids moyen de 100 grains

- $\text{Var } X_1 = \sigma_1^2$ est la variance
- $X_1 \to N(m_1, \sigma_1)$

- Échantillon E_1
  - $n_1 = 40$
  - $X_{1i} \to N(m_1, \sigma_1) \quad i = 1, n_1$
  - $\overline{X_1}$ est la variable aléatoire "poids moyen de 100 grains" observé dans un échantillon de taille n_1
  - $\widehat{\sigma_1^2} = \dfrac{SCE_1}{n_1 - 1}$

Variété V_2 : on utilise le même type de notation (avec l'indice 2).

Dans les fonctions Excel, V1 et V2 sont les noms des plages de valeurs observées pour les deux variétés.

10.4.2.3. Démarche statistique

H_0 : $m_1 = m_2$	contre	H_1 : $m_1 \neq m_2$

La question se pose dans les mêmes termes qu'au paragraphe précédent. Les échantillons sont indépendants et peuvent être considérés comme gaussiens. On sait que pour réaliser facilement un tel test avec Excel, on doit au préalable se poser la question de l'homoscédasticité, afin de renseigner correctement la boîte de dialogue relative à la fonction TEST.STUDENT.

Le cas de l'homoscédasticité a été traité précédemment sous différentes facettes. Nous allons rencontrer dans l'exemple présent la 'non homoscédasticité". Dans ce cas, les calculs rigoureux de statistique mathématique rappelés précédemment ne peuvent plus s'appliquer. néanmoins, on peut réaliser le test de Student sur la variable T :

$$T = \frac{\overline{X_1} - \overline{X_2}}{\sqrt{\dfrac{\widehat{\sigma_1^2}}{n_1} + \dfrac{\widehat{\sigma_2^2}}{n_2}}}$$

mais avec un ddl approché ν. P. Dagnelie (1998) indique le ddl de Welch :

$$\nu = \frac{\left[\dfrac{\widehat{\sigma_1^2}}{n_1} + \dfrac{\widehat{\sigma_2^2}}{n_2}\right]^2}{\dfrac{1}{n_1 - 1}\left[\dfrac{\widehat{\sigma_1^2}}{n_1}\right]^2 + \dfrac{1}{n_2 - 1}\left[\dfrac{\widehat{\sigma_2^2}}{n_2}\right]^2}$$

Ce test a été programmé dans la fonction TEST.STUDENT

10.4.2.4. Mise en œuvre à l'aide d'EXCEL

Étude préalable : test d'égalité des variances σ_1^2 et σ_2^2

H_0 : $\sigma_1^2 = \sigma_2^2$	contre	H_1 : $\sigma_1^2 \neq \sigma_2^2$

Diverses méthodes ont déjà été exposées. Nous choisissons ici la fonction TEST.F sans oublier de diviser le résultat affiché par 2 pour obtenir la probabilité critique unilatérale. On trouve :

TEST.F = $1{,}824 \cdot 10^{-6}$ soit TEST.F / 2 = $9{,}13 \cdot 10^{-7}$ (probabilité critique)

Cette probabilité critique étant inférieure au niveau 1% du test. Nous rejetons H_0 et nous concluons avec un risque inférieur à $9{,}13 \cdot 10^{-7}$, qu'il n'y a pas homoscédasticité. L'égalité des variabilités des poids de 100 grains des deux variétés est rejetée.

Test de comparaison des deux moyennes

H_0 : $m_1 = m_2$ contre H_1 : $m_1 \neq m_2$

1re méthode

On insère la fonction TEST.STUDENT (V_1 ; V_2 ; 2 ; 3). Le dernier argument "3" indiquant la non homoscédasticité.

Le résultat affiché 0,00021 indique la valeur de la probabilité critique.

Décision

La probabilité critique (0,000210) étant très inférieure au niveau du test (1%), on rejette H_0 et on accepte H_1. Le test est très hautement significatif. On conclue, au risque 0,21‰ à la différence des poids moyen de 100 grains des deux variétés.

2e méthode

On fait appel à l'utilitaire d'analyse "Test d'égalité des espérances : deux observations de variances différentes". On saisit :

- plage pour la variable 1 : V_1
- plage pour la variable 2 : V_2
- Différence entre les moyennes (hypothèse) : 0
- Seuil de signification : 0,05

	Variable 1	*Variable 2*
Moyenne	33,1125	30,0083
Variance	20,7883	5,2160
Observations	40	60
Différence hypothétique des moyennes	0	
Degré de liberté	52	
Statistique t	3,9855	
P(T<=t) unilatéral	0,0001	
Valeur critique de t (unilatéral)	1,6747	
P(T<=t) bilatéral	**0,0002**	
Valeur critique de t (bilatéral)	2,0066	

Les résultats, indiqués ci-contre, ont déjà été explicités et commentés dans le paragraphe précédent. Les conseils et remarques indiqués restent valables.

10.4.3. Échantillons indépendants grands

Exemple : comparaison du prix de vente d'un produit sur deux lieux de vente

10.4.3.1. Présentation des données et position du problème

Une association de consommateurs souhaite comparer les prix du magret de canard de même origine en GMS (grandes et moyennes surfaces) et au détail noté DET (magasins et marchés).

Des sondages pratiqués dans des conditions similaires (périodes, horaires et lieux) sont mis en œuvre. 100 pointages sont réalisés auprès de GMS et 65 auprès de détaillants. Les prix sont exprimés en euros par kg de magret. Les résultats observés sont les suivants :

- GMS

L'échantillon E_1 est de taille $n_1 = 100$.

10,06	10,02	9,97	9,92	9,88	9,83	9,79	9,74	9,70	9,65	9,60	9,56
9,51	9,47	9,42	9,38	9,33	10,06	10,11	10,15	10,20	11,74	10,29	10,34
10,38	10,43	10,47	10,52	10,56	10,61	10,66	10,70	10,75	10,79	12,35	10,88
8,54	8,58	8,63	8,67	8,72	8,77	8,81	8,86	8,90	8,95	8,99	9,04
9,09	9,13	9,18	10,82	10,87	10,92	10,96	11,01	11,05	11,10	11,14	11,19
11,24	11,28	11,33	11,37	11,42	11,46	11,51	11,56	9,27	9,22	9,18	9,13
9,09	9,04	8,99	8,95	8,90	8,86	8,81	7,32	8,72	8,67	8,63	10,21
10,26	10,31	10,35	10,40	10,44	10,49	10,53	10,58	10,63	10,67	12,20	10,76
10,81	10,85	10,90	11,57								

Tableau 10.10 Prix de vente observés en GMS (en €).

- DET

L'échantillon E_2 est de taille $n_2 = 65$.

12,20	9,21	12,04	9,33	9,39	9,45	9,51	11,43	9,63	9,70	9,76	9,82
9,88	9,94	10,00	10,06	10,12	10,18	10,24	10,31	10,37	10,43	10,49	10,55
10,61	10,67	10,73	10,79	10,85	10,92	10,98	11,04	11,10	11,16	11,22	11,28
11,34	11,40	11,46	11,53	11,59	10,37	10,49	10,61	10,73	10,85	10,98	12,04
11,22	11,34	11,46	11,59	9,16	9,28	8,38	9,53	9,65	9,77	9,89	12,35
10,14	10,26	10,38	10,35	10,40							

Tableau 10.11 Prix de vente observés en vente au détail (en €).

Question : peut-on considérer qu'en moyenne, les prix du kilo de magret sont identiques en GMS et au détail ? Pour répondre à cette question, tester cette hypothèse au niveau 1%.

10.4.3.2. Notations et modèle

- Population 1 (GMS)
  - X_1 est la variable aléatoire "prix du kilo de magret"
  - $E(X_1) = m_1$ est le prix moyen
  - $\text{Var } X_1 = \sigma_1^{\,2}$
- ➢ *Remarque :* la loi de probabilité de X_1 est inconnue.
- Échantillon 1
  - $n_1 = 100$
  - $\overline{X}_1$ est la variable aléatoire "poids moyen du kilo de magret" observé dans un échantillon de taille n_1
  - $\widehat{\sigma_1^2} = \dfrac{SCE_1}{n_1 - 1}$

Les résultats numériques observés dans l'échantillon 1 sont :

$\overline{x}_1 = 10,046\,€ \qquad \widehat{\sigma_1^2} = 0,968 \qquad \widehat{\sigma_1} = 0,989$

- Population 2 (DET) : les notations sont identiques (avec l'indice 2).

Les résultats numériques observés dans l'échantillon 2 sont :

$$\overline{x}_2 = 10,522\,€ \qquad \widehat{\sigma_2^2} = 0,689 \qquad \widehat{\sigma_2} = 0,809$$

- Comparaison : $D = \overline{X_1} - \overline{X_2}$.

10.4.3.3. Démarche statistique

On réalise le test $\boxed{H_0 : m_1 = m_2 \text{ contre } H_1 : m_2 \neq m_1}$

➢ *Remarques*

– Dans cette étude très concrète, on n'émet pas d'hypothèse de normalité. Les échantillons ne peuvent être considérés comme gaussiens. Les populations d'où sont extraits les échantillons sont quelconques et surtout de lois inconnues ce qui est fréquent dans la réalité. Ceci explique le choix volontaire de grands échantillons, l'importance de leur taille permettant l'utilisation de tests approchés.

– Rappelons que, conformément à un usage relativement courant, nous considérons le plus souvent comme grand un échantillon atteignant la taille 30. Selon le type d'application, l'approximation peut être satisfaisante pour des valeurs inférieures. Ainsi, au sujet des "méthodes relatives à une ou deux moyennes" (estimations, tests de conformité, tests de comparaison de deux moyennes, avec échantillons indépendants ou non), P. Dagnélie (1998) indique : *"En raison de la rapide convergence des distributions d'échantillonnage de la moyenne vers les distributions normales, la condition de normalité est toutefois très peu restrictive ici. Ce n'est que pour des effectifs très limités (distributions t à moins de 10 ddl) que cette condition a une réelle importance".*

10.4.3.4. Mise en œuvre au moyen d'Excel

1re méthode

Nous utiliserons la fonction TEST.STUDENT, méthode la plus rapide.

➢ *Remarque* : bien que nous ne puissions considérer comme gaussiennes les variables aléatoires X_1 et X_2, nous appliquerons le test de Student sur la variable T.

$$T = \frac{D}{\widehat{\sigma_D}} = \frac{\overline{X_1} - \overline{X_2}}{\sqrt{\dfrac{\widehat{\sigma_1^2}}{n_1} + \dfrac{\widehat{\sigma_2^2}}{n_2}}}$$

Le test de Student est réputé correct quand n est grand.

Nous utiliserons la fonction "TEST.STUDENT" en considérant par défaut la non homoscédasticité (soit type "3" dans la boîte de dialogue). En effet, on ne peut comparer les variances, l'utilisation de "TEST.F" étant impossible en l'absence de normalité.

On trouve une probabilité critique 0,00105 soit 0,105%.

Cette probabilité étant inférieure à 1%, niveau du test, on rejette H_0 et on accepte H_1. Le test est significatif. Les prix moyens du magret en GMS et au détail différent significativement à un risque $\alpha < 0,106\%$.

2e méthode

Nous pouvons utiliser le "test d'égalité des espérances : deux variances différentes" fourni par l'utilitaire d'analyse. Nous retrouvons les résultats commentés au paragraphe précédent.

	Variable 1	*Variable 2*
Moyenne	10,05	10,52
Variance	0,97	0,69
Observations	100,00	65,00
Différence hypothétique des moyennes	0,00	
Degré de liberté	152,00	
Statistique t	-3,34	
P(T<=t) unilatéral	0,00	
Valeur critique de t (unilatéral)	1,65	
P(T<=t) bilatéral	0,00	
Valeur critique de t (bilatéral)	1,98	

10.4.4. Échantillons appariés gaussiens

Exemple : amélioration du goût de pizzas au moyen d'un additif

10.4.4.1. Présentation des données et position du problème

Une grande marque de pizzas surgelées souhaite améliorer la texture de la pâte de ses produits A cet effet, son laboratoire de recherche propose l'adjonction d'un additif. Afin de tester l'efficacité de ce dernier, une analyse sensorielle est organisée auprès d'un jury confirmé de 25 dégustateurs.

Chaque membre de ce jury doit noter la texture de deux pizzas dont l'une est classique et l'autre "enrichie" de l'additif. Chaque dégustateur note, "en aveugle" la texture de la pâte de chaque pizza (échelle croissante de qualité de 0 à 10). L'organisateur de cette expérience classe les résultats obtenus :

X_1 = note de texture octroyée à la pizza classique,

X_2 = note de texture octroyée à la pizza avec additif,

et calcule $D = X_2 - X_1$ (il est important de "conserver" l'identité de l'individu). Les séries de notes ne peuvent être considérées comme indépendantes.

Les résultats obtenus sont indiqués sur le tableau 10.11.

N° dégustateur	X_1	X_2	$D = X_2 - X_1$
1	5	6	1
2	7	7	0
3	8	9	1
4	6	6	0
5	7	7	0
6	9	8	-1
7	6	7	1
8	7	8	1
9	0	0	0
10	7	6	-1
11	9	8	-1
12	3	5	2
13	8	8	0

N° dégustateur	X_1	X_2	$D = X_2 - X_1$
14	3	5	2
15	7	8	1
16	9	9	0
17	5	7	2
18	7	7	0
19	7	8	1
20	8	7	-1
21	7	9	2
22	7	6	-1
23	10	9	-1
24	7	7	0
25	6	8	2

Tableau 10.12 Notes de texture octroyées avant et après l'adjonction d'additifs dans les pizzas.

Dans les résultats observés, la note semble avoir été octroyée avec une précision d'une unité. Il existe de nombreux systèmes de notation. Nous assimilerons la note à une mesure et donc à une variable continue. Après étude de cette distribution, la variable D est considérée comme *gaussienne*.

Question : on veut savoir si l'additif améliore de manière significative la texture de la pâte à pizza. Au moyen d'un test unilatéral de niveau 5%, peut-on conclure que la pizza enrichie de l'additif obtient une note moyenne de texture supérieure à celle obtenue par la pizza classique?

10.4.4.2. Notations et modèle

La finalité d'une analyse sensorielle de ce type est de commercialiser la pizza "améliorée". Même s'il ne l'est pas réellement, le jury sera considéré comme une échantillon issu de la population de consommateurs potentiels, c'est d'ailleurs sa raison d'être.

- Population (sous-jacente)
  - X_1 ; X_2 ; $D = X_2 - X_1$
  - $E(X_1) = m_1$ est la note moyenne obtenue par la pizza classique
  - $E(X_2) = m_2$ est la note moyenne obtenue par la pizza enrichie
  - $E(D) = m_2 - m_1 = m_D$ = moyenne de l'écart des notes entre les 2 types de pizzas. C'est l'écart des notes moyennes)
  - $Var(D) = \sigma_D^2$
  - On considère que $D \to N(m_D, \sigma_D)$ loi normale.
- Échantillon
  - $n = 25$
  - $\overline{D} = \frac{\sum_{i=1}^{n} D_i}{n}$ est la variable aléatoire, moyenne des écarts observée dans un échantillon de taille 25.
  - $\widehat{Var\,D} = \frac{\sum_{i=1}^{n}\left(D_i - \overline{D}\right)^2}{n-1} = \widehat{\sigma_D}^2$ est la variable aléatoire estimateur de la variance.

10.4.4.3. Démarche statistique

On réalise le test

H_0 :	$m_1 = m_2$	contre	H_1 :	$m_2 > m_1$
		c'est à dire		
H_0 :	$m_D = 0$	contre	H_1 :	$m_D > 0$
		(test unilatéral)		

Approche intuitive

On veut savoir si, d'une manière générale, on peut considérer qu'en moyenne, les écarts sont nuls ($m_D = 0$). On va estimer cette moyenne inconnue par la moyenne fournie par notre échantillon ($\widehat{m_D} = \overline{D}$). On veut pouvoir apprécier, juger cette moyenne $\overline{D}$. Est-ce que cette valeur peut être considérée comme nulle, simple effet de l'échantillonnage ou est-ce qu'elle dépasse un seuil au delà duquel il est peu probable que le seul hasard puisse intervenir ? Il est donc nécessaire de connaître la loi de probabilité de la moyenne d'échantillon $\overline{D}$.

Statistique du test et prise de décision

Outil statistique :

Sous H_0, la variable $T = \dfrac{\overline{D}}{\widehat{\sigma_{\overline{D}}}} = \dfrac{\overline{D}}{\dfrac{\widehat{\sigma_D}}{\sqrt{n}}}$ suit la loi mathématique T de Student à $\nu = (n-1)$ degrés de liberté.

Le graphique visualisant la prise de décision se présente relativement à T comme sur la figure 10.12 du §10.4.1.3.

10.4.4.4. Réalisation pratique à l'aide d'Excel

Sur la feuille Excel, on a nommé X_1 et X_2 les plages de valeurs prises par les deux notations.

<u>1re méthode</u> : (de type manuel)

Pour calculer $T_{observé}$, on détermine les paramètres statistiques, moyenne et écart-type estimés de D à l'aide des fonctions MOYENNE et ECARTYPE.

On trouve : $\bar{d} = 0,4$ $\quad \widehat{\sigma_{\overline{D}}} = \dfrac{\widehat{\sigma_D}}{\sqrt{n}} = \dfrac{1,08}{5} = 0,216$ et $T_{observé} = \dfrac{0,4}{0,216} \simeq 1,852$

On détermine ensuite $T_{théorique} = T_{24;\ (1-\alpha)}$. Pour cela, on appelle la fonction LOI.STUDENT.INVERSE(0,1;24).

- Attention, le test étant unilatéral, pour réaliser un test de niveau 5%, on doit saisir 10% (0,1) dans la zone "Probabilité". En effet, la probabilité P donnée est répartie de façon symétrique sur les queues de la distribution. Le résultat fourni est la valeur positive du T_{limite}.

On trouve : $T_{\nu\ ;\ 1-\alpha} = T_{24\ ;\ 0,95} = 1,71$

Décision

$T_{observé} > T_{24\ ;\ 0,95}$. On conclut au rejet de l'hypothèse H_0, c'est à dire à l'acceptation de H_1. Le test est significatif. Plus concrètement, on conclut que l'additif alimentaire augmente significativement la note moyenne de texture de la pâte à pizza, le risque d'erreur associé à cette décision étant au maximum de 5%.

<u>2e méthode</u> : calcul de la probabilité critique à partir du $T_{observé}$ calculé précédemment.

On applique la fonction LOI.STUDENT sur la valeur du $T_{observé}$. Les arguments de la fonction sont:

- X : 1,8516402 (on saisit en fait une référence de cellule)
- Degrés liberté : 24
- Uni / bilatéral : 1

On obtient le résultat 0,0382.

Ce résultat est le risque que l'on prendrait en rejetant H_0 alors qu'elle est bonne. Concrètement, en concluant que l'additif augmente la note moyenne de texture de la pâte à pizza, on prend un risque de 3,82%, inférieur au niveau 5% que l'on s'est fixé. C'est donc cette décision qu'il faut prendre. Le test est significatif.

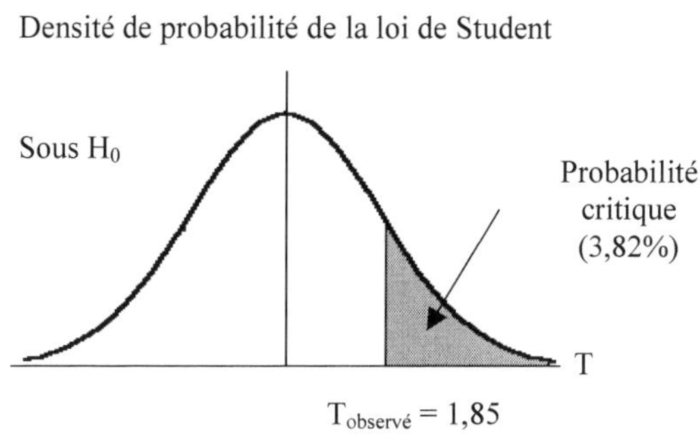

Figure 10.14 Probabilité critique (test unilatéral).

<u>3ème méthode</u>

C'est la plus rapide dans la mesure où elle peut être envisagée dès la saisie des deux plages de notes.

On insère la fonction TEST.STUDENT (X_1;X_2;1;1) dont le résultat 0,03821 s'interprète comme précédemment.

<u>4ème méthode</u>

On appelle l'utilitaire d'analyse "TEST D'ÉGALITE DES ESPERANCES : OBSERVATIONS PAIREES" et on renseigne la boîte de dialogue.

➢ *Remarque :* la zone intitulée "Différence entre les moyennes (hypothèse)" signifie H_0 = " $m_D = 0$ ". Saisir 0. Les résultats suivants s'affichent :

	Variable 1	*Variable 2*
Moyenne	6,84	7,24
Variance	2,80677	1,44
Observations	25	25
Coefficient de corrélation de Pearson	0,76607	
Différence hypothétique des moyennes	0	
Degré de liberté	24	
Statistique t	-1,8517	
P(T<=t) unilatéral	0,0382	
Valeur critique de t (unilatéral)	1,7109	
P(T<=t) bilatéral	0,0764	
Valeur critique de t (bilatéral)	2,0639	

Signalons qu'il convient d'être vigilant en ce qui concerne les titres. Au besoin, il peut être également nécessaire de réajuster les signes comme nous l'indiquons dans ce qui suit.

➢ *Explications et remarques concernant ces résultats*

- la variance est égale à la variance estimée
- la différence hypothétique des moyennes est la différence des moyennes sous H_0
- degré de liberté : $n_i - 1$ (n = taille de l'échantillon)
- statistique t signifie $T_{observé}$
  (calcul fait à partir de "moyenne variable 1 – moyenne variable 2")
- $P(T \leq t)$ unilatéral désigne la probabilité critique unilatérale c'est à dire

$$P(T \leq T_{observé}) \quad \text{si } T_{observé} \text{ (statistique t) est} < 0$$

$$P(T \geq T_{observé}) \quad \text{si } T_{observé} \text{ (statistique t) est} > 0$$

soit, en résumé $P(T > |T_{observé}|)$

– valeur critique de t (unilatéral) désigne le $T_{théorique}$ unilatéral soit $T_{n-1\,;\alpha}$ ou $T_{n-1\,;1-\alpha}$ Attention, seule est affichée la valeur positive. Il est donc nécessaire de rajouter, si besoin est, le signe adapté (celui de $T_{observé}$, c'est à dire de "statistique t"). Dans le cas présent, il faut rajouter le signe moins.

– $P(T \leq t)$ bilatéral désigne la probabilité critique associée au test bilatéral soit, de manière plus explicite $P(T < -|T_{observé}|) + P(T > |T_{observé}|) = 2\ P(T > |T_{observé}|)$

– la valeur critique de t (bilatéral) est la valeur positive de $T_{théorique}$, soit $T_{n-1\,;1-\alpha/2}$.

Rappelons que l'intérêt de cet utilitaire d'analyse est de fournir tous les résultats, les inconvénients étant, outre ceux que nous venons de signaler, l'absence d'interactivité, l'impossibilité de "copier-coller formules" car ne sont affichées que les *valeurs* des résultats et *non les formules*. Or ces deux aspects sont les points forts d'EXCEL lorsque l'on a plusieurs calculs à faire ou lorsque l'on veut voir la sensibilité d'un résultat. En fait, il faut choisir la méthode en fonction de ses besoins.

10.4.5. Échantillons appariés grands

Exemple : efficacité d'un aliment amincissant

10.4.5.1. Présentation des données et position du problème

Une société d'agro-alimentaire souhaite diversifier sa production en lançant un nouveau produit "PROLIGNE", substitut de repas riche en protéines et vitamines, peu calorique et donc susceptible d'avoir une influence sur le poids de son utilisateur. La clientèle cible est la population féminine française, italienne et espagnole concernée par ce problème.

Le service publicité de la firme veut donner une bonne image de fiabilité du produit et se prémunir en plus contre tout risque d'accusation de publicité mensongère.

Dans ce double objectif, une étude statistique est réalisée afin de prouver l'efficacité du produit. Un échantillon de femmes volontaires prélevé dans cette importante population féminine volontaire s'est prêté six jours sur sept pendant deux mois au remplacement systématique du déjeuner par PROLIGNE. Les poids en kilos avant l'expérience (P_1) et après (P_2) ont été notés et l'on a obtenu les résultats reportés sur le tableau 10.13.

n°	1	2	3	4	5	6	7	8	9	10	11	12	13	14	15	16	17	18	19	20
P1	50	52	55	57	59	62	64	65	66	67	69	70	73	75	75	77	79	81	84	86
P2	48	47	52	57	55	61	61	65	67	69	70	68	72	75	71	74	79	81	77	75
D	2	5	3	0	4	1	3	0	-1	-2	-1	2	1	0	4	3	0	0	7	11

n°	21	22	23	24	25	26	27	28	29	30	31	32	33	34	35	36	37	38	39	40
P1	90	50	52	61	63	65	69	72	74	79	53	49	62	65	79	73	85	87	70	75
P2	80	50	54	60	64	64	65	72	70	73	54	52	60	64	75	67	80	79	70	76
D	10	0	-2	1	-1	1	4	0	4	6	-1	-3	2	1	4	6	5	8	0	-1

n°	41	42	43	44	45	46	47	48	49	50	51	52	53	54	55	56	57	58	59	60
P1	83	86	71	56	54	58	59	67	63	68	73	78	51	50	55	64	61	71	63	54
P2	83	84	70	55	54	59	59	65	60	69	69	75	51	49	55	65	60	69	64	54
D	0	2	1	1	0	-1	0	2	3	-1	4	3	0	1	0	-1	1	2	-1	0

Tableau 10.13 Poids observés avant et après la prise de PROLIGNE (en kg).

Dans ce tableau D est la différence P_1-P_2.

Question : peut-on conclure à l'effet significatif de PROLIGNE sur le poids ? Pour répondre à cette question, réaliser un test de comparaison de moyennes au niveau 1%.

10.4.5.2. Notations et modèle

- Population 1, ensemble de la population énoncée (avant l'expérience)
- Population 2 (après l'expérience)
  - P_1 est la variable aléatoire "poids avant"
  - P_2 est la variable aléatoire "poids après"
  - D est la différence $P_1 - P_2$
  - $E(P_1) = m_1$ est le poids moyen avant
  - $E(P_2) = m_2$ est le poids moyen après
  - $E(D) = m_1 - m_2 = m_D$ = moyenne de l'écart des poids "avant – après" c'est à dire l'écart des poids moyens ou encore l'écart de poids moyen.
  - $Var(D) = \sigma_D^2$.

- Échantillon
  - $n = 60$
  - $\overline{D} = \dfrac{\sum_{i=1}^{n} D_i}{n}$ est la variable aléatoire, moyenne des écarts observée dans un échantillon de taille 60
  - $\widehat{Var\,D} = \dfrac{\sum_{i=1}^{n}\left(D_i - \overline{D}\right)^2}{n-1} = \widehat{\sigma_D^2}$ est la variable aléatoire estimateur de la variance.

10.4.5.3. Démarche statistique

On réalise le test :

	H_0 : $m_1 = m_2$	contre	H_1 : $m_2 < m_1$	
c'est à dire	$H_0 : m_D = 0$	contre (test unilatéral)	$H_1 : m_D > 0$	

➢ *Remarque :*

L'étude descriptive préalable des écarts de poids observés P_i ne permet pas de supposer la normalité de D. Dans le réel, de tels exemples sont fréquents. Il est alors important de choisir un échantillon grand car on peut utiliser le test de Student considéré dans ce cas comme robuste par rapport à la normalité. En effet, la variable aléatoire $\overline{D}$, écart moyen de poids, suit approximativement l'hypothèse de la loi normale (application du théorème central limite). La variance étant inconnue, c'est la variance estimée qui est utilisée. Cela conduit à utiliser plutôt la loi de Student.

10.4.5.4. Réalisation pratique au moyen d' Excel

1re méthode

C'est la méthode la plus rapide. On utilise la fonction TEST.STUDENT unilatéral pour des échantillons appariés. on trouve une probabilité critique p_c égale à $1{,}13.10^{-5}$. Cette probabilité étant très inférieure au niveau de test choisi (1%), on rejette H_0 et l'on accepte donc H_1. Concrètement, on en déduit que les poids des populations cibles a diminué après la prise du produit. Remarquons que la diminution de poids observée dans l'échantillon est de 1,7 kg.

2ème méthode

Comme il a été indiqué dans le paragraphe précédent, on peut utiliser le "Test d'égalité des espérances, observations pairées" fourni par l'utilitaire d'analyse. On aboutit bien entendu aux mêmes conclusions.

11. ANALYSE DE VARIANCE A UN FACTEUR

Exemple : comparaison de plusieurs variétés de haricots verts

11.1. POSITION DU PROBLEME ET PRESENTATION DES DONNEES

Une importante entreprise de conservation alimentaire réalise une étude économique relative à la transformation des haricots verts. Une enquête de terrain est réalisée pour étudier l'influence éventuelle du *facteur* variétal sur le diamètre des haricots ; ce dernier paramètre est en effet un critère important puisqu'il permet de classer les haricots selon diverses catégories (fins, extra-fins, etc).

On se limite à quatre variétés V_1, V_2, V_3 et V_4 qui offrent une bonne résistance aux maladies et sont donc fréquemment cultivées dans la région étudiée. On considère des haricots issus de sols comparables et de techniques culturales proches.

On prélève des échantillons aléatoires de chacune des variétés et l'on observe les résultats indiqués sur le tableau 11.1 suivant. Sur Excel, les données doivent être saisies selon 4 colonnes.

V_1	8,8	7,1	3,7	4,5	8,3	9,2	7,5	4,9	5,5	5,5	7,8	10	5,7	8,1	5,8	7,3	6,0	8,6	6,4	6,8	7,0
V_2	9,8	8,2	5,0	5,3	3,7	9,0	7,0	5,1	4,0	5,2	8,9	7,1	4,8	4,9	5,4	8,5	7,0	4,2	5,1	6,1	7,1
	6,8	3,5	5,5	6,2	6,0	8,0	6,3	6,3	8,0	7,7	5,9	8,2	7,5	5,7							
V_3	3,0	7,0	3,5	7,8	4,0	7,5	4,2	7,3	4,3	5,9	4,4	5,7	4,6	5,8	4,8	5,9	5,0	5,0	6,1	5,1	6,2
	5,2	6,3	5,3	6,4	5,4	6,5	5,5	6,6	4,8	6,7	5,0	5,8	5,3	5,7	5,5	6,5	5,6	6,7	3,2	3,0	3,1
V_4	6,1	6,8	6,6	8,6	6,9	6,9	8,6	7,6	4,8	5,7	6,7	7,7	7,4	4,1	9,9	8,8	5,6	5,9	4,3	7,7	5,4
	6,0	9,0	8,0	6,0	5,0	6,0	10	6,2	8,0	8,6	6,4	8,2									

Tableau 11.1 Diamètre en mm de haricots verts issus de 4 variétés.

Question : peut-on considérer qu'en moyenne les quatre variétés ont le même diamètre ? Tester cette hypothèse au niveau 1%.

Une étude préalable a permis d'accepter l'hypothèse de la normalité ainsi que l'hypothèse de l'égalité des variances des variables aléatoires "diamètre des haricots verts" pour les quatre variétés.

11.2. NOTATIONS ET MODELE

Variété V_i, avec $i \in \{1, 2, 3, 4\}$

- Population P_i
  - X_i est la variable aléatoire "diamètre"
  - $E(X_i) = m_i$ est le diamètre théorique moyen
  - $\text{Var}\, X_i = \sigma_i^2$
  - $X_i \to N(m_i, \sigma_i)$

- Échantillon E_i
  - n_i est la taille de l'échantillon, $X_{ij} \to N(m_i, \sigma_i)$ $\quad j = 1, n_i$
  - $\overline{X_i}$ est la variable aléatoire "diamètre moyen observé dans un tel échantillon"
  - SCE_i = SCE_{ri} est la variable aléatoire "somme des carrés des écarts à la moyenne", notée "somme des écarts résiduels" dans l'échantillon i
  - $\widehat{\sigma_i}^2 = S_i^2 = \dfrac{SCE_i}{n_i - 1}$ est la variable aléatoire, estimateur de la variance à partir d'un tel échantillon ($v_i = n_i$-1)
  - $i \in \{1, 2, 3, 4\}$.

- Notations générales :
  - k est le nombre de modalités du facteur étudié = nombre d'échantillons, ici 4
  - x_{ij} est la j^{ie} observation de l'échantillon i
  - $x_{ij} - \overline{x_i}$ est le résidu j
  - $n = n_1 + n_2 + n_3 + n_4$
  - $\overline{x}$ est la moyenne générale observée sur l'ensemble des échantillons

$$\overline{x} = \frac{1}{n} \sum_{i=1}^{k=4} \sum_{j=1}^{n_i} x_{ij} = \frac{1}{n} \sum_{i=1}^{k=4} n_i \overline{x_i}$$

  (moyenne des moyennes d'échantillons pondérées par leur taille)

  - $SCE_r = \sum_{i=1}^{k} SCE_{ri}$

L'égalité des variances des diamètres pour les 4 variétés ayant été acceptée, on peut noter : $\sigma_0^2 = \sigma_1^2 = \sigma_2^2 = \sigma_3^2 = \sigma_4^2$. Par suite, pour la variété V_i, on notera $X_i \to N(m_i, \sigma_0)$ $\quad i \in \{1, 2, 3, 4\}$.

11.3. DEMARCHE STATISTIQUE

On réalise le test :

H_0 : $\quad m_1 = m_2 = m_3 = m_4$
contre
H_1 : l'une au moins des 4 moyennes se différencie

La méthode est fondée sur la décomposition des dispersions.

11.3.1. Équation de l'analyse de la variance

Décomposons la dispersion totale (réunion des observations des k échantillons) :

$$SCE_t = \sum_{i=1}^{k} \sum_{j=1}^{n_i} (x_{ij} - \overline{x})^2 = \sum_{i=1}^{k} \sum_{j=1}^{n_i} (x_{ij} - \overline{x_i} + \overline{x_i} - \overline{x})^2$$

En développant ce calcul, on trouve :

$$SCE_t = \sum_{i=1}^{k} \sum_{j=1}^{n_i} (x_{ij} - \overline{x_i})^2 + \sum_{i=1}^{k} \sum_{j=1}^{n_i} (\overline{x_i} - \overline{x})^2 = \sum_{i=1}^{k} SCE_{ri} + \sum_{i=1}^{k} n_i (\overline{x_i} - \overline{x})^2$$

Notons $SCE_{fa} = \sum_{i=1}^{k} n_i(\overline{x_i} - \overline{x})^2$ la somme des carrés des écarts factoriel. C'est la dispersion entre les moyennes d'échantillons repérées par rapport à la moyenne générale.

Finalement :

SCE_t Variabilité totale	=	SCE_r Variabilité résiduelle (INTRA-ECHANTILLONS)	+	SCE_{fa} Variabilité factorielle (INTER-ECHANTILLONS)

EQUATION DE L'ANALYSE DE VARIANCE

Degrés de liberté associés à chacun des termes

- $SCE_t \rightarrow ddl = n-1$
- $SCE_r \rightarrow ddl = \sum_{i=1}^{k}(n_i - 1) = n-k$
- $SCE_{fa} \rightarrow ddl = (n-1) - (n-k) = k-1$

Soit, en résumé

- Variabilité : $SCE_t = SCE_r + SCE_{fa}$ (équation de l'analyse de variance)
- ddl : $n-1 = (n-k) + (k-1)$

Variances interclasse et intraclasse :

- Variance interclasse ou Carré Moyen factoriel CM_{fa} ou $CM_{fa} = \frac{SCE_{fa}}{k-1}$
- Variance intraclasse ou Carré Moyen résiduel CM_r ou $CM_r = \frac{SCE_r}{n-k}$

11.3.2. Statistique du test et prise de décision

On établit que, sous l'hypothèse H_0, la statistique du $F_{observé}$ définie par $F_{observé} = \frac{CM_{fa}}{CM_r}$ suit la loi mathématique F de Fisher-Scedecor à (υ_1 , υ_2) ddl avec ν_1 = k-1 et ν_2 = n-k, expressions dans lesquelles n est l'effectif total et k le nombre d'échantillons.

Décision

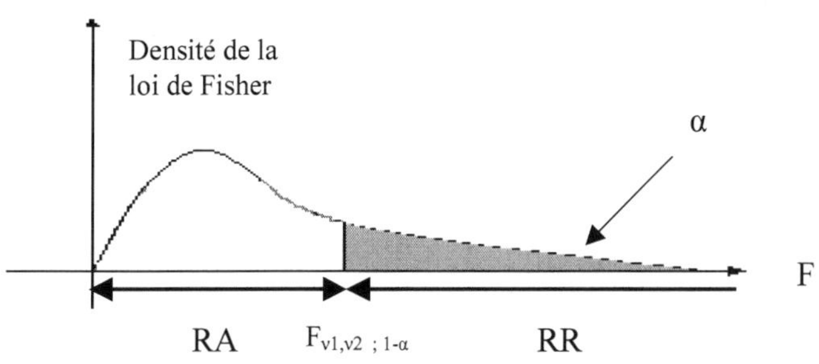

Figure 11.1 Prise de décision dans l'analyse de variance à un facteur (RA, RR).

TABLEAU D ' ANALYSE DE VARIANCE RECAPITULATIF DE LA METHODE					
SOURCE DE DISPERSION	SCE	ddl	CARRES MOYENS OU VARIANCES	STATISTIQUE F	
TOTALE	SCE_t	n-1		Observée	Théorique
FACTORIELLE OU INTERCLASSE	SCE_{fa}	k-1	$\frac{SCE_{fa}}{k-1} = CM_{fa}$	$\frac{CM_{fa}}{CM_r} = F_{obs}$	$F_{v1,v2\ ;\ 1-\alpha}$ Possibilité de détermination de la probabilité critique pour la prise de décision
RESIDUELLE OU INTRACLASSE	SCE_r	n-k	$\frac{SCE_r}{n-k} = CM_r$		

Tableau 11.2 Composition du tableau d'analyse de variance.

11.4. MISE EN ŒUVRE AU MOYEN D'EXCEL

1re méthode : réalisation des calculs conduisant au tableau d'analyse de variance

Cette méthode, de type "manuel", mais cependant relativement rapide et très précise, présente deux avantages. Le premier est d'ordre pédagogique car en effectuant les étapes successives du calcul on comprend facilement la méthode. Le second est d'ordre pratique. D'une part il y a interactivité avec les données ; d'autre part il est possible de réutiliser la grille de calculs pour d'autres applications.

L'organisation "géographique" de la feuille Excel ne présente aucune difficulté.

En pratique, cette étude de test par analyse de variance est, en général, précédée d'une étude descriptive et suivie d'une étude des conditions de validité du test à savoir la normalité et l'homoscédasticité des populations.

Nous proposons deux blocs de calculs :

- 1er bloc : calcul des moyennes observées et calcul des éléments statistiques relatifs à la composante résiduelle
- 2e bloc : tableau de l'analyse de variance.

Calculs relatifs au 1er bloc :

	V_1	V_2	V_3	V_4		
	8,8	9,8	3,0	6,1		
	7,1	8,2	7,0	6,8		
	3,7	5,0	3,5	6,6		
	etc.	etc.	etc.	etc.		
	Voir tableau des données ci-dessus				SOMMES	
n_i	21	35	42	33	131	= n
$ddl(r_i)$	20	34	41	32	127	= ddl_r
SCE r_i	53,81	87,27	60,47	73,95	275,50	= SCE_r
Moyenne	6,88	6,37	5,41	6,90		
Ecart-type	1,64	1,60	1,21	1,52		

- *Remarque :* il peut être intéressant de prévoir des plages de données de taille supérieure à celle des effectifs réellement observés. En effet, Excel gérant les "manquants", la grille de calcul pourra être réutilisée pour des jeux de données d'effectifs très différents (on notera n_L le nombre "limite" d'observations possibles, avec $n_L \geq \sup n_i n_L$). Si l'on adopte une telle tactique, il convient de bien sélectionner l'intégralité de la plage disponible (les n_L observations) soit pour effectuer un calcul direct, soit pour "nommer" les plages. On nomme V1234 la plage de l'intégralité des données soit une matrice de n_L lignes et 4 colonnes.

Sur le tableau ci-dessus, n_i est fourni par la fonction NBVAL. ddl(r_i) est égal à $n_i - 1$ (références relatives). Quant à $SCEr_{i,}$ sa valeur est donnée par la fonction SOMME.CARRES.ECARTS.

2e bloc : tableau d'analyse de variance

SOURCE DE DISPERSION	SCE	ddl	CM	$F_{observé}$	Probabilité critique	$F_{théorique}$ à 1% $F_{3,127\,;\,0,99}$
totale	328,08	130				
factorielle	52,58	3	17,53			
résiduelle	275,50	127	2,17	8,08	$5{,}73.10^{-5}$	3,94

Tableau 11.3 Résultats numériques du tableau d'analyse de variance.

Déroulement des étapes de calcul :

- Calcul des SCE
  - La SCE totale est le résultat de la fonction SOMME.CARRES.ECARTS appliquée à l'ensemble des données observées (plage nommée V1234).
  - Pour déterminer la SCE résiduelle, on introduit le contenu de la cellule SCEr calculé dans le 1er bloc, soit par un "copier-coller" soit par un signe "=" (réf. absolue).
  - La SCE factorielle est la différence SCE totale – SCE résiduelle (réf. relatives).
- Calcul des ddl (associés aux différentes dispersions)
  - Le ddl total est égal à n – 1. On prend le contenu de la cellule "n" calculé dans le 1er bloc (réf. absolues) et on finit le calcul.
  - Le ddl résiduel est le contenu de la cellule ddl (r) calculé dans le 1er bloc (réf. absolues).
  - Le ddl factoriel est égal à ddl total – ddl résiduel (réf. relatives).
- Calculs des CM
  - Le CM factoriel est égal à $\dfrac{\text{SCE factorielle}}{\text{ddl factoriel}}$ (réf. relatives).
  - Pour le CM résiduel est le rapport $\dfrac{\text{SCE résiduelle}}{\text{ddl résiduel}}$. On fait le calcul ou on utilise la poignée de recopie vers le bas à partir du calcul précédent.
- $F_{observé}$ est égal à $\dfrac{\text{CM factoriel}}{\text{CM résiduel}}$.
- Pour la probabilité critique p_c , on utilise la fonction LOI.F.
  On trouve : $p_c = 5{,}73.10^{-5}$.
- Pour $F_{v1,v2\,;\,1-\alpha}$, on appelle la fonction INVERSE.LOI.F.
  Avec $\alpha = 1\%$, on trouve $F_{3,127\,;\,0,99} = 3{,}94$.

Décision et interprétation des résultats

- Expression classique. Puisque $F_{observé} > F_{3,127;0,99}$, $F_{observé}$ appartient à la région de rejet, on rejette donc l'hypothèse H_0 au niveau 1%. Une au moins des variétés se distingue donc des autres.
- Expression probabiliste. La probabilité critique est égale à $5,73.10^{-5}$. Lorsque H_0 est vraie, c'est à dire lorsqu'il n'y a pas, en moyenne, de différence entre les 4 variétés, on a une probabilité de l'ordre de 6 pour 10 000 d'observer une valeur de F au moins égale à celle du $F_{observé}$ (8,08). Cet événement est très rare (probabilité très inférieure au niveau du test fixé). On préfère remettre en cause H_0, c'est à dire qu'on la rejette : au moins une des variétés se distingue des autres au niveau du diamètre moyen. En prenant cette décision, on prend un risque (α) égal à la probabilité critique, inférieur à 6 pour 10 000.

➢ *Remarque :* l'examen des moyennes observées des 4 échantillons permet de mettre en évidence la bonne performance de la variété 3 (petit diamètre par rapport aux autres), ceci au seul niveau descriptif.

2e méthode : on utilise le module "Analyse de variance : 1 facteur" de l'utilitaire d'analyse.

C'est une méthode très rapide et précise. On renseigne très facilement la boîte de dialogue. La "Plage d'entrée" est V1234. On "groupe" par colonnes et le "Seuil de signification" est 0,01.

On retrouve aisément les résultats précédents ayant permis l'élaboration du tableau d'analyse de variance.

RAPPORT DÉTAILLÉ

Groupes	*Nombre d'échantillons*	*Somme*	*Moyenne*	*Variance*
VARIETE 1	21	144,5	6,88	2,69
VARIETE 2	35	223	6,37	2,57
VARIETE 3	42	227,16	5,41	1,47
VARIETE 4	33	227,8	6,90	2,31

ANALYSE DE VARIANCE

Source des variations	*Somme des carrés*	*Degré de liberté*	*Moyenne des carrés*	*F*	*Probabilité*	*Valeur critique pour F*
Entre Groupes	52,58	3	17,53	8,08	5,7354E-05	3,94
A l'intérieur des groupes	275,50	127,00	2,17			
Total	328,08	130				

Certaines rubriques, moins classiques doivent être précisées.

- Le nombre d'échantillons est la taille des échantillons
- la colonne somme signifie les sommes des valeurs observées (grandeur peu exploitable dans un cadre d'étude très général)
- la moyenne des carrés est le carré moyen
- F est la valeur de $F_{observé}$
- la probabilité est la probabilité critique
- la valeur critique pour F est $F_{théorique} = F_{v1,v2;1-\alpha}$.

11.5. APPROFONDISSEMENT : COMPARAISON DES MOYENNES PAR PAIRES

On peut détailler le résultat précédent en comparant les variétés deux à deux au moyen de la fonction TEST.STUDENT.

Les conditions de validité de l'analyse de variance conduisent au test de Student de type 2 (échantillons indépendants avec homoscédasticité).

- *Remarque* : l'analyse de variance à un facteur à deux modalités (ici, par exemple, deux variétés) est équivalente au test de Student :

$$F_{(1;n-2)} = T_{(n-2)}^{\ 2} \quad \text{avec } n = n_1 + n_2$$

Les résultats des tests de Student figurent sur le tableau ci-dessous.

	VARIETE 1	VARIETE 2	VARIETE 3	VARIETE 4
VARIETE 1				
VARIETE 2	25,85%			
VARIETE 3	**0,02%**	**0,37%**		
VARIETE 4	96,00%	16,57%	**0,001%**	

Tableau 11.4 Résultats des tests de Student (probabilités critiques) des variétés prises 2 par 2.

Afin de limiter le temps de travail, il peut être intéressant de nommer *simplement* les plages de données (par exemple V_1 pour les n_1 observations relatives à la variété 1, etc.). Ensuite, à partir d'un seul TEST.STUDENT, on utilise les poignées de recopie. Pour chacun des tests, il suffit alors de réajuster les noms des plages dans la barre de formules.

- *Remarque :* estimation de la variance commune aux k populations et niveaux des tests

On ne peut dire néanmoins que le test par analyse de variance (niveau α) est équivalent à un ensemble de tests de comparaison de 2 moyennes (chacun de niveau α).

Tout d'abord, lorsque l'on réalise un test de comparaison de 2 moyennes m_1 et m_2 de deux populations normales et de mêmes variances, il faut se rappeler que l'estimation de la variance commune aux 2 populations est la moyenne des variances estimées pondérées par les ddl.

Dans le contexte de l'analyse de variance, l'estimation de la variance commune aux k populations concernées est la moyenne de toutes les variances estimées, pondérées par les ddl ; cette estimation est donc plus précise dès que k > 2. En réalisant ces tests de façon manuelle, on peut intégrer cette estimation de variance.

Ensuite, il est bon de comparer des niveaux de tests. Considérons l'ensemble des couples de moyennes et α niveaux de test associés à chaque couple. Il y a C_k^2 couples de moyennes.

Dans le test d'analyse de variance, l'hypothèse H_1 est "au moins une des k moyennes se distingue". On peut considérer cet événement comme équivalent à "au moins un des couples de moyennes est composé de moyennes distinctes". La probabilité d'un tel événement est donc $C_k^2\ \alpha$. Ainsi avec k = 4, on trouve 6 α..

En fait, il faudrait baisser le niveau de chaque test ou augmenter le niveau de confiance de chaque différence de moyenne ($m_i - m_j$). Nous ne détaillerons pas ce point : on pourra consulter à ce sujet un ouvrage classique de Statistique, par exemple l'ouvrage de T. H. Wonnacott et R. J. Wonacott (1991).

Commentaire concret

En se limitant à l'exploitation classique des tests de Student, on remarque que là encore la variété V_3 se distingue des autres variétés ; seules les probabilités critiques impliquant cette variété sont inférieures au niveau 1% du test. La variété V_1 ne se distingue pas de V_2 et V_4 . Quant à V_2, elle ne se distingue pas de V_4.

12. TESTS RELATIFS AUX PROPORTIONS

12.1. TEST DE CONFORMITE D'UNE PROPORTION AVEC UN GRAND ECHANTILLON

Exemple : efficacité d'un nouveau produit de traitements de vergers par rapport à celle d'un produit de référence.

12.1.1. Présentation des données et position du problème

Dans une région productrice de pommes, les vergers de pommiers d'une certaine variété présentent périodiquement une infestation des feuilles par une maladie M. Celle-ci apparaît indépendante des techniques culturales ainsi que de la qualité des sols. Elle n'altère pas les fruits mais engendre des réductions de rendement non négligeables.

Lorsqu'un verger est atteint, on le traite à l' aide d'un produit classique PR (produit de référence) sans effet nuisible sur l'environnement et guérissant en général 60% des arbres. Les chercheurs essaient de mettre au point un produit nouveau PN présentant les mêmes atouts au niveau environnemental mais d'efficacité supérieure. Les travaux en laboratoire étant achevés, il convient de tester sur le terrain l'efficacité de ce produit.

Dans un verger infesté, on sélectionne, de façon aléatoire, 88 pommiers atteints que l'on traite à l'aide du produit PN. Lorsque le temps d'action du traitement est écoulé, on observe les résultats. Il apparaît qu'environ 75% des arbres sont guéris.

Question : est-ce que le nouveau produit PN est plus efficace que l'ancien PR ? Tester cette hypothèse au niveau 5%.

12.1.2. Notations et modèle

- Population : c'est l'ensemble des pommiers (variété étudiée dans la région de production étudiée)
  - p est la proportion d'arbres guéris après traitement
  - $p = p_0$ dans le cas de traitement par le produit référence PR
  - $p_0 = 60\%$.
- Échantillon :
  - n est la taille de l'échantillon ici 88
  - X est la variable aléatoire "nombre d'arbres guéris dans un tel échantillon". X suit une loi binomiale de paramètres n et p : $X \to \mathcal{B}(n,p)$
  - Y est la variable aléatoire, proportion de pommiers guéris après traitement dans un tel échantillon $Y_{\text{observé}} = y = 75\%$.

12.1.3. Démarche statistique

Il s'agit de réaliser le test

H_0 : la proportion de pommiers guéris est identique avec les deux traitements
contre
H_1 : la proportion de pommiers guéris avec PN est supérieure à celle des pommiers guéris avec PR

soit

$H_0 : p = p_0$ contre $H_1 : p > p_0$

Approche intuitive

Dans l'échantillon observé, on remarque une proportion de pommiers guéris (75%) supérieure à la référence (60%). Est-ce que cet accroissement traduit une meilleure efficacité du nouveau traitement ou est-ce attribuable au seul hasard de l'échantillonnage ?

En recherchant un seuil Y_1 qu'il est presque 'impossible de dépasser (faible probabilité) du seul fait du hasard, on pourra répondre à la question. Déterminer la loi de probabilité de la proportion de pommiers guéris dans un tel échantillon avec le produit référence (PR) permettra de trouver ce seuil.

Outil statistique

- $E(Y) = p$
- $\text{Var}\,Y = \dfrac{p(1-p)}{n}$
- La taille de l'échantillon étant grande ($n > 30$), on peut considérer que la variable aléatoire Y suit sensiblement la loi Normale .

Statistique du test et prise de décision

Sous H_0 : $Y \rightarrow N\left(p_0, \sqrt{\dfrac{p_0(1-p_0)}{n}}\right)$

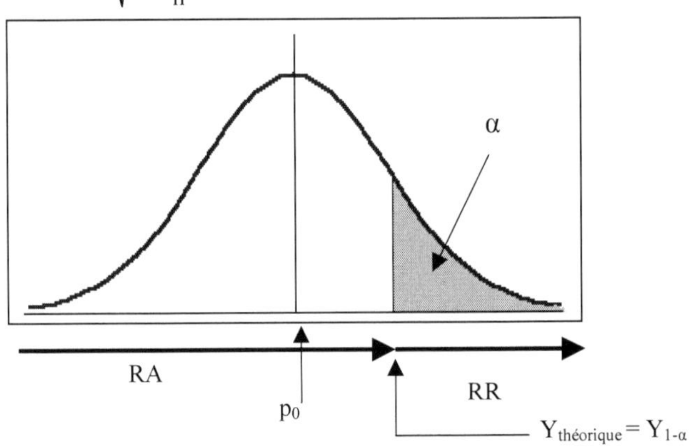

Figure 12.1 Prise de décision pour un test unilatéral de conformité d'une proportion (RA, RR).

12.1.4. Réalisation pratique au moyen d'Excel

Il suffit de calculer les paramètres statistiques de la loi normale de Y.

On trouve : $\sqrt{\dfrac{p_0(1-p_0)}{n}} = 0,052$.

$Y_{\text{observé}} = 75\%$.

1re méthode : détermination de $Y_{\text{théorique}} = 1 - \alpha$ (c'est le seuil Y_1 évoqué dans l'approche intuitive ci-dessus)

On utilise la fonction LOI.NORMALE.INVERSE . Pour $\alpha = 5\%$ on trouve $Y_{1-\alpha} = 69\%$.

La zone $Y < 69\%$ définit la région d'acception RA de H_0 et 69% représente le seuil Y_1 évoqué dans l'approche intuitive.

Décision

$Y_{\text{observé}} > Y_{\text{théorique}}$. On rejette donc l'hypothèse H_0 avec un risque d'au plus 5%. On conclut que le nouveau traitement est plus efficace que le traitement classique.

- *Remarque :* $\Delta = (Y_{1-\alpha} - p_0)$ constitue "le seuil" pour l'accroissement de la proportion de pommiers guéris évoqué dans l'approche intuitive ($Y_{1-\alpha}$ étant le seuil pour la proportion Y).

2e méthode : détermination de la probabilité critique p_c

Afin d'obtenir un résultat plus précis, on détermine la probabilité critique, risque réel pris en concluant à la significativité du test $p_c = P(Y \geq Y_{\text{observé}})$.

On appelle la fonction LOI.NORMALE et on trouve $p_c = 0,203\%$. Par conséquent nous pouvons conclure avec un risque inférieur à 0,204% que le nouveau traitement est plus efficace que l'ancien.

3e méthode : utilisation du test du Khi-deux

La distribution du produit de référence PR est connue :

Guérison	oui	non
Probabilité	0,6	0,4
Effectifs théoriques	52,8	35,2

Tableau 12.1 Effectifs théoriques d'arbres guéris et malades (PR).

Pour le nouveau produit PN, nous avons :

Guérison	oui	non
Effectifs observés	66	22

Tableau 12.2 Effectifs observés d'arbres guéris et malades (PN).

En utilisant la fonction TESTKHIDEUX, on trouve 0,00407. En divisant ce résultat par deux, on obtient la probabilité critique (test unilatéral), déjà interprétée au cours de la 2e méthode.

12.2. TEST DE COMPARAISON DE DEUX PROPORTIONS (GRANDS ECHANTILLONS)

Exemple : comparaison de deux taux de satisfaction concernant un produit

12.2.1. Présentation des données et position du problème

On réalise, auprès de maîtres fromagers français, un sondage sur l'utilisation d'un certain produit sanitaire approprié nommé FROMNET.

Un premier sondage sur 100 détaillants révèle que 23 d'entre eux utilisent ce produit. Un an après, on réalise un deuxième sondage sur 80 détaillants issus de la même population. Il apparaît que 32 d'entre eux utilisent le produit.

Questions

1. Peut-on conclure que le taux d'utilisation est le même sur les deux années considérées ? Pour répondre à cette question, réaliser un test de comparaison des proportions de détaillants utilisant FROMNET au niveau 5% puis au niveau 2%.

2. On indique de plus qu'une grande campagne publicitaire de FROMNET a été lancée entre les deux sondages. Peut-on conclure que cette campagne a contribué à augmenter le taux d'utilisation du produit (niveau 1%)?

12.2.2. Notations et modèle

La population est l'ensemble des détaillants maîtres fromagers.

- Population 1 (celle sur laquelle a été effectué le premier sondage)
  - I_1 est l' indicatrice de l'utilisation de FROMNET (variable de Bernoulli)
  - $E(I_1) = p_1$ est la proportion (inconnue) d'utilisateurs du produit
  - $\text{Var } I_1 = q_1 = 1 - p_1$
- Échantillon 1
  - La taille est n_1, ici 100
  - X_1 est la variable aléatoire "nombre d'utilisateurs de FROMNET dans un échantillon de taille 100", $X_1 = \sum_{i=1}^{n} I_{1i}$ $\quad X_1 \to \mathcal{B}(n_1,p_1)$
  - $Y_1 = \frac{X_1}{n_1}$ est la variable aléatoire "proportion d'utilisateurs observée dans un échantillon de taille 100"
  - $Y_{1\text{ observé}} = y_1 = \frac{23}{100} = 23\%$ est la proportion observée dans cet échantillon.
- Population 2 : (celle sur laquelle a été effectué le deuxième sondage) :
  - I_2 : indicatrice de l'utilisation de FROMNET
  - $E(I_2) = p_2$: proportion (inconnue) d'utilisateurs du produit
  - $\text{Var } I_2 = q_2 = 1 - p_2$
- Échantillon 2
  - $n_2 = 80$
  - X_2 est la variable aléatoire "nombre d'utilisateurs de FROMNET dans un échantillon de taille 80" , $X_2 = \sum_{i=1}^{n} I_{2i}$ $\quad X_2 \to \mathcal{B}(n_2,p_2)$
  - $Y_2 = \frac{X_2}{n_2}$ est la variable aléatoire "proportion d'utilisateurs observée dans un échantillon de taille 80".
  - $Y_{2\text{ observé}} = y_2 = \frac{32}{80} = 40\%$, proportion observée dans cet échantillon

12.2.3. Démarche statistique (1re question)

Il s'agit de réaliser le test

H_0 :	$p_1 = p_2$	contre	H_1 :	$p_1 \neq p_2$

On réalise un test bilatéral. Lors du rejet de Ho, on peut avoir $p_2 - p_1 > 0$ et $p_2 - p_1 < 0$.

Statistique du test et prise de décision :

$D = Y_2 - Y_1$ ($D_{\text{observé}} = 40\% - 23\% = 17\%$)

Approche intuitive

On veut comparer les proportions p_1 et p_2 d'utilisateurs de FROMNET dans ces populations. Il est donc naturel de s'appuyer sur les proportions d'utilisateurs observées dans les deux échantillons à savoir respectivement 23% et 40%. Est-ce que l'écart absolu observé (17%) peut être considéré comme suffisamment petit pour être dû au hasard de l'échantillonnage ou bien est-il suffisamment grand, dépassant un "seuil" au-delà duquel il est "presque" impossible qu'il soit dû au hasard. Pour déterminer ce seuil, il est nécessaire d'obtenir la loi de probabilité de D, dans le cas où il n'y aurait eu aucune évolution du taux d'utilisation du produit.

Paramètres statistiques de D

- $E(D) = p_2 - p_1$. Sous H_0, $E(D) = 0$.
- $\text{Var } D = \frac{p_1 q_1}{n_1} + \frac{p_2 q_2}{n_2}$

Quand l'hypothèse H_0 est vraie, p_1 est égale à p_2 . On note p leur valeur commune et $q = 1 - p$.

$$\text{Var } D = pq\left(\frac{1}{n_1} + \frac{1}{n_2}\right) \qquad \widehat{\text{Var } D} = \hat{p}\hat{q}\left(\frac{1}{n_1} + \frac{1}{n_2}\right)$$

On estime p au moyen de $\hat{p} = \frac{23 + 32}{100 + 80} = \frac{\text{nombre total d'utilisateurs}}{\text{effectif total}}$.

Plus généralement :

Loi de probabilité de D sous H_0

Les échantillons étant grands, on peut appliquer le théorème central limite à chacune des variables aléatoires Y_1 et Y_2. Par suite, leur différence D aussi suit approximativement la loi Normale :

$$D \approx N(E(D), \sigma_D) \text{ (échantillons grands)}$$

$$D \approx N(E(D), \widehat{\sigma_D})$$

Sous H_0 :	$D \approx N\left(0\ ,\ \sqrt{\hat{p}\,\hat{q}}\ \sqrt{\frac{1}{n_1} + \frac{1}{n_2}}\right)$	avec $\hat{p} = \frac{n_1 y_1 + n_2 y_2}{n_1 + n_2}$

La décision est :

Si $|D_{\text{observé}}| \geq D_{1-\alpha/2}$,on rejette l'hypothèseH_0. **Le test est significatif.**

Si $|D_{\text{observé}}| < D_{1-\alpha/2}$ on accepte H_0. **Le test n'est pas significatif.**

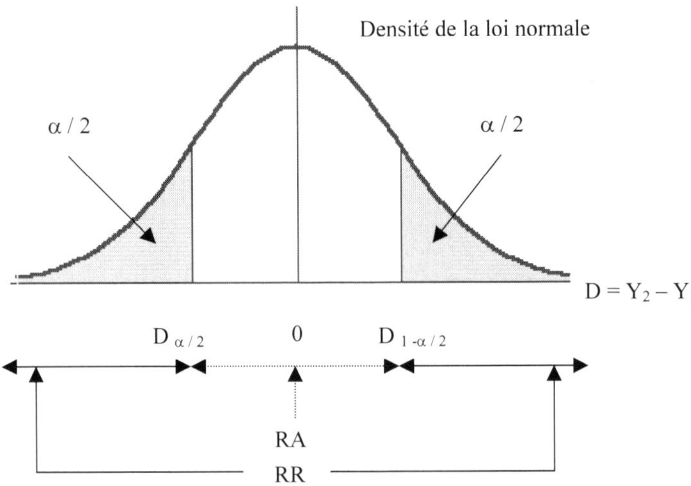

RA : région d'acceptation de H_0
RR : région de rejet de H_0

Figure 12.2 Prise de décision pour un test bilatéral de comparaison de deux proportions (RA, RR).

12.2.4. Réalisation pratique au moyen d'Excel et interprétation

On calcule $\widehat{p}$ et $\widehat{\sigma_D}$ à l'aide du clavier

$$\widehat{p} = \frac{23 + 32}{100 + 80} = 30,56\ \%$$

$$\widehat{\text{Var D}} = (0,3056)(1-0,3056)(\frac{1}{100}+\frac{1}{80}) = 0,00477...$$

$$\widehat{\sigma_D} = \sqrt{\widehat{\text{Var D}}} = 0,069$$

Sous H_0, $D \to N(0;0,069)$

1re méthode : on détermine le "seuil" $D_{1-\alpha/2}$ par une méthode de type manuel.

On utilise la fonction LOI.NORMALE.INVERSE(0,975;0;0,069…). Le résultat est $D_{0,975}$ = 13,54 %.

Décision

Puisque $D_{\text{observé}}$ (17%) est supérieur à $D_{0,975}$, on rejette l'hypothèse H_0. **Le test est significatif** et on conclut que le taux d'utilisation de FROMNET a changé d'une année à l'autre à un risque maximal de 5%.

Au niveau 1%, le calcul est identique : on peut faire un "copier-coller". Dans la barre de formule, on remplace la probabilité précédente de 0,975 par 0,995.

On trouve $D_{0,995}$ = 17,798 % et l'on en déduit qu'au niveau 1%, il n'est pas possible de conclure à la différence des taux d'utilisation du produit sur les deux années.

2e méthode : on calcule la probabilité critique p_c.

$$p_c = P(D > |D_{observé}|) + P(D < -|D_{observé}|) = 2\,P(D < -|D_{observé}|)$$

avec $P(D < -D_{observé}) = F(-D_{observé})$ où F est la fonction de répartition de la loi Normale.

Le résultat de la fonction LOI.NORMALE(0,17;0;0,069…;VRAI) étant 0,69% , on en déduit que p_c = 1,39%. C'est le risque que l'on prendrait en rejetant H_0 (vrai risque α). On rejette H_0 si cette probabilité critique est inférieure au niveau de test donné.

Cette deuxième méthode est beaucoup plus précise que la première.

On retrouve les résultats précédents :

Au niveau 5% , on rejette H_0 . On conclut à la différence des taux d'utilisation sur les deux années au risque 1,39%.

Au niveau 1% , on ne peut conclure.

➤ *Remarque*

D'un point de vue concret, ce test bilatéral de comparaison de deux proportions est équivalent à un test d'homogénéité par le Khi-deux.

On construit le tableau de contingence répartissant les effectifs des sondages selon l'année et le critère d'utilisation. Rappelons qu'il suffit de déterminer les effectifs théoriques et d'appeler la fonction TEST.KHIDEUX.

H_0 : homogénéité des années contre H_1 : non homogénéité des années.

effectifs observés			
O_i	UTILISATEUR	NON UTILISATEUR	totaux
ANNEE 1	23	77	100
ANNEE 2	32	48	80
totaux	55	125	180

effectifs théoriques			
C_i	UTILISATEUR	NON UTILISATEUR	totaux
ANNEE 1	30,56	69,44	100
ANNEE 2	24,44	55,56	80
totaux	55	125	180

Tableau 12.3 Effectifs observés et théoriques du nombre d'utilisateurs et de non utilisateurs selon l'année.

TEST KHIDEUX : probabilité critique = 0,014.

On retrouve le même résultat pour la probabilité critique. On prend 1,39% de risque en concluant à la différence des deux années. Le test est significatif au niveau 5% et non significatif au niveau 1%.

12.2.5. Démarche statistique, résultat et interprétation (2e question)

Hypothèses H_0 : $p_1 = p_2$ contre H_1 : $p_2 > p_1$ (ou $p_2 - p_1 > 0$)

Les développements précédemment effectués restent valables. Le changement se fera uniquement au niveau de la prise de décision.

Décision

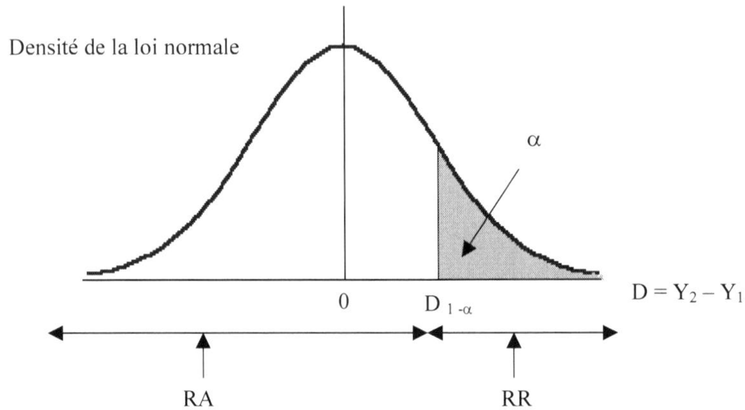

Figure 12.3 Prise de décision pour un test unilatéral de comparaison de deux proportion (RA, RR).

La région de rejet RR correspond à la "queue" positive de la distribution $D = Y_2 - Y_1 > 0$.

<u>1re méthode</u>

On détermine le "seuil" $D_{1-\alpha}$ par le procédé indiqué lors de la 1re façon de la question 1. Il suffit d'ailleurs de "copier-coller" les résultats de la question 1 et de changer la probabilité dans la barre de formule ; on trouve :

Au niveau 5%, $D_{1-\alpha}$ vaut 11 % et au niveau 1% il est égal à 16 %. Comme $D_{observé}$ est égal à 17%, le test est significatif à ces deux niveaux. Le taux d'utilisation de FROMNET a augmenté au bout d'un an, le risque étant inférieur à 1%.

<u>2e méthode</u>

C'est la méthode la plus simple et la plus précise pour répondre à la question. Il suffit de calculer la probabilité critique $p_c = P(D > D_{observé})$.

Le résultat, déjà calculé pour la première question est :

$$p_c = P(D > D_{observé}) = 0,69\%$$

On prend donc seulement un risque de 0,69% en rejetant l'hypothèse H_0 (ou encore en acceptant H_1) c'est à dire en décidant que le taux d'utilisation du produit a augmenté. Le test est donc significatif, même au niveau 1%.

➢ *Remarque*

Lors d'études concrètes appropriées, le test unilatéral de comparaison de deux proportions est souvent très intéressant car, lors du rejet de H_0, la décision est évidemment plus riche. On peut noter que pour avoir le résultat numérique de la probabilité critique d'un tel test, on peut réaliser "TEST.KHIDEUX" et diviser le résultat par deux. Ce procédé n'a d'intérêt que numérique car il ne permet pas d'exposer clairement la démarche statistique du test unilatéral. De plus, on ne peut mettre en évidence les seuils $D_{1-\alpha}$ (soit 11% au risque 5% et 16% au risque 1%) qui permettent concrètement de positionner immédiatement l'évolution réellement observée.

13. REGRESSION LINEAIRE MULTIPLE

Exemple : prédiction de la qualité des arômes d'un vin du Sud-ouest

13.1. PRESENTATION DES DONNEES ET POSITION DU PROBLEME

Des chargés d'étude d'un institut technique cherchent à prédire la qualité des arômes d'un vin du Sud-Ouest issu d'un certain terroir à partir d'analyses physico-chimiques du moût de la vendange. Dans cette étude, ils sélectionnent les critères suivants :

- le PH qui mesure l'acidité du moût obtenu
- la concentration en acide malique (exprimé en g/l). Cet acide organique fragile est un indicateur de la fermentation malo-lactique
- la concentration en acide tartrique (exprimé en g/l). Cet acide organique est le plus fort du raisin ; stable, peu dégradé, sa concentration est un indicateur de la stabilité du vin conditionnant la qualité de vieillissement
- la concentration en ions Potassium K^+ (exprimé en g/l). Le potassium représente une part importante des matières minérales du moût et sa concentration diminue au cours de la fermentation.

33 échantillons de vins ont été prélevés de façon aléatoire et analysés en laboratoire et évalués d'un point de vue gustatif. La qualité des arômes, sujet de cette étude, a été notée sur une échelle de 0 à 10 (échelle croissante de qualité). Les résultats sont reportés sur le tableau suivant.

Acide tartrique	Acide malique	K+	PH	QUALITE DES AROMES	Acide tartrique	Acide malique	K+	PH	QUALITE DES AROMES
6,29	9,6	1,2	3,1	3,5	7,4	4,5	1,2	2,9	3,5
5,52	6,5	1	3,9	1	6,3	7,8	1	2,7	4,5
7,42	4,5	1,2	2,9	1	6,32	8,2	1,3	3	6
7,2	5	1,1	2,7	1,5	6,28	8	1,1	2,8	5,5
7,1	5,2	1,3	2,9	2,5	7,28	10,4	1,4	3,1	8
7,2	5,1	1,2	2,8	3	7,1	10,8	1,7	3,4	8,5
6,3	9,5	1,2	3	5	7,15	10,5	1,5	3,2	8
6,2	10	1,4	3,2	6	6,2	8	1,2	3	5,5
6,31	9,6	1,3	3,1	5,5	6,1	8,4	1,5	3,2	7
6,3	10,2	1,4	3,1	6	6,15	8,2	1,3	3,1	6,5
6,28	10,4	1,6	3,3	7	6,1	6	1,1	2,8	5
6,3	10,3	1,5	3,2	7	6,1	6,4	1,4	3,2	6
5,52	6,5	1	3,9	2	6,15	6,2	1,2	2,9	6
5,5	6,7	1,3	3,1	4,5	6,22	6,8	1,3	3,1	6,5
5,5	6,6	1,1	3	3,5	6,18	6,6	0,7	3	4,5
7,5	4,3	1,1	2,8	3	6,7	10,1	1,6	3,1	9
7,3	4,7	1,5	3	4					

Tableau 13.1 Concentration en acides tartrique et malique, ions K^+, valeur du PH et note de qualité des arômes notées pour 33 observations.

Questions

- Au moyen d'une régression linéaire multiple, déterminer un modèle permettant de prédire la qualité des arômes à partir des 4 critères d'analyse physico-chimiques retenus.

- Prédire ensuite la qualité des arômes des 5 observations notées sur la tableau 13.2 suivant.

Observations	Acide tartrique	Acide malique	K+	PH
1	7,3	5,2	1	2,6
2	6,3	9,5	1,2	3,2
3	5,6	6,7	1,4	3,3
4	6,2	7,7	1,1	2,8
5	6,9	8	1,4	2,9

Tableau 13.2 Échantillon test.

13.2. NOTATIONS ET MODELE

Notations

La variable aléatoire à expliquer (dite encore variable dépendante) est Y, qualité des arômes.

Les variables explicatives (dites aussi variables indépendantes ou encore prédicteurs) sont :

- X_1 teneur en acide tartrique
- X_2 teneur en acide malique
- X_3 teneur en ions K^+
- X_4 PH.

Le nombre d'observations est n = 33 et le nombre de variables explicatives est p = 4.

Modèle

Avant de rechercher le modèle, il est indispensable de réaliser une analyse descriptive bidimensionnelle entre Y et chacune des variables explicatives X_i (coefficients de corrélation et nuages de points).

D'une manière générale, on recherche s'il existe des coefficients β_i $(i \in \{0,1,2,3,4\})$ tels que l'on puisse modéliser Y sous la forme :

$Y = \beta_0 + \beta_1 X_1 + \beta_2 X_2 + \beta_3 X_3 + \beta_4 X_4 + E$ où E désigne l'erreur aléatoire, ou résidu.

Cette équation s'écrit également sous la forme:

$$\Leftrightarrow \begin{pmatrix} y_1 \\ y_2 \\ . \\ . \\ . \\ y_n \end{pmatrix} = \beta_0 \begin{pmatrix} 1 \\ 1 \\ . \\ . \\ . \\ 1 \end{pmatrix} + \beta_1 \begin{pmatrix} x_{11} \\ x_{21} \\ . \\ . \\ . \\ x_{n1} \end{pmatrix} + \beta_2 \begin{pmatrix} x_{12} \\ x_{22} \\ . \\ . \\ . \\ x_{n2} \end{pmatrix} + \beta_3 \begin{pmatrix} x_{13} \\ x_{23} \\ . \\ . \\ . \\ x_{n3} \end{pmatrix} + \beta_4 \begin{pmatrix} x_{14} \\ x_{24} \\ . \\ . \\ . \\ x_{n4} \end{pmatrix} + \begin{pmatrix} e_1 \\ e_2 \\ . \\ . \\ . \\ e_n \end{pmatrix}$$

- *Remarque* : dans le modèle de régression linéaire, les variables explicatives peuvent être contrôlées (non aléatoires comme par exemple des doses de fumure) ou bien aléatoires. Dans ce dernier cas, le modèle est utilisé conditionnellement aux valeurs observées pour les variables explicatives. Pour plus de détails, on pourra consulter l'ouvrage "L'analyse des données" de T. Foucart (1997).

A partir des données observées, on recherche des estimateurs b_i des coefficients β_i permettant de reconstituer "au mieux" Y.

L'estimateur de Y s'exprime de la façon suivante :

$$\begin{pmatrix} \widehat{y_1} \\ \widehat{y_2} \\ . \\ . \\ . \\ \widehat{y_n} \end{pmatrix} = b_0 \begin{pmatrix} 1 \\ 1 \\ . \\ . \\ . \\ 1 \end{pmatrix} + b_1 \begin{pmatrix} x_{11} \\ x_{21} \\ . \\ . \\ . \\ x_{n1} \end{pmatrix} + b_2 \begin{pmatrix} x_{12} \\ x_{22} \\ . \\ . \\ . \\ x_{n2} \end{pmatrix} + b_3 \begin{pmatrix} x_{13} \\ x_{23} \\ . \\ . \\ . \\ x_{n3} \end{pmatrix} + b_4 \begin{pmatrix} x_{14} \\ x_{24} \\ . \\ . \\ . \\ x_{n4} \end{pmatrix}$$

$$\widehat{Y} = b_0 + b_1X_1 + b_2X_2 + b_3X_3 + b_4X_4$$

On note $e_i = y_i - \widehat{y_i}$; $e = \begin{pmatrix} e_1 \\ e_2 \\ . \\ . \\ . \\ e_n \end{pmatrix}$

On recherche les coefficients b_i minimisant la somme $\sum_{i=1}^{n} e_i^2 = \sum_{i=1}^{n} (y_i - \widehat{y_i})^2$. L'optimisation de cette somme définit le *critère des moindres carrés*. La résolution mathématique de cette optimisation fournit les coefficients b_i.

En statistique, dans le but de fiabiliser leur utilisation, on souhaite que les estimateurs soient sans biais et convergents. Ici les coefficients b_i sont des estimateurs sans biais à condition que E(e) moyenne des erreurs soit nulle. De plus, les estimateurs sont convergents si les résidus sont indépendants et de même variance.

13.3. DEMARCHE STATISTIQUE ASSOCIEE AU MODELE

On mesure l'indice de qualité de la régression globale par le coefficient de détermination. Expliquons son origine.

Les notations sont les suivantes :

- SCE_t est la somme des carrés des écarts à la moyenne de la variable à expliquer Y, dite variabilité ou variation de Y
- SCE_m est la somme des produits des écarts à la moyenne (SPE) de Y et $\widehat{Y}$, dite variabilité expliquée par le modèle régression
- SCE_r est la somme des carrés des écarts résiduelle.

Décomposons la variabilité totale et notons les degrés de liberté associés :

SCE_t Variabilité totale de Y	=	SCE_m Variabilité expliquée par le modèle	+	SCE_r Variabilité résiduelle
ddl = n-1		ddl = p		ddl = n-1-p

EQUATION DE L'ANALYSE DE VARIANCE

On obtient le tableau d'analyse de variance 13.3.

Source de dispersion	SCE	ddl	Carrés moyens ou variances
totale	SCE_t	n-1	
expliquée par le modèle régression	SCE_m	p	$CM_m = \frac{SCE_m}{p}$
résiduelle	SCE_r	n-1-p	$CM_r = \frac{SCE_r}{n-p-1}$

Tableau 13.3 Tableau d'analyse de variance de la régression linéaire multiple.

Le coefficient de détermination est la proportion de variabilité expliquée par le modèle régression, notée R^2 :

$$R^2 = \frac{\text{Variabilité expliquée par le modèle}}{\text{Variabilité totale de Y}} = \frac{SCE_m}{SCE_t}$$

R^2 est le carré du coefficient de corrélation R entre Y et $\hat{Y}$ $\quad \left(R_{Y\hat{Y}} = \frac{Cov(Y, \hat{Y})}{\sigma_Y \, \sigma_{\hat{Y}}} \right)$

R est aussi appelé coefficient de corrélation multiple.

13.3.1. Approche probabiliste de la régression

La réalisation de divers tests de signification de la régression suppose la normalité des résidus.

13.3.1.1. Test de la régression globale

Est-ce que le modèle a un sens ?

H_0 :	$\beta_0 = \beta_1 = \beta_2 = \beta_3 = \beta_4 = 0$
	contre
H_1 :	$\exists \ \beta_i \neq 0 \ , \quad i \in \{0, 1, 2, 3, 4\}$

Statistique du test et prise de décision

Sous H_0, la statistique $\frac{CM_m}{CM_r}$ suit la loi de Fisher-Snedecor à (ν_1, ν_2) degrés de liberté, avec $\nu_1 = p$ et $\nu_2 = n - p - 1$

13.3.1.2. Test de chaque coefficient

Est-ce chacun des critères explicatifs contribue de manière significative à expliquer la qualité des arômes ?

$H_0 : \beta_i = 0$ contre $H_1 : \beta_i \neq 0$

Statistique du test et prise de décision

Sous l'hypothèse H_0, la statistique $\frac{b_i}{\sigma_{b_i}}$ où σ_{b_i} désignant l'écart-type de b_i suit la loi de Student à $n - p - 1$ ddl.

➢ *Remarque :* les contraintes relatives aux résidus sont les suivantes :
- espérance nulle
- même variance
- indépendance
- distribution normale.

13.4. MISE EN ŒUVRE AU MOYEN DE L'UTILITAIRE D'ANALYSE D'EXCEL

Comme indiqué dans l'introduction du paragraphe "Modèle", il est essentiel de réaliser au préalable une étude descriptive. Nous proposons de calculer les corrélations, les graphiques de nuages de points figurant dans les résultats de la régression linéaire.

Les corrélations peuvent être obtenues par exemple par "l'analyse de corrélation" fournie par l'utilitaire d'analyse d'Excel. On peut aussi utiliser la fonction COEFFICIENT.CORRELATION pour chaque couple de variables (tableau 13.4).

Dans la zone "Plage d'entrée" de cette boîte de dialogue, on saisit la plage contenant le tableau des données.

Nous remarquons la forte corrélation de Y (qualité des arômes) avec X_2 (concentration en acide malique) et X_3 (concentration en ions K^+).

	X_1	X_2	X_3	X_4	Y
X_1	1				
X_2	-0,20	1			
X_3	0,26	0,54	1		
X_4	-0,45	0,32	0,17	1	
Y	-0,02	0,76	0,67	0,05	1

Tableau 13.4 Matrice de corrélation entre tous les critères.

13.4.1. Mise en œuvre de la régression linéaire

Dans l'utilitaire d'analyse, sélectionner le module "Régression linéaire". Les paramètres à saisir dans la boîte de dialogue sont :
- pour la plage pour la variable Y on sélectionne la plage correspondante avec ou sans titre ("Intitulé présent" coché ou non)
- pour la plage pour les variables X_i on sélectionne la matrice des variables explicatives avec ou sans titre selon la présence ou l'absence des intitulés.

X_1	X_2	X_3	X_4
6,29	9,6	1,2	3,1
5,52	6,5	1	3,9
...	...	...	...
6,18	6,6	0,7	3
6,7	10,1	1,6	3,1

Y
3,5
1
...
4,5
9

- Niveau de confiance. Par défaut, c'est le niveau de confiance classique de 95% qui est proposé. Pour tout autre choix, cocher l'option et saisir le niveau choisi.
- En ce qui concerne les options de sortie, nous retenons tous les résultats proposés pour l'analyse des résidus et nous ne retenons pas "Probabilité normale" car elle n'est pas proposée pour les résidus.

A la validation de la boîte de dialogue, un ensemble de résultats est affiché sous la dénomination "Rapport détaillé".

13.4.2. Interprétation des résultats du "rapport détaillé"

Les tableaux encadrés sont affichés par l'utilitaire d'analyse sans modification ni complément. Comme nous l'avons fait lors des utilisations précédentes de ce module et pour faciliter le travail du lecteur, nous préférons indiquer les rectifications ou compléments divers lors du commentaire des résultats.

	Coefficients	Erreur-type	Statistique t	Probabilité	Limite inférieure pour seuil de confiance = 95%	Limite supérieure pour seuil de confiance = 95%
Constante	4,832	4,580	1,055	0,300	-4,550	14,213
X1	-0,530	0,454	-1,166	0,253	-1,460	0,401
X2	0,572	0,131	4,383	0,00015	0,305	0,840
X3	4,575	1,365	3,351	0,002	1,778	7,372
X4	-2,129	0,929	-2,293	0,030	-4,032	-0,227

Tableau 13.5 Coefficients des variables explicatives et statistiques associées.

13.4.2.1. Modèle

Le modèle apparaît dans la colonne "Coefficients".

$$\hat{Y} = 4,832 - 0,53\,X_1 + 0,572\,X_2 + 4,575\,X_3 - 2,129\,X_4$$

↑ Qualité des arômes estimée ($\hat{Y}$) ; ↑ Acide tartrique (X_1) ; ↑ Acide malique (X_2) ; ↑ K^+ (X_3) ; ↑ PH (X_4)

Interprétons un coefficient par exemple celui de X_1 égal à –0,53. . Si la teneur en acide tartrique augmente d'une unité, la note de qualité des arômes diminue de 0,53, les autres critères sont fixés. L'interprétation est similaire pour les autres coefficients.

13.4.2.2. Indices de qualité

Ces indices apparaissent dans la rubrique "Statistique de la régression" :

Statistiques de la régression	
Coefficient de détermination multiple	0,851
Coefficient de détermination R^2	0,725
Coefficient de détermination R^2	0,685
Erreur-type	1,192
Observations	33

Tableau 13.6 Statistiques de la régression.

Le "coefficient de détermination multiple" est, en fait, le *coefficient de corrélation multiple,* c'est à dire le coefficient de corrélation entre Y et son estimation $\hat{Y}$. Dans cet exemple, la valeur 0,85 montre une bonne corrélation.

Le "coefficient de détermination" R^2 (0,725) est le pourcentage de variabilité expliqué par le modèle : $\frac{SCE_m}{SCE_t} = 72,5\%$. Cela veut dire que 72,5% de la variabilité de la qualité des arômes est expliquée par le modèle de régression trouvé. Le modèle est donc de bonne qualité.

Ce coefficient de détermination est un indicateur de qualité très utilisé. Il faut noter que certains utilisateurs peuvent cependant conserver des modèles de régression pourvus de coefficients de détermination relativement faibles, disons inférieurs à 50%, lorsque ces modèles sont significatifs (la significativité sera étudiée par les tests). Seule, une connaissance approfondie des données modélisées peuvent autoriser de telles pratiques.

Le deuxième coefficient de détermination encore appelé R^2 (0,685) est en fait le *coefficient de détermination ajusté*. Il traduit le pourcentage de variance

$$\frac{\text{Var}\,Y - \text{Var résiduelle}}{\text{Var}\,Y}$$

expliqué par le modèle régression ($\text{Var}\,Y = \frac{SCE_t}{ddl_t}$; $\text{Var résiduelle} = CM_r = \frac{SCE_r}{ddl_r}$)

Cet indicateur de qualité, voisin du précédent, est parfois préféré par certains utilisateurs car "corrigé" par les degrés de liberté.

Dans cette rubrique "Statistiques de la régression" du rapport figurent également l' écart-type résiduel sous la dénomination "erreur-type" (1,192) ainsi que le nombre d'observations (33).

13.4.2.3. Approche probabiliste

Analyse de variance

Commentons et interprétons le tableau de l'analyse de variance du rapport.

ANALYSE DE VARIANCE					
	Degré de liberté	*Somme des carrés*	*Moyenne des carrés*	*F*	*Valeur critique de F(*)*
Régression	4	104,675	26,169	18,412	1,61E-07
Résidus	28	39,795	1,421		
Total	32	144,470			

Tableau 13.7 Résultats de l'analyse de variance de la régression linéaire multiple.

(*) : attention, il faut traduire cet intitulé par "Probabilité critique" (voir ci-dessous)

La 1re colonne est l'origine de la dispersion :

Variabilité expliquée par la régression + variabilité résiduelle = variabilité totale

La 2e colonne indique les degrés de liberté. Le degré de liberté relatif à Total est égal à n – 1 soit ici 32. Le degré de liberté relatif à Régression est égal au nombre p de variables explicatives soit ici 4. Enfin, le degré de liberté associé aux résidus est la différence des deux précédents soit ici n – 1 – p = 33 – 1 – 4 = 28.

La 3e colonne est intitulée "Somme des carrés". La valeur relative à "Total" (144,47) est la dispersion SCE de Y variable à expliquer notée SCE_t dans l'équation d'analyse de variance. La valeur relative à "Régression" (104,675) indique la dispersion expliquée par le modèle. Il s'agit de $SPE_{Y\hat{Y}}$ somme des produits des écarts à la moyenne de Y et de son estimation $\hat{Y}$ notée SCE_m dans l'équation d'analyse de variance.

La 4e colonne, intitulée "moyenne des carrés" indique les variances ou carrés moyens. Ce sont les rapport des dispersions "Somme des carrés" par les degrés de liberté. Ainsi, la valeur relative à "Régression" (26,169) est la variance expliquée par le modèle "Régression" notée précédemment CM_m. La valeur relative à "Résidus" (1,421) est la variance due au résidu que nous avons noté précédemment CM_r.

Les 5e et 6e colonnes participent au test de la significativité de la régression globale précédemment expliqué dans l'étude statistique : $H_0 : \beta_0 = \beta_1 = \beta_2 = \beta_3 = \beta_4 = 0$.

La cinquième colonne "F" (18,412) est la statistique de Fisher-Snedecor associée au test précédent et calculé à partir du tableau d'analyse de variance :

$$F = \frac{\text{Variance due au modèle}}{\text{Variance résiduelle}} = \frac{CM_m}{CM_r} \quad (\text{valeur du } F_{\text{observé}})$$

En ce qui concerne la colonne 6 "*Valeur critique F*", il convient de faire attention : il s'agit de la **probabilité critique**. L'utilitaire contient ici une regrettable erreur de traduction. Pour le vérifier, il suffit d'appliquer la fonction LOI.F sur la valeur du $F_{\text{observé}}$ précédente.

La probabilité critique $1{,}6.10^{-7}$ est la probabilité d'observer une valeur de F au moins égale à celle du $F_{\text{observé}}$ lorsque H_0 est vraie. C'est encore le risque que l'on prendrait en concluant que, globalement, la régression a un sens alors qu'elle n'en a pas. Ce risque étant infime, nous concluons que, globalement, le modèle régression que nous avons déterminé a un sens.

13.4.2.4. Commentaire et interprétation du tableau relatif aux variables explicatives X_i

Reprenons le tableau 13.5. Nous avons vu ci-dessus que ce tableau fournit dans sa 1re colonne le modèle recherché. Le reste du tableau permet de tester la pertinence de la présence de chacun des critères au sein du modèle :

La 2e colonne "Erreur-type" est l'écart-type de chacun des coefficients.

Les colonnes "Statistique t" et "Probabilité" fournissent les calculs associés aux tests de significativité de chacun des coefficients comme il a été expliqué dans l'étude statistique. Interprétons par exemple la pertinence d'un critère. Est-ce que X_3 contribue à expliquer de manière significative la qualité des arômes ? Le test associé est

$$\boxed{H_0 : \beta_3 = 0 \text{ contre } H_1 : \beta_3 \neq 0}$$

Dans la colonne "Statistique t", 3,351 est la valeur observée de la statistique T de Student : $\frac{\text{Coefficient}}{\text{Erreur type}} = \frac{4{,}575}{1{,}365}$.

Rappelons que sous H_0, la statistique T suit la loi de Student à n-p-1 ddl soit ici 33-3-1=28 .

La probabilité 0,002 est la valeur de la probabilité critique associée au test de Student bilatéral émis ci-dessus, c'est à dire :

$$P(T < -|\text{Statistique t}|) + P(T > |\text{Statistique t}|)$$

C'est le risque que l'on prendrait en rejetant H_0, c'est à dire en concluant que le critère "teneur en ions K^+" contribue de manière significative à expliquer la qualité des arômes. Si l'on décide de raisonner à un niveau classique de test (5%), la probabilité critique affichée de 0,2% permet de conclure à l'impact significatif de la teneur en ions K^+ . En résumé, en présence des autres critères explicatifs, la teneur en ions K^+ contribue de manière significative à l'explication de la qualité des arômes au risque $2^0/_{00}$. Rappelons l'interprétation de la valeur du coefficient : en présence des autres critères explicatifs, si la teneur en ions K^+ augmente d'un dixième d'unité, la note de qualité des arômes augmente de 0,457.

Significativité des autres critères explicatifs

En se donnant comme précédemment un niveau de test classique à 5%, l'examen des valeurs de la colonne "Probabilité" permet de conclure que les critères "acide malique" (X_2) et "PH" (X_4) expliquent de manière significative la qualité des arômes. Si la concentration en acide malique augmente d'une unité, la note de qualité augmente de 0,572. Si le PH augmente de 1, les autres critères étant fixés, la note diminue de 2,129. L'augmentation de l'acidité (baisse du PH) a tendance à renforcer la qualité des arômes.

En résumé, excepté l'acide tartrique, tous les critères retenus contribuent de manière significative à l'explication de la qualité des arômes. Pour autant, on ne doit pas enlever du modèle les critères non significatifs (ici la teneur en acide tartrique). En effet, le nouveau modèle obtenu à partir des seuls trois autres critères aura un coefficient de détermination R^2 inférieur au modèle précédent à 4 critères. Il est prudent d'évaluer cette baisse. Par ailleurs, il est aussi vrai que, pour des raisons de simplification du modèle, et ...de baisse de coûts d'analyses physico-chimiques, on peut être conduit à simplifier les modèles.

Les colonnes "Limites inférieure et supérieure pour un seuil de confiance de 95%" fournissent l'intervalle de confiance associé à chacun des coefficients.

13.4.2.5. Analyse des résidus

ANALYSE DES RÉSIDUS			
Observation	*Prévisions Y*	*Résidus*	*Résidus normalisés*
1	5,886	-2,386	-2,139
2	1,900	-0,900	-0,807
3	2,793	-1,793	-1,608
4	3,164	-1,664	-1,493
5	3,821	-1,321	-1,185
6	3,466	-0,466	-0,418
7	6,036	-1,036	-0,929
8	6,864	-0,864	-0,775

Tableau 13.8 Valeurs prédites pour Y (qualité des arômes), valeurs des résidus et des résidus centrés réduits.

- La 1re colonne indique le n° d'ordre de l'observation
- la colonne "Prévisions Y" donne les valeurs de $\widehat{Y}$, valeur de Y estimées par le modèle
- la colonne "Résidus" fournit l'erreur commise lorsqu'on remplace la vraie valeur y_i par son estimation $\widehat{y_i}$: Résidu = $Y - \widehat{Y}$. Remarquons que l'on peut vérifier la nullité de la moyenne des résidus
- la colonne "Résidus normalisés" indique les résidus centré-réduits. rappelons que les résidus doivent être normalement distribués. Si, à l'examen, certains d'entre eux se distinguent par leur importance (valeur absolue supérieure à 2,6), on peut d'une part craindre de forts écarts à la normalité et d'autre part, pointer des observations marginales, voire aberrantes. Si la normalité est relativement acceptable, le pourcentage des résidus supérieurs à 2 en valeur absolue ne devrait pas dépasser 5%. On peut aussi réaliser une analyse descriptive de ces résidus normalisés (notamment un histogramme) et, selon l'apparence de ce dernier, faire un test de normalité. Nous proposons sur la figure 13.1 un histogramme de résidu normalisé, obtenu avec un choix de classe bien adapté à une loi N(0,1).

classes	fréquences
-2	1
-1	4
0	11
1	11
2	5
et plus	1

Tableau 13.9 Distribution des fréquences des résidus

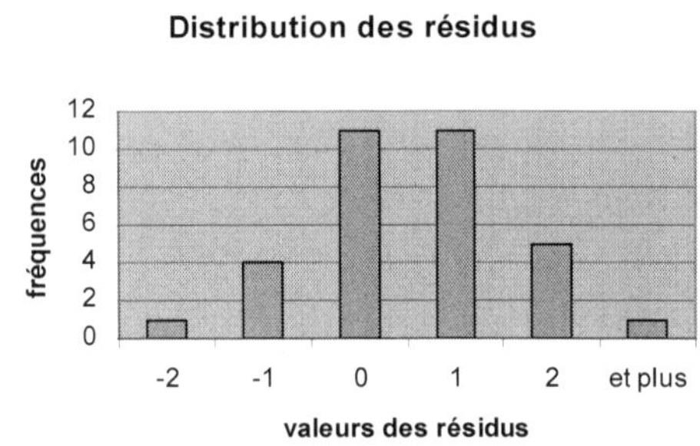

Figure 13.1 Histogramme des résidus.

Au vu de la bonne symétrie de la distribution, un test de normalité pourrait être tenté mais la répartition dans les classes fait pressentir une trop faible taille d'échantillon.

Analyse graphique

Les nuages de résidus en fonction de chacune des variables explicatives X_i permettent de vérifier l'absence de structure, c'est à dire l'absence de liaison. En effet, si le résidu pouvait être modélisé à partir d'une variable X_i, ce ne serait plus une véritable erreur ! La modélisation du résidu conduirait à un "bruit", véritable nouveau résidu.

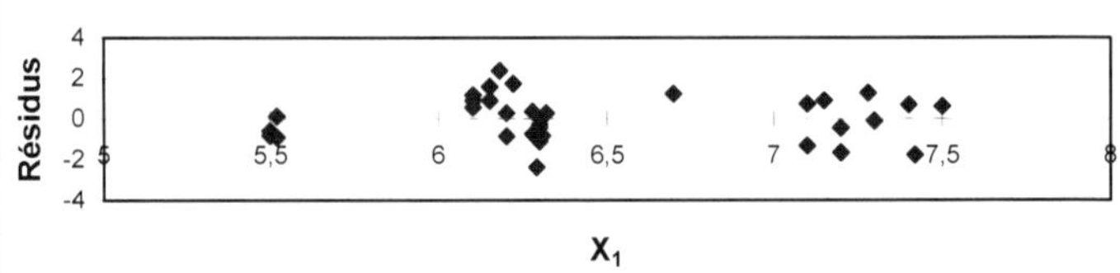

Figure 13.2.a Nuage des résidus en fonction de X_1 (acide tartrique).

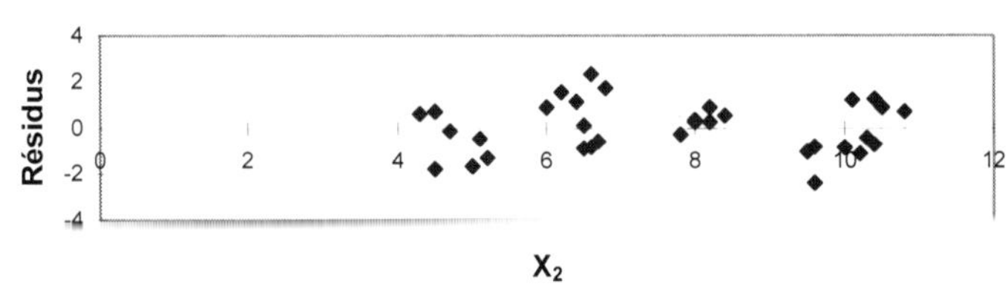

Figure 13.2.b Nuage des résidus en fonction de X_2 (acide malique).

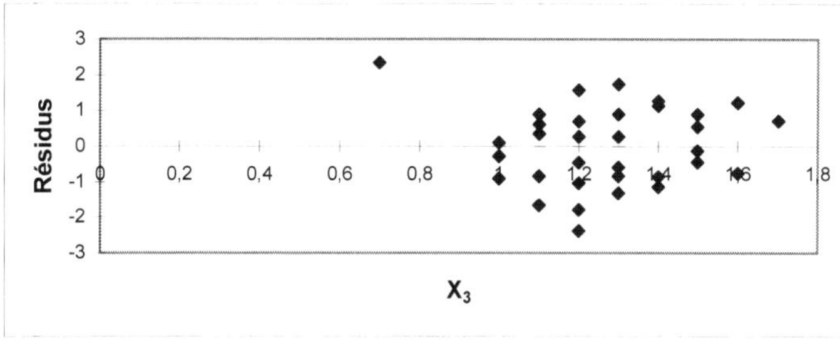

Figure 13.2.c Nuage des résidus en fonction de X_3 (ions K^+).

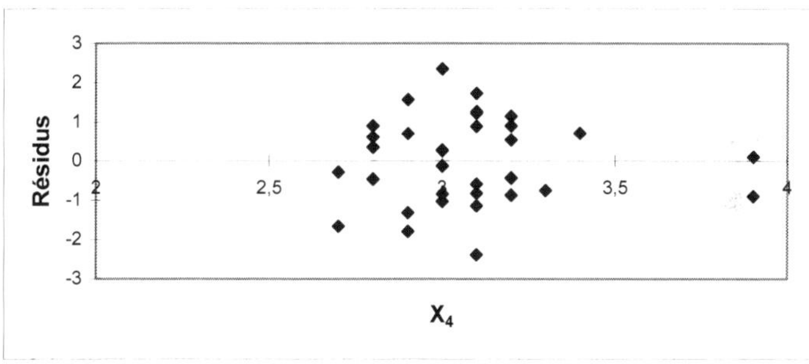

Figure 13.2.d Nuage des résidus en fonction de X_4 (PH).

Dans notre exemple, aucune structure n'apparaît dans aucun de ces 4 nuages, ce qui est satisfaisant.

13.4.2.6. Analyse des graphiques (variable explicative, variable à expliquer)

Les graphiques $(Y, \widehat{Y})$ en fonction des quatre variables explicatives permettent de visualiser d'une part la liaison (ou l'absence de liaison) entre Y, qualité des arômes et chacun de ses prédicteurs (pris isolément) et d'autre part , la proximité entre Y et son estimation. Rappelons qu'en utilisant le clic droit de la souris sur un point central du nuage (symbole "rond plein" par exemple), un menu contextuel permet d'ajouter une courbe de tendance (voir chapitre de statistique descriptive).

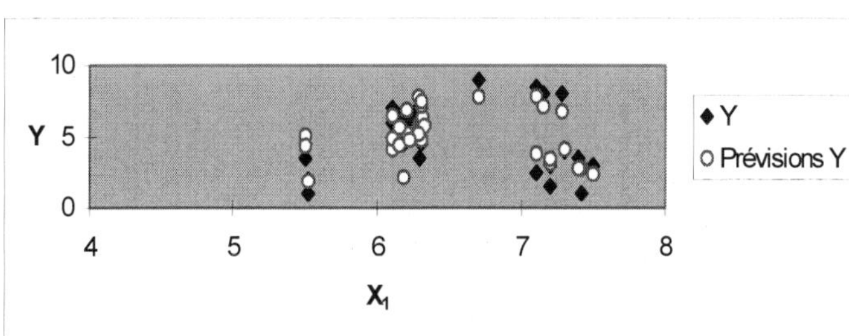

Figure 13.3.a Nuage de Y (qualité des arômes) et $\hat{Y}$ (qualité estimée) en fonction de X_1 (acide tartrique).

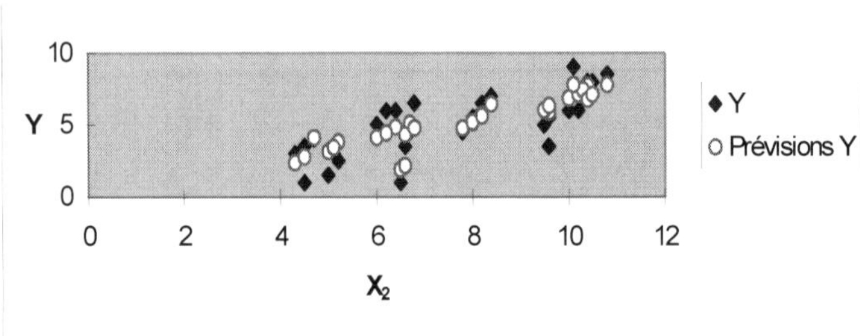

Figure 13.3.b Nuage de Y (qualité des arômes) et $\hat{Y}$ (qualité estimée) en fonction de X_2 (acide malique).

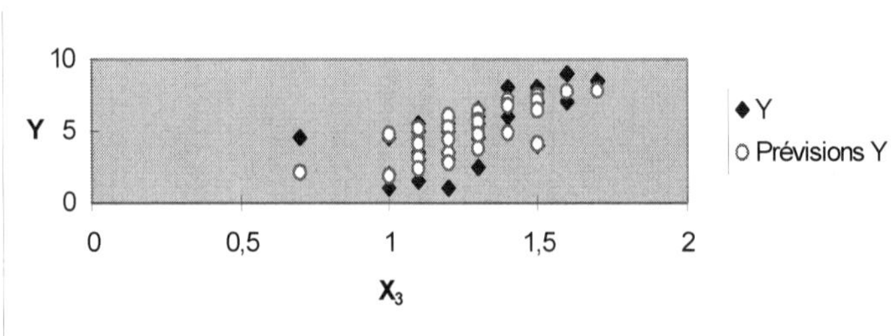

Figure 13.3.c Nuage de Y (qualité des arômes) et $\hat{Y}$ (qualité estimée) en fonction X_3 (ions K^+).

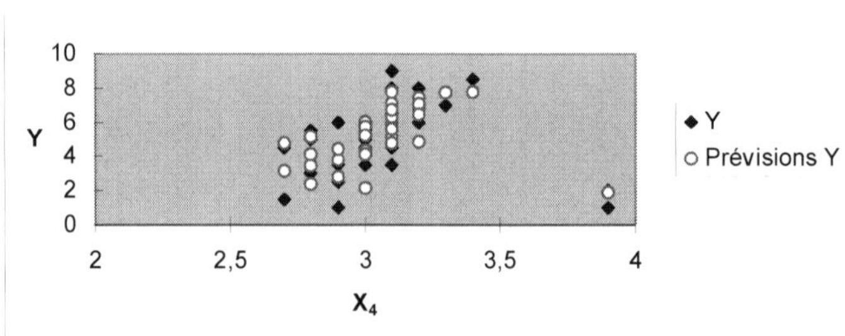

Figure 13.3.d Nuage de Y (qualité des arômes) et $\hat{Y}$ (qualité estimée) en fonction X_4 (PH).

Nous remarquons l'absence de liaison entre la qualité des arômes et la teneur en acide tartrique (Y, X_1). Nous remarquons par ailleurs que les trois autres nuages s'étirent longitudinalement.

Dans le nuage "Qualité des arômes, ions K^+" (X_3), l'observation correspondant à la plus faible teneur en ions K^+ se démarque de l'ensemble.

Dans le nuage relatif au PH (X_4), c'est l'observation correspondant au plus fort PH qui se démarque de l'ensemble.

Ces observations marginales augmentent la variation résiduelle et diminuent donc la qualité du modèle. Elles perturbent également la linéarité du nuage, notamment pour le PH (X_4). D'un point de vue concret, il est fondamental de rechercher "sur le terrain" l'origine de cette marginalité. On pourrait éventuellement rechercher un nouveau modèle en écartant ces deux observations marginales.

En résumé, étant donné sa bonne qualité (R^2 = 72,5%, absence de très forts résidus, symétrie de la distribution de ces résidus), ce modèle sera considéré comme satisfaisant.

13.4.3. Prédiction de la qualité des arômes de 5 nouvelles observations

Une première technique consiste à utiliser directement le modèle trouvé. Pour cela, nous proposons l'organisation suivante :

Coefficients	**-0,530**	**0,572**	**4,575**	**-2,129**	**4,832**	
	X_1	X_2	X_3	X_4	Y	**Prédiction de Y**
Échantillon de base	6,29	9,6	1,2	3,1	3,5	5,886
	5,52	6,5	1	3,9	1	1,900
	...	...	...	...	...	...
	6,18	6,6	0,7	3	4,5	2,152
	6,7	10,1	1,6	3,1	9	7,785
Échantillon test	**7,3**	**5,2**	**1**	2,6		**2,981**
	6,3	**9,5**	**1,2**	**3,2**		**5,610**
	5,6	**6,7**	**1,4**	**3,3**		**5,080**
	6,2	**7,7**	**1,1**	**2,8**		**5,027**
	6,9	**8**	**1,4**	**2,9**		**5,987**

Tableau 13.10 Valeurs des notes de qualité des arômes prédites par le modèle (échantillon test).

Au moyen d'un "copier-coller spécial / valeurs", nous recopions les valeurs des coefficients b_i aux places indiquées.

Le calcul de la 1re valeur estimée $\widehat{y_1}$ c'est à dire la 1re valeur prédite est le suivant. Sous la ligne est indiqué le type de référence à utiliser, "abs" pour absolue, "rel" pour relative et "fixe" pour ligne fixée :

4,832	+	(-2,129)	x	3,1	+	(4,575)	x	1,2	+	(0,572)	x	9,6	+	(-0,53)	x	6,29
abs		fixe		rel		fixe		rel		fixe		rel		fixe		rel

Le résultat de la 1re estimation s'affiche. En tirant vers le bas la poignée de recopie s'affichent les valeurs estimées par le modèle et, parmi elles, celles relatives aux nouvelles observations.

Le fait de calculer aussi les valeurs estimées pour les observations ayant permis la construction du modèle (échantillon de base) n'alourdit pas le travail et permet de vérifier l'absence d'erreur de calcul puisque ces résultats sont affichés dans la rubrique "Analyse des résidus" du rapport détaillé.

Une autre technique consiste à utiliser directement la fonction TENDANCE. Cette fonction matricielle (cf. Annexe Excel) donne directement les valeurs à prédire à partir du tableau des données. Cette méthode est très rapide.

On sélectionne la plage d'accueil des résultats soit une matrice à 5 lignes et 1 colonne puis on appelle la fonction dont les arguments sont :

- Y connus : plage des valeurs prises par Y (ou nom de cette plage)
- X connus : plage des valeurs prises par les variables X_i (ou son nom)
- X nouveaux : plage des nouvelles valeurs prises par les variables X_i de l'échantillon test (ou son nom)
- Constante : saisir VRAI si l'on souhaite obtenir cette valeur.

En résumé cela donne TENDANCE(X,Y,XN,VRAI) ou X, Y et XN sont les noms des plages correspondantes. Les cinq valeurs de Y prédites s'affichent dans la zone prévue.

13.5. MISE EN ŒUVRE AU MOYEN DE LA FONCTION DROITEREG

Comme nous l'avons déjà indiqué, l'intérêt des fonctions Excel réside dans leur interactivité avec les données. Cependant, pour la régression linéaire multiple, la construction est nettement plus longue qu'avec l'utilitaire d'analyse.

La fonction DROITEREG est une fonction matricielle (cf. Annexe Excel). Pour la mettre en œuvre, il faut sélectionner une plage de 5 lignes et (p+1) colonnes (rappelons que p est le nombre de variables explicatives). Ici la plage est de 5 **x** 5. Les arguments de la fonction sont les suivants :

- Y connus : plage des valeurs prises par Y (ou nom de cette plage)
- X connus : plage des valeurs prises par les variables X_i (ou son nom)
- Constante : saisir VRAI si l'on souhaite obtenir cette valeur
- Statistiques : saisir VRAI si l'on souhaite obtenir les résultats calculés.

Après validation par CTRL+Maj+Entrée, la matrice des résultats s'affiche (valeurs encadrées) qu'il faut "décrypter". Il est prudent de rajouter des titres.

	X4 b4	*X3 b3*	*X2 b2*	*X1 b1*	*b0*
Coefficients	-2,129	4,575	0,572	-0,530	4,832
écarts types des coefficients	0,929	1,365	0,131	0,454	4,580
R2 ;écart-type deY estimé	0,725	1,192			
Fobservé de Fisher-Snedecor ; DDL(n-p-1)	18,412	28			
SCE modèle régression ; SCE résiduel	104,675	39,795			

Tableau 13.11 Résultats numériques fournis par la fonction DROITEREG.

Les 2 premières lignes sont relatives aux coefficients b_i. Il est important de remarquer l'ordre de ces coefficients par rapport à celui des valeurs des variables explicatives X_i saisies dans la boîte de dialogue. En saisissant leur plage dans l'ordre X_1, X_2, X_3, X_4, les coefficients sont affichés dans l'ordre inverse : b_4, b_3, b_2, b_1, b_0.

Sur la 3e ligne, la 1re colonne donne la valeur du coefficient de détermination R^2 et la 2e est l'écart-type de y estimé $\hat{Y}$.

Sur la 4e ligne, la 1re colonne est la valeur $\frac{CM_m}{CM_r}$ du F de Fisher-Snedecor et la 2e celle du ddl résiduel.

Sur la 5e ligne, la 1re colonne indique SCE_m (due au modèle régression) et la 2e SCE_r (résiduel).

Exploitation des résultats affichés

Il faut remarquer que nous retrouvons une partie des éléments obtenus par l'utilitaire d'analyse mais, les tests étant absents, nous devrons les construire.

Le modèle est fourni par la 1re ligne :

$$\widehat{Y} = 4,832 - 0,53\ X_1 + 0,572\ X_2 + 4,575 X_3 - 2,129 X_4$$

La qualité associée au modèle est mesurée par $R^2 = 0,725$ c'est à dire que 72,5% de la variabilité de la qualité des arômes est expliquée par ce modèle.

Construction des principaux tests

Pour faire le test de la régression globale, on applique la fonction LOI.F sur la valeur de la statistique F de Fisher-Snedecor observée (4e ligne, 2e colonne). Les ddl sont au numérateur 4 (valeur de p) et au dénominateur 28 (valeur de n-p-1). On obtient la valeur de la probabilité critique $P(F>F_{observé}) = 1,613.10^{-7}$ interprétée précédemment.

Pour le test de chacun des coefficients, à l'aide de "copier-collage spécial / valeurs", on isole les coefficients et leurs écart-type. On construit le test sur la 1re colonne :

- Calcul de la statistique de Student (division du coefficient par son écart-type)
- Valeur absolue de cette statistique (fonction mathématique ABS)
- Détermination de la probabilité critique (fonction LOI.STUDENT sur la valeur absolue de la statistique t).

Après avoir sélectionné cette 1re colonne, on tire la poignée de recopie vers la droite :

	X4 b4	*X3 b3*	*X2 b2*	*X1 b1*	*b0*
Coefficients	-2,129	4,575	0,572	-0,530	4,832
Ecarts types des coefficients	0,929	1,365	0,131	0,454	4,580
Statistique t (coefficient/écart type)	*-2,293*	*3,351*	*4,383*	*-1,166*	*1,055*
Valeur absolue des statistiques t(fonction mathématique ABS)	*2,293*	*3,351*	*4,383*	*1,166*	*1,055*
Probabilité critique (fonction LOI.STUDENT)	***0,0296***	***0,0023***	***0,0001***	***0,2534***	***0,3004***

Tableau 13.12 Construction des tests de Student associés aux coefficients des variables.

Les autres résultats ont été commentés précédemment (valeurs prédites, $\widehat{Y}$, résidus, résidus centrés-réduits, nuages). Ils sont faciles à déterminer au moyen du logiciel.

13.6. RECHERCHE DE SIMPLIFICATIONS DE MODELES

13.6.1. Régressions linéaires multiples

Nous avons remarqué que seul l'acide tartrique n'explique pas la qualité des arômes.

Il est naturel de rechercher un autre modèle en écartant ce critère et de juger alors si la diminution du coefficient de détermination R^2 n'est pas trop pénalisante.

On trouve le modèle suivant :

$$\widehat{Y} = 0,450 + 0,623\ X_2 + 3,800\ X_3 - 1,624\ X_4$$

X_2 ↑ acide malique ; X_3 ↑ K^+ ; X_4 ↑ PH

Le coefficient de détermination a très peu diminué puisqu'il est égal à 71,1%. La régression globale est significative (probabilité critique = 5,69 E-8).

Les coefficients des variables "acide malique" et "ions K^+" sont significatifs à un risque inférieur à 1%. Celui de la variable PH n'est pas significatif (probabilité critique de 0,059).

Ce modèle maintient un bon niveau de qualité. On le considère donc comme satisfaisant.

On poursuit la même stratégie simplificatrice en écartant la variable PH et en examinant si le nouveau modèle à deux variables explicatives "acide malique" et "ions K^+" est satisfaisant ou non.

Le modèle trouvé est significatif (probabilité critique = $5{,}29.10^{-8}$) et fournit un coefficient de détermination de 67,27 %. Les coefficients des deux variables "acide malique" (X_2) et "ions K^+" (X_3) dont les probabilités critiques respectives sont 0,01% et 0,5% sont significatifs

Le modèle calculé est le suivant :

$$\widehat{Y} = -0{,}405 + 0{,}557\ X_2 + 3{,}808\ X_3$$

Nous proposons de clore la stratégie simplificatrice avec le modèle le plus simple : modèle à une seule variable explicative.

Cette démarche simplificatrice partant de la régression complète est une démarche de type descendant.

13.6.2. Régression linéaire simple

Si l'on souhaite vraiment simplifier le modèle et réduire les coûts, on peut rechercher un modèle à un seul critère explicatif. C'est le modèle de *régression linéaire simple* qui, dans Excel, s'obtient de la même façon que la régression linéaire multiple. La régression linéaire simple s'interprète également de façon similaire.

Comme variable explicative, nous retiendrons l'acide malique (X_2). C'est en effet la variable la plus corrélée avec la qualité des arômes (0,76) et , d'autre part, celle qui, dans le modèle complet à 4 variables explicatives offre la plus petite probabilité critique (0,00015).

En fait, cette modélisation a été réalisée lors de l'étude de la statistique descriptive bivariée croisement entre deux variables quantitatives (cf. §3.4.4.3).

Rappelons que le carré du coefficient de corrélation fournit le coefficient de détermination ici 0,57.

Cette fois, la chute du coefficient de détermination est notable puisqu'on est passé de 0,67 à 0,57.

Il reste à réaliser les tests de significativité.

Le test de significativité de la régression linéaire simple est identique *au test du coefficient de la variable explicative*. Ceci revient encore à tester la significativité du *coefficient de corrélation avec la variable explicative et à expliquer*.

En utilisant, par exemple, le module "Régression linéaire" de l'utilitaire d'analyse, nous obtenons une probabilité critique de 3,51 E-7 (même résultat, bien entendu, pour le test F de Fisher-Snedecor que celui affiché pour le test de Student relatif au coefficient directeur de la droite de régression).

Par conséquent, le modèle est significatif. La seule réserve que l'on peut émettre est la relative faiblesse de l'indicateur de qualité R^2. C'est à l'utilisateur de juger s'il conserve ou non ce modèle simplifié, car lui seul pèsera l'importance des différents enjeux.

13.6.3. Régressions descendantes et ascendantes

La recherche de modèles de régression simplifiées peut se faire par des régressions descendantes ou ascendantes.

13.6.3.1. Régression descendante

On part de la régression complète à p variables explicatives et on écarte à tour de rôle l'une des variables en réalisant chaque fois une régression à (p-1) variables et en notant la diminution du coefficient de détermination R^2 par rapport à la régression complète.

On conserve la régression ayant entraîné la plus faible diminution de R^2 et on recommence la même procédure avec ce nouveau modèle. L'itération de ce processus permet de détecter l'étape au cours de laquelle le retrait d'une variable provoque une diminution de R^2 nettement plus importante. On retiendra alors le modèle fourni par l'avant-dernière étape.

13.6.3.2. Régression ascendante

C'est la démarche inverse. On part du modèle le plus simple (à une variable explicative, celle qui est la plus corrélée avec la variable à expliquer). On enrichit ensuite le modèle en ajoutant la variable qui augmente le plus le coefficient R^2. Ce modèle à deux variables est, à son tour, enrichi en ajoutant, parmi les variables restantes, celle qui augmente le plus ce coefficient. On arrête l'itération de ce processus lorsque l'on juge que l'augmentation de R^2 est négligeable.

La "régression progressive", cas particulier de la régression ascendante, consiste à tester à chaque étape l'entrée de la nouvelle variable. Si le test n'est pas significatif, la variable sélectionnée comme indiqué par la progression du coefficient R^2 n'est pas introduite. De plus, on examine si les variables présentes dans le modèle restent significatives en présence de la nouvelle variable (on écarte ces variables "présentes" si elles ne sont plus significatives). Les tests supposent des conditions de validité.

Ces modèles simplifiés et optimisés, fréquemment utilisés, sont sans aucun doute intéressants mais lourds dans leur mise en pratique avec une utilisation élémentaire d'Excel.

Troisième Partie

ETUDES DE CAS

14. DEMARCHE QUALITE : CANARDS GRAS DU SUD-OUEST

14.1. PRESENTATION DU CAS

Un suivi technico-économique est réalisé auprès de producteurs de canards gras d'une zone du Sud-ouest de la France. Dans cette étude, on s'intéresse à la marge sur coût alimentaire par canard élevé (exprimée en euros par canard élevé), selon la démarche qualité adoptée.

On considère les démarches suivantes :

1. Qualité biologique notée BIO
2. Qualité standard notée STAN
3. "IGP, foie du Sud-Ouest" notée IGP ce qui signifie Identification Géographique de Provenance
4. Label Rouge, foie gras des Landes notée LROU.

Le producteur doit respecter un cahier des charges spécifique pour accéder à la démarche qualité choisie (sauf pour la qualité standard).

Un échantillon est extrait au hasard dans chacune des populations de producteurs étudiés et on observe les résultats suivants (sur Excel, ces données sont saisies sur 4 colonnes adjacentes) :

BIO	4,18	4,03	3,90	3,79	3,72	3,67	3,58	3,51	3,44	3,38	3,31	3,19	3,10	2,76						
STAN	2,88	2,70	2,55	2,48	2,43	2,39	2,33	2,29	2,22	2,19	2,17	2,15	2,12	2,08	2,07	2,01	2,00	1,99	1,94	1,92
	1,88	1,86	1,82	1,77	1,74	1,70	1,67	1,63	1,60	1,48	1,36	1,21	1,10							
IGP	3,45	3,30	3,20	3,14	3,11	3,09	3,05	2,98	2,94	2,89	2,88	2,85	2,84	2,82	2,80	2,80	2,77	2,75	2,75	2,73
	2,72	2,72	2,67	2,67	2,65	2,63	2,63	2,60	2,58	2,58	2,56	2,56	2,53	2,53	2,51	2,49	2,49	2,49	2,46	2,46
	2,44	2,44	2,40	2,40	2,39	2,39	2,35	2,35	2,35	2,33	2,32	2,32	2,32	2,28	2,28	2,28	2,25	2,25	2,23	2,21
	2,21	2,20	2,20	2,17	2,17	2,14	2,14	2,10	2,10	2,09	2,08	2,08	2,05	2,03	2,03	2,03	1,99	1,99	1,94	1,94
	1,94	1,91	1,91	1,86	1,86	1,85	1,81	1,80	1,80	1,73	1,71	1,71	1,65	1,65	1,65	1,62	1,48	1,41	1,26	
LROU	3,40	3,21	3,03	2,92	2,82	2,74	2,65	2,54	2,49	2,35	2,30	2,28	2,16	2,10	1,94	1,91	1,75	1,59	1,37	

Tableau 14.1 Marge sur coût alimentaire par canard élevé pour 4 démarches qualité.

Questions

a) Décrire chacune des démarches qualité et les comparer.

b) La démarche "production biologique" étant très marginale, approfondir l'analyse des trois autres démarches.

Peut-on conclure qu'en moyenne, les marges sur coût alimentaire par canard élevé sont identiques dans les trois populations de producteurs concernés ?

Les spécialistes définissent 3 niveaux de marge :

- Classe 1 : marge faible (≤ 2)
- Classe 2 : marge moyenne ($2 <$ marge $\leq 2{,}4$)
- Classe 3 : marge bonne ($>2{,}4$).

Peut-on considérer que les trois démarches STAN, IGP et LROU sont homogènes selon les 3 classes ?

14.2. PROPOSITION DE DEMARCHE STATISTIQUE

Nous proposons d'adopter une démarche de statistique bivariée comprenant les deux volets descriptif et inférentiel.

14.2.1. Statistique descriptive bivariée

C'est l'analyse du couple "variable quantitative QT niveau de marge – variable qualitative QL démarche qualité". Elle se traduit par celle de la marge relative à chaque démarche qualité.

- Paramètres statistiques (Min, Quartile 1, Médiane, quartile 3, Max, Moyenne, Ecart-type,...)
- Distributions des fréquences et histogrammes.

14.2.2. Statistique inférentielle

Il s'agit d'une part de l'analyse bivariée QT-QL (niveau de marge - démarche qualité) comprenant :

- tests de normalité
- tests d'égalité des variances
- analyse de variance à 1 facteur (facteur démarche qualité)
- tests de comparaison des moyennes,

et d'autre part de l'analyse bivariée QL-QL (niveau de marge en classes - démarche qualité).

14.3. RESULTATS, COMMENTAIRES ET INTERPRETATION

14.3.1. Statistique descriptive

14.3.1.1. Paramètres statistiques

Paramètres statistiques	BIO	STAN	IGP	LROU
NBVAL	14	33	99	19
MIN	2,76	1,10	1,26	1,37
Q1	3,33	1,74	2,03	2,02
MEDIANE	3,55	2,00	2,33	2,35
Q3	3,77	2,22	2,64	2,78
MAX	4,18	2,88	3,45	3,40
MOYENNE	3,54	1,99	2,34	2,40
ECARTYPEP	0,37	0,40	0,44	0,54
CV	10%	20%	19%	22%

Tableau 14.2 Paramètres statistiques de la marge selon la démarche qualité.

La fonction NBVAL indique la taille de chaque échantillon.

Nous remarquons immédiatement que pour la production biologique la marge est nettement supérieure à celle des trois autres productions. Cette constatation est valable pour tous les paramètres statistiques du peigne (min, Q1, médiane, Q3, max) et aussi pour la moyenne. Il est intéressant de remarquer que la moyenne et la médiane sont égales. De plus, l'homogénéité est meilleure. En effet, il apparaît le plus faible intervalle inter-quartile, le plus faible écart-type et le plus petit coefficient de variation. Ce type de production, valorisant du point de vue financier et dont l'image est excellente est encore peu développé. Peu d'exploitations ayant pu être enquêtées (la taille d'échantillon est 14), ces paramètres statistiques sont à considérer avec prudence.

En ce qui concerne les trois autres démarches, on peut constater que la qualité standard se démarque "par le bas", ce qui paraît logique. La marge est plus basse pour les principaux paramètres (peigne et moyenne). Pour chacune de ces démarches, moyenne et médiane sont proches et les paramètres de dispersion (écart-type, coefficient de variation) voisins.

14.3.1.2. Distributions de fréquences et histogrammes

Distribution des fréquences absolues

Classes	BIO	STAN	IGP	LROU
1,50	0	4	3	1
2,00	0	13	20	4
2,50	0	13	41	6
3,00	1	3	28	5
3,50	5	0	7	3
4,00	6	0	0	0
>4	2	0	0	0
Totaux	***14***	***33***	***99***	***19***

Tableau 14.3a Distribution des fréquences absolues de la marge selon la démarche qualité (amplitude de classe 0,5 €).

Distribution des fréquences relatives

Classes	BIO	STAN	IGP	LROU
1,50	0,00	0,12	0,03	0,05
2,00	0,00	0,39	0,20	0,21
2,50	0,00	0,39	0,41	0,32
3,00	0,07	0,09	0,28	0,26
3,50	0,36	0,00	0,07	0,16
4,00	0,43	0,00	0,00	0,00
>4	0,14	0,00	0,00	0,00
Totaux	***1***	***1***	***1***	***1***

Tableau 14.3b Distribution des fréquences relatives de la marge selon la démarche qualité (amplitude de classe 0,5 €).

Nous avons calculé les fréquences relatives pour les quatre démarches afin de pouvoir visualiser la comparaison des distributions au moyen des histogrammes couplés. Il est cependant évident que les pourcentages relatifs aux productions BIO et LROU n'ont pas de sens réel, les échantillons étant beaucoup trop petits.

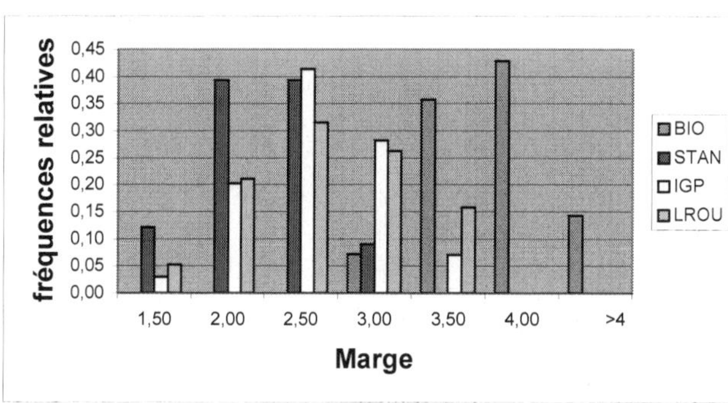

Figure 14.1 Histogramme de la marge selon la démarche qualité .

Ces graphiques mettent clairement en évidence les résultats précédents.

On constate une bonne symétrie de chacune des distributions. Cela explique la proximité entre moyenne et médiane précédemment remarquée.

Une translation de la production BIO vers la droite indique des marges importantes.

Inversement, une transition de la production STAN vers la gauche met en relief la faiblesse des marges.

Les deux autres productions sont intermédiaires.

Il est intéressant de dégager les classes modales pour chaque démarche.

Pour la production BIO, 6 producteurs dégagent une marge de 3,5 à 4 . Mais il faut remarquer que 6 producteurs dégagent une marge de 3 à 3,5 €. D'un point de vue concret, il est plus sage de dégager la classe 3 à 4 € car elle a l'avantage supplémentaire de contenir la moyenne et la médiane.

En ce qui concerne la qualité standard, 2 classes sont également fréquentes. En conséquence, nous retiendrons la fourchette 1,5 € à 2,5 € comme la plus fréquente. Comme précédemment, cette classe contient la moyenne et la médiane.

Pour IGP, la fourchette la plus fréquente est 2 à 2,5 € pour 41 producteurs, soit 41% des enquêtés. Ici encore, la moyenne et la médiane appartiennent à la classe modale.

Pour le Label Rouge, 6 producteurs dégagent une marge de 2 à 2,5 € mais 5 autres entre 2,5 et 3 €. Concrètement, nous retiendrons la marge 2 à 3 € comme la plus fréquente. La médiane et moyenne appartiennent ici aussi à la classe modale.

- *Remarque :* l'amplitude de classe de 0,5 € que nous avons adoptée pour comparer les quatre démarches est un peu trop grande notamment pour les résultats relatifs à la qualité standard, démarche très pratiquée.

La classe modale 1,5 à 2,5 € manque un peu de précision. Une réduction de cette amplitude permet d'affiner légèrement le résultat ; avec ce découpage plus fin, la distribution des fréquences absolues devient celle que montre le tableau 14.4 ci-contre.

Classes	BIO	STAN	IGP	LROU
1,5	0	4	3	1
1,8	0	6	9	2
2,1	0	10	20	3
2,4	0	8	25	4
2,7	0	4	20	3
3	1	1	15	3
3,3	2	0	6	2
>3,3	11	0	1	1
Totaux	***14***	***33***	***99***	***19***

Tableau 14.4 Distribution des fréquences absolues de la marge selon la démarche qualité (amplitude de classe 0,3 €).

On constate que la classe modale de la démarche standard est maintenant de 1,8 à 2,1 €.

14.3.2. Statistique inférentielle

14.3.2.1. Premier axe : marge selon démarche qualité (variable quantitative QT– variable qualitative QL)

Tester la comparaison des marges moyennes des trois démarches qualité répond exactement à notre question. L'analyse de variance à un facteur (le facteur qualité) est l'outil adapté. Cependant, l'utilisation de cet outil exige la normalité et l'égalité des variances de la marge dans les trois populations de producteurs concernées.

Test de normalité

Les distributions révèlent graphiquement une allure gaussienne. De plus nous avons remarqué la convergence entre moyenne et médiane et noté leur appartenance aux classes modales. Nous proposons de réaliser le test de normalité de la variable "marge" dans la population de producteurs pratiquant la démarche IGP.

Nous avons calculé la moyenne de l'échantillon et trouvé 2,339. La fonction ECART.TYPE nous fournit l'écart-type estimé égal à 0,442.

Nous émettons l'hypothèse nulle H_0 : $X \to N(2,339;0,442)$ où X désigne la variable aléatoire "marge" étudiée. Nous construisons le test de normalité selon la méthode détaillée dans le chapitre "Test du Khi-deux" (§9.1.2). Après avoir adopté un découpage en classes, nous calculons les probabilités relatives à chaque classe, les effectifs théoriques correspondants et effectuons, si nécessaire, des regroupements de classes. Nous calculons enfin le Khi-deux. Le tableau 14.5 indique le résultat de ces calculs effectués à l'aide d'Excel.

n	*99,00*
Moyenne	2,34
Ecart-type	0,44

Classes	Bornes Xi	F(Xi)	F(Xi)-F(Xi-1)	Ci	Oi	Ci	Oi	Contribution absolue au khi2
	−∞ "	*0,00*						
<1,5	*1,50*	0,03	0,03	**2,860**	3			
1,5-1,8	*1,80*	0,11	0,08	**8,176**	9	11,036	12	0,084
1,8-2,1	*2,10*	0,29	0,18	**18,125**	20	18,125	20	0,194
2,1-2,4	*2,40*	0,56	0,26	**25,790**	25	25,790	25	0,024
2,4-2,7	*2,70*	0,79	0,24	**23,561**	20	23,561	20	0,538
2,7-3	*3,00*	0,93	0,14	**13,818**	15	13,818	15	0,101
>=3	*">=3 "*	1,00	**0,07**	**6,670**	7	6,670	7	0,016
Totaux			*1,00*	*99*	*99*	*99,000*	*99*	***0,958***

Tableau 14.5 Construction du test de normalité de la marge pour la démarche qualité IGP.

La valeur du Khi-deux est donc 0,958.

Nous pouvons ensuite calculer la probabilité critique au moyen de la fonction LOI.KHIDEUX appliquée sur cette valeur. On obtient 0,811. Nous prendrions 81% de risque en rejetant H_0. Autrement dit 81% est la mesure de crédibilité de H_0. En conséquence, nous acceptons la normalité de la variable "marge" dans la population des producteurs IGP.

On peut réaliser le test pour les marges relatives aux deux autres démarches. Leur étude descriptive ayant montré des distributions de même allure que la précédente et sans défaut majeur par rapport à la normalité, nous les considérerons également comme normales.

Nous laissons au lecteur le soin de vérifier ce point en effectuant le test que nous venons de réaliser pour les deux autres démarches qualité.

Test d'égalité des variances

Les variables aléatoires marges dans les trois populations concernées étant donc considérées comme normales, nous allons réaliser un test de Fisher-Snedecor pour tester l'égalité des variances (fonction TEST.F en divisant le résultat par 2).

Démarches qualité		0,5 x TEST.F
STAN	IGP	0,30
STAN	LROU	0,06
IGP	LROU	0,09

Tableau 14.6 Probabilités critiques relatives aux tests d'égalité des variances pour chaque couple de démarches qualité..

Pour chaque couple de populations, nous obtenons les résultats indiqués sur le tableau 14.6. Les probabilités critiques étant toutes supérieures au niveau classique de 5%, nous considèrerons comme acceptable l'égalité des variances de la marge dans les trois populations

Analyse de variance

Relativement à la variable aléatoire "marge", les trois populations de producteurs étudiées sont considérées comme normales et de même variance. Nous pouvons tester l'égalité des marges moyennes :

H_0 = égalité des marges moyennes dans les 3 populations
contre
H_1 = au moins une marge moyenne se distingue des autres.

Nous réalisons l'analyse de variance et obtenons les valeurs indiquées sur le tableau 14.7.

ORIGINE DES DISPERSIONS	SCE	ddl	CM	Fobservé	Probabilité critique
inter classes	3,33	2,00	1,67	8,237	0,041%
intra classes	29,92	148,00	0,20		
TOTAL	33,25	150,00			

Tableau 14.7 Tableau d'analyse de variance de la marge selon la démarche qualité.

Interprétation : la probabilité critique est inférieure à 1%. Le test est donc hautement significatif. Au moins une marge moyenne relative à une démarche qualité se distingue des autres.

Test de comparaison des moyennes 2 à 2

On peut vouloir comparer les marges moyennes en considérant les couples de démarche qualité. Nous utilisons le test de Student et obtenons les résultats ci-contre.

Démarches qualité		TEST.STUDENT
STAN	IGP	0,001
STAN	LROU	0,0038
IGP	LROU	0,61

Tableau 14.8 Probabilités critiques relatives aux tests de Student pour chaque couple de démarche qualité

La marge moyenne dans la population des producteurs STAN diffère de celle de la population IGP (au risque 0,1%) et de celle de la population LROU (au risque 0,38%).

En revanche, les marges moyennes dans les populations IGP et LROU ne peuvent être considérées comme différentes.

En résumé, en travaillant sur les marges moyennes, on conclut que la qualité STAN diffère significativement des deux autres.

14.3.2.2. Deuxième axe : niveaux de marge selon démarche qualité (variable qualitative QL– variable qualitative QL)

Effectifs observés O_{ij}	**STAN**	**IGP**	**LROU**	*Totaux*
faible	17	23	5	*45*
moyenne	11	34	5	*50*
bonne	5	42	9	*56*
Totaux	*33*	*99*	*19*	*151*

Effectifs théoriques C_{ij}	**STAN**	**IGP**	**LROU**	*Totaux*
faible	9,83	29,50	5,66	*45*
moyenne	10,93	32,78	6,29	*50*
bonne	12,24	36,72	7,05	*56*
Totaux	*33*	*99*	*19*	*151*

Trois niveaux de marge ont été définis par les spécialistes : marge faible, marge moyenne et bonne marge. Pour tester l'équivalence des trois démarches qualité relativement aux niveaux de marge, nous allons créer la variable qualitative (ordinale) "niveau de marge" et la croiser avec la variable qualitative "démarche" et effectuer ensuite un test du Khi-deux sur le tableau de contingence obtenu. Nous obtenons les résultats indiqués sur les tableaux 14.9.

Tableaux 14.9 Répartition du nombre de producteurs selon la démarche qualité et le niveau de marge (effectifs observés et théoriques).

La fonction TEST.KHIDEUX indique une probabilité critique de 1,33%. Le test est donc significatif ce qui indique que l'hypothèse nulle H_0 d'homogénéité des trois démarche est rejetée. Les trois démarches ne sont donc pas de même performance, au risque 1,33%.

Nous proposons d'approfondir ce résultat en recherchant les couples "marge–démarche" les plus explicatifs de la valeur du Khi-deux observé. Nous calculons successivement les contributions absolues et relatives de chaque cellule.

Contribution absolue au KHI2	**STAN**	**IGP**	**LROU**	*Totaux*
faible	5,22	1,43	0,08	*6,73*
moyenne	0,00	0,05	0,27	*0,31*
bonne	4,28	0,76	0,54	*5,58*
Totaux	*9,50*	*2,24*	*0,88*	***12,63***

La valeur du Khi-deux observé est 12,63.

Contribution relative au KHI2 (en %)	**STAN**	**IGP**	**LROU**	*Totaux*
faible	41	11	1	*53*
moyenne	0	0	2	*2*
bonne	34	6	4	*44*
Totaux	*75*	*18*	*7*	*100*

Tableaux 14.10 Contributions absolues et relatives au Khi-deux.

Interprétation

La démarche standard se démarque nettement des autres puisqu'elle explique à elle seule 75% de la valeur du Khi-deux.

En comparant les effectifs observés et théoriques pour cette démarche, on remarque qu'il y a environ deux fois plus de producteurs obtenant une marge faible qu'il y en aurait dans le cas d'équivalence des trois démarches. Dans le même ordre d'idée, 5 producteurs obtiennent une bonne marge alors qu'il y en aurait plus de 12 en cas d'équivalence.

Réalisons un nouveau test du Khi-deux en écartant cette fois la démarche standard.

Effectifs observés O_{ij}	IGP	LROU	*Totaux*
faible	23	5	*28*
moyenne	34	5	*39*
bonne	42	9	*51*
Totaux	*99*	*19*	*118*

Effectifs théoriques C_{ij}	IGP	LROU	*Totaux*
faible	23,49	4,51	*28*
moyenne	32,72	6,28	*39*
bonne	42,79	8,21	*51*
Totaux	*99*	*19*	*118*

Tableaux 14.11 Effectifs observés et théoriques des niveaux de marge selon les deux démarches qualité IGP et LROU.

Nous remarquons un effectif théorique très légèrement inférieur à la référence la plus classique égale à 5. L'utilisation du test du Khi-Deux est ici tolérable.

La fonction TEST.KHIDEUX indique cette fois 79%.

Il apparaît que ces deux démarches ne peuvent être considérées comme distinctes relativement à la marge. Nous prendrions un risque supérieur à 79% en les déclarant différentes.

Nous considèrerons ces deux démarches comme équivalentes.

En résumé, par cette méthode statistique très différente nous retrouvons le fait que la démarche standard diffère de manière significative des deux autres démarches.

15. EVALUATION ET IMAGE D'UN MAGAZINE PROFESSIONNEL

15.1. PRESENTATION DU CAS

La société LOGAGRI diffuse en France et à l'étranger des logiciels destinés aux agriculteurs (logiciels de comptabilité, gestion administrative, suivis techniques,...etc.). L'entreprise vend les logiciels qu'elle crée, propose la formation des agriculteurs, parfois adapte les logiciels aux besoins spécifiques des agriculteurs et enfin assure la maintenance. Chaque mois, LOGAGRI envoie un petit magazine d'information à ses clients : le magazine MAGAGRI. La société s'intéresse tout particulièrement à une partie de ses "gros clients". Une enquête est réalisée auprès d'un échantillon représentatif de cette population cible, dans le but d'évaluer l'image de ce magazine et, par suite, d'améliorer la qualité de ce magazine.

124 clients ont été enquêtés. Dans la présente étude, nous nous limiterons à quelques questions particulièrement fondamentales. Nous allons nous intéresser à l'attention accordée à la lecture des différentes rubriques, à l'intérêt des thèmes étudiés et surtout à l'indice de satisfaction globale des enquêtés. En ce qui concerne les enquêtés, nous ne retiendrons de leurs caractéristiques que le type de production dans laquelle s'exerce leur activité.

Un premier groupe de questions posées concerne le mode de lecture des principaux articles. Les principales rubriques sont :

- les formations notées LFORM
- le dossier noté LDOS
- Internet noté LWEB
- les astuces de manipulation des logiciels notées LASTU
- les nouveautés notées LNOUV.

Il a été demandé aux enquêtés d'évaluer leur mode de lecture de chaque rubrique au moyen d'une note , selon une échelle croissante d'attention de 0 à 5. L'enquêté doit cocher spontanément son évaluation sur une réglette allant de 0 (pas lu) à 5 (lecture très attentive, avec annotation) et graduée au dixième :

0 = Pas lu **5 = Lecture très attentive**

Il a été ensuite demandé aux personnes enquêtées si, globalement, la nature des sujets traités (thèmes) répondaient bien à leurs préoccupations. Nous noterons INTSU ce critère "intérêt des sujets traités". Ce critère est évalué comme les précédents au moyen d'une note de 0 (aucun intérêt pour les thèmes traités) à 5 (fort intérêt).

Par ailleurs, à la fin du questionnaire, il est demandé à l'enquêté d'évaluer globalement sa satisfaction du magazine (prise en compte de la nature des sujets traités, de leur approfondissement, de leur clarté, de la forme, etc.). Cet indice de satisfaction globale a été recueilli selon le procédé indiqué à savoir l'échelle croissante de satisfaction de 0 à 5. On le note SATI.

Pour caractériser les personnes enquêtées, seul le type de production de leur activité (en fait, famille de productions) noté PRODU a été retenu dans cette étude. La population cible a été segmentée selon 4 grandes familles :

- Grandes cultures, famille notée P_1 et affectée de la modalité 1 de la variable PRODU
- Élevages bovins, ovins et caprins (viande et lait pour ces trois types) et porcs (P_2 ; modalité 2 de PRODU)
- Viticulture (P_3 ; modalité 3 de PRODU)
- Autres productions (P_4 ; modalité 4 de PRODU).

L'objectif majeur de l'enquête est centré sur l'indice de satisfaction : il s'agit d'évaluer et expliquer cet indice. A partir des questions extraites de l'enquête, on peut se donner les axes de recherche suivants :

- axe 1 : analyser l'attention de lecture des différentes rubriques et la mettre en rapport avec l'indice de satisfaction
- axe 2 : étudier la relation entre intérêt des sujets traités et indice de satisfaction
- axe 3 : est-ce que l'intérêt des thèmes abordés est différent selon les types de productions ?

Les données observées sont regroupées sur le tableau 15.1.

Ce tableau est accessible sur le site Internet www.esa-purpan.fr/

QUALITE DE LECTURE DES RUBRIQUES					SATISFACTION GLOBALE	INTERET DES SUJETS	PRODUCTIONS 1, 2, 3 et 4
Formations	Dossier	Internet	Astuces logiciels	Nouveautés			
LFORM	LDOS	LWEB	LASTU	LNOUV	SATI	INTSU	PRODU
1,3	0,7	2	3	2	1	1,2	2
2	0,8	2,2	3,2	1,3	0,7	1,4	2
1,6	0,9	2,3	3,5	1,4	0,8	1,5	2
3	1	2,4	3,4	1,5	2	1,7	2
1,8	1,1	2,4	3,4	1,6	1	1,7	2
1,8	1,2	2,5	3,3	2	1,2	1,8	2
2	1,2	3	3,3	1,7	1,2	1,8	2
1,9	2	2,7	3,2	1,8	3	1,8	1
2,5	1,3	2,6	3,2	1,8	1,3	1,9	2
2	1,4	2,6	3,2	1,9	1,3	1,9	2
3	1,4	2,8	4	3	1,4	2	3
2,1	2,7	2,7	3,1	2	3	2	2
2,1	1,5	2,7	3,1	2	1,6	2	2
1,5	1,5	3	3	2	1,6	2	1
2,2	1,6	2,9	3	3	1,6	2,1	2
2,2	1,6	2,9	3	2,1	2	2,2	2
3	2	2,8	4	2,1	1,7	2,2	2
2,3	1,6	2,8	3	2,1	1,7	2,2	2
4	1,7	4	3	2,2	1,8	2,3	2
2,3	1,7	3	2,9	4	1,7	2,3	2
3	1,7	3	3	2,2	3	2,3	1
2,3	1,8	3	2,9	2,3	1,9	2,4	2
2,4	3	2,9	2,9	2,3	1,8	2,4	2
4	1,8	2,5	2,9	2,3	1,8	2,4	1
2,4	1,8	2,9	2,9	3	1,5	2,5	2
2,4	1,8	3,1	4	2,3	1,8	2,5	2
3	1,9	3,1	2,8	2,4	1,9	2,5	1
2,5	2,5	2,6	2,8	2,4	2	2,6	4
3	1,9	3,1	2,8	2,4	3	2,6	3
2,5	1,9	3	2,8	2	2	2,6	2
1,5	2	3,5	2,5	2,5	2,3	2,6	1
2,5	2	3	2,8	2,5	2,1	2,7	4
2	2	3,2	2,7	2,5	2,2	2,7	2
2,6	2,5	3,2	2,7	2	1,5	2,7	2
3	2	3,2	2,7	2,5	2,4	2,8	4
2,6	2,1	3	2,7	2,6	2,2	2,8	2
1,5	2,1	3,2	2,5	2,6	1,5	2,8	2
2,6	3	3,2	2,7	2,6	2,3	2,8	2
1,5	2,1	3,1	2,7	4	2,3	2,8	1
2,7	2,1	4	2,7	2,6	2,1	2,8	1
3	2,1	3,3	2,6	2,6	2,5	2,9	4
2,7	2,2	3,3	2	2,7	2,8	2,9	3
2,7	3	3,3	2,6	2,7	3	2,9	2

QUALITE DE LECTURE DES RUBRIQUES					SATISFACTION GLOBALE	INTERET DES SUJETS	PRODUCTIONS 1, 2, 3 et 4
Formations	Dossier	Internet	Astuces logiciels	Nouveautés			
3	2,2	3,3	2,6	3	2,4	2,9	2
2,7	2,2	3,3	2,6	2,7	2,3	2,9	1
4	2,2	4	2,6	2,7	2,5	3	4
2,8	2,2	3,3	2,6	2,7	2,4	3	3
3	4	3,2	3	3	1,5	3	3
2,8	2,3	3,2	2,6	2,8	2,6	3	3
2,8	2,3	3,4	2,5	2,8	2,5	3	2
2,5	2,3	3,4	2,5	2,8	2,6	3	1
2,9	2,3	2,9	2,5	2,8	1,2	3,1	4
3	2,3	3,4	2,5	2,8	2,6	3,1	4
2,9	2,4	3,4	2	2	2,4	3,1	3
2,9	2,4	3,4	2,5	2,9	2,6	3,1	3
4	3	3,4	2,5	2,9	1,2	3,2	4
2,9	2,4	3,3	2,5	2,9	2,5	3,2	4
3	2,4	3	2,4	2,9	2,4	3,2	3
3	2,4	3,5	2,4	3	2,5	3,2	2
3,5	2,5	3,5	2,2	3	1,5	3,2	1
3	2,6	3,5	2,4	3	2,5	3,3	4
3,5	2,5	3,5	2,4	3	2,6	3,3	4
3	2,5	3,5	2,4	3	2,4	3,3	3
4	2,5	3,5	2,4	4	2,3	3,3	3
3	2,5	4	2,5	3	2	3,3	1
2	2,8	3,5	2,4	3,1	2,6	3,4	4
3,1	2,6	3,4	2,4	3,1	2,9	3,4	4
4	2,6	3,7	2,3	3,1	2,9	3,4	3
3,1	2,6	3,6	2,3	1,5	2,5	3,4	3
3	3	3,6	3	3,1	2,5	3,4	3
3,1	2,6	3,6	2,3	3,1	2,3	3,4	1
3,1	2,7	2,6	2,3	3,2	3	3,4	1
4	2,7	3,6	2,3	1,9	3	3,5	4
1,5	3	3,6	2,3	3,2	3	3,5	4
3,2	2,7	3,6	2,3	3,2	3	3,5	3
2	2,7	3,8	2,2	3,2	3,1	3,5	3
3,2	3	3,8	3	2	3	3,5	3
2	2,8	2,5	2,2	3,3	2,5	3,5	1
3,2	2,8	3,7	2,2	3,3	3,2	3,6	4
3	4	3,7	2,2	3,3	3,1	3,6	4
3,3	2,8	3,7	2,2	3,3	3	3,6	3
3,3	2,8	3,7	2,2	4	2,3	3,6	3
4	2,8	3,7	2,5	3,3	3,5	3,6	2
3,3	3,5	3	2,2	3,4	3,6	3,6	1
1,5	2,9	3,9	2,1	3,4	3	3,7	4
3,3	2,9	3,9	2,1	2,2	4	3,7	4
2,9	2,9	3,8	2,1	3,4	3,2	3,7	4
3,4	2,9	3,8	2,6	3,4	3,1	3,7	3
2,3	2,3	3,8	2,1	3,4	3,3	3,7	3
3,4	3	3,8	2,1	3,5	3,2	3,7	3
4	3	4	2,1	3,5	3	3,7	3
3,4	3	3,8	2,1	1,8	3,5	3,7	2
4	3	4	3	3,5	3,5	3,7	1
3,5	3,5	4	2	3,5	3,6	3,8	4
3,5	3,1	4	2	3,6	4	3,8	4
4	3,1	3,4	2	3,6	3,2	3,8	3
3,5	3,1	3,9	2	3	3,1	3,8	3
2,3	3,5	3,9	2	3,6	3,5	3,8	3
3,6	3,2	3,9	3	3,7	2	3,9	4
4	3,2	4,1	1,9	3,7	3,8	3,9	3
3,6	3,2	4	1,9	3,7	3,4	3,9	3
3,5	3,3	4,1	1,9	3,5	3,4	3,9	3
3,7	3,2	4	1,9	3,7	2	3,9	3
4	3,3	4	2	3,8	3,6	3,9	1
3,7	3,3	4	1,9	3,8	3,5	4	4
3,9	3,3	4,2	1,8	3,8	3,4	4	4
3,7	3,4	3,6	1,8	3	3	4	3
4	4	4,2	1,8	3,9	3,4	4	3
3,8	3,4	4,1	1,8	3,9	3,5	4,1	4
4	3,4	4,1	3	3,9	3,1	4,1	4

QUALITE DE LECTURE DES RUBRIQUES					SATISFACTION GLOBALE	INTERET DES SUJETS	PRODUCTIONS 1, 2, 3 et 4
Formations	Dossier	Internet	Astuces logiciels	Nouveautés			
3,9	3,5	4,3	1,7	4	2,6	4,1	3
3,9	3,5	4,3	1,7	3,5	4	4,1	3
4,5	4	4,5	1,7	4	4	4,1	3
3,9	3,6	4,2	1,7	4,1	3,4	4,2	4
3,6	3,6	4,4	1,6	4,1	3	4,2	3
4	3,7	4,4	1,6	4	4,1	4,2	1
4	3,7	4,3	1,6	4,2	4,3	4,3	4
4,1	3,5	4,5	1,5	4,3	4,2	4,3	3
4,2	3,8	3,9	1,5	4,3	4,6	4,4	4
3,9	3,9	4,6	2	4,4	4,6	4,4	3
4,3	4	4,6	1,4	3,5	4,5	4,5	4
4,5	4,1	4,7	1,3	4,6	4,8	4,6	3
4,5	4,5	4,8	1,2	4,7	3,6	4,7	4
3	4,4	4	1,1	4,9	4,8	5	4

Tableau 15.1 Données observées.

15.2. PROPOSITION DE DEMARCHE STATISTIQUE

On commence par ordonner les données, classer et distinguer les types de variables. Seule la variable Production est qualitative (QL) de type nominal. Les autres variables ordinales (échelle de satisfaction à 50 niveaux de 0 à 5 avec une décimale) seront considérées comme quantitatives (QT).

15.2.1. Démarche statistique générale

- 1re étape : statistique univariée
  - la statistique descriptive offre une "photographie" de chaque critère (résumé par les paramètres statistiques et des graphiques)
  - la statistique inférentielle permet de déterminer des intervalles de confiance de moyennes, de réaliser des tests et de poursuivre les buts recherchés.
- 2e étape : statistiques descriptives bivariées dirigées vers les objectifs
- 3e étape : statistiques multivariées orientées vers les questions posées.

15.2.2. Démarche statistique propre à chaque axe de recherche

15.2.2.1. Axe 1 : incidence de la qualité de lecture sur l' indice de satisfaction (QT → QT)

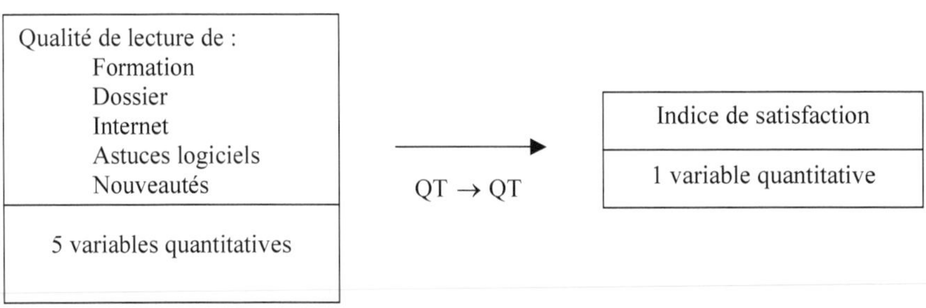

Proposition de progression

Il s'agit toujours d'une "proposition". Plusieurs stratégies sont proposées mais on peut se limiter à une seule si les résultats concrets sont suffisants. Sinon, d'autres techniques pourraient être envisagées.

1. Statistique univariée de chaque critère

Statistique descriptive

- Paramètres statistiques classiques
  - peigne (Min, Quartile 1, Médiane, Quartile 3, Max)
  - IQR (distance ou intervalle interquartile)
  - Moyenne
  - Ecart-type observé
  - Coefficient de variation
  - Éventuellement, Kurtosis et coefficient d'aplatissement.
- Graphiques : histogramme groupé des 5 rubriques et de l'indice de satisfaction, à partir de distributions de fréquences relatives construites, par exemple, à partir des classes
  - Note ≤ 1
  - $1 <$ Note ≤ 2
  - $2 <$ Note ≤ 3
  - $3 <$ Note ≤ 4
  - $4 <$ Note ≤ 5.

En effet, un tel découpage peut être assimilé à une classique échelle (1, 2, 3, 4, 5) correspondant au gradient 1 = médiocre, 2 = passable, 3 = assez bien, 4 = bien et 5 = très bien.

Statistique inférentielle

On peut compléter la statistique descriptive par de petits éléments de statistique inférentielle tels que l'intervalle de confiance associé à chacune des moyennes calculées et les tests de Student.

2. Statistique bivariée

Statistique descriptive bivariée

- sur variables quantitatives notes de départ QT.
  On peut résumer d'une part au moyen des coefficients de corrélation de l'indice de satisfaction avec chacune des variables note de qualité de lecture et d'autre part des graphiques nuages bidimensionnels avec éventuellement droite de régression.
- sur variables qualitatives déduites des variables de départ par découpage en classes. Par exemple, on peut adopter le découpage en 5 classes 1, 2, 3, 4, 5 précédemment évoqué. A partir respectivement des variables SATI, LFORM, LDOS, LWEB, LASTU et LNOUV, on crée ainsi 6 nouvelles variables notées SATIC, LFORMC, LDOSC, LWEBC, LASTUC, LNOUVC.

Ensuite, il sera intéressant d'exploiter statistiquement chaque tableau de contingence obtenu en croisant l'indice de satisfaction SATIC avec la qualité de lecture de chaque rubrique en classes en construisant des tableaux du type ci-contre. Ces tableaux permettent de calculer des distributions d'effectifs ainsi que des profils lignes et des profils colonnes.

		SATIC				
		1	2	3	4	5
LFORMC	1					
	2					
	3					
	4					
	5					

Statistique inférentielle :

Nous proposons d'utiliser le test du Khi-deux comme test de l'indépendance entre l'indice de satisfaction et chacun des critères (les conditions de validité sont moins exigeantes que pour un test de significativité de la corrélation).

3. Statistique multivariée inférentielle : la régression linéaire multiple peut permettre d'expliquer l'indice de satisfaction en fonction des autres critères.

15.2.2.2. Axe 2 : intérêt des thèmes traités et indice de satisfaction (QT → QT)

Intérêt des thèmes traités	→	Indice de satisfaction
1 variable quantitative	QT → QT	1 variable quantitative

Nous proposons la démarche suivante :

1. Statistique univariée
   a. Statistique descriptive : comme indiqué précédemment
   b. Statistique inférentielle : intervalle de confiance des moyennes.
2. Statistique bivariée
   a. Statistique descriptive : résumé (coefficient de corrélation) et graphiques (nuages bidimensionnels)
   b. Statistique inférentielle : test de comparaison des deux moyennes.

15.2.2.3. Axe 3 : productions et intérêt des sujets traités (QL → QT)

Familles de productions	→	Indice de satisfaction
1 variable qualitative	QL → QT	1 variable quantitative

Il s'agit de réaliser l'étude conjointe d'une variable quantitative "note d'intérêt des sujets traités" et d'une variable qualitative "production" à 4 modalités P_1 (grandes cultures), P_2 (élevage), P_3 (viticulture) et P_4 (autres productions).

Plusieurs démarches statistiques ayant déjà été détaillées (axe 1), nous proposons une approche synthétique de progression statistique.

Statistique bivariée

1. QT x QL
   a) Statistique descriptive : ensemble des statistiques descriptives univariées de chaque production
      - paramètres statistiques
      - distributions des fréquences et histogrammes groupés.
   b) Statistique inférentielle :
      - analyse de variance à un facteur
      - tests de comparaison de variances
      - tests de comparaison de moyennes.

2. QL x QL
   a) Le découpage en classes de la variable quantitative note d'intérêt fournit une variable qualitative (ordinale)
   b) Croisement de cette nouvelle variable qualitative et de la variable production (QL x QL) et analyse du tableau de contingence obtenu
   c) Statistique descriptive : calcul des profils selon les productions
   d) Statistique inférentielle : test du Khi-deux.

15.3. PRINCIPAUX RESULTATS DE L'EXPLOITATION STATISTIQUE, INTERPRETATION ET COMMENTAIRES

15.3.1. Axe 1 : impact de la qualité de lecture sur l'indice de satisfaction.

15.3.1.1. Statistique univariée

Statistique descriptive

Le tableau suivant qui indique les paramètres statistiques résume des données.

On calcule les principaux paramètres statistiques de la 1re variable (en références relatives) et l'on tire la poignée de recopie de la colonne vers la droite, sur la totalité des critères quantitatifs.

Pour faciliter la lecture des résultats, nous ne présentons dans ce tableau que la partie relative à ce premier axe.

La lecture attentive de chacun de ces résultats, d'interprétation élémentaire, est très instructive pour le commanditaire de l'enquête. On propose d'extraire quelques éléments remarquables.

	LFORM	LDOS	LWEB	LASTU	LNOUV	SATI
MIN	1,3	0,7	2	1,1	1,3	0,7
QUARTILE 1	2,5	2,075	3	2,075	2,4	2
MEDIANE	3	2,6	3,5	2,5	3	2,6
QUARTILE 3	3,7	3,125	3,925	2,9	3,5	3,2
MAX	4,5	4,5	4,8	4	4,9	4,8
Amplitude	3,2	3,8	2,8	2,9	3,6	4,1
IQR	1,2	1,05	0,925	0,825	1,1	1,2
MOYENNE	3,027	2,607	3,477	2,456	2,977	2,644
ECARTYPEP	0,782	0,802	0,585	0,564	0,778	0,897
CV	25,84%	30,75%	16,83%	22,97%	26,12%	33,94%

Tableau 15.2 Paramètres statistiques des critères notes de qualité de lecture des divers types rubriques et de l'indice de satisfaction.

Paramètres de tendance centrale

Classons la médiane et la moyenne des 5 notes de lecture et de l'indice de satisfaction dans l'ordre décroissant.

Les médianes se classent de la façon suivante :

1. LWEB, lecture "Internet" (extrait + indication de sites)
2. LFORM + LNOUV, lecture des propositions de formation et nouveautés
3. LDOS + LASTU, dossier et astuces logiciels
4. SATI, indice de satisfaction (pratiquement égale aux précédentes).

Avec les moyennes, nous obtenons à peu près le même classement. Seule LASTU passerait au 5e rang.

Un écart de note d'environ 1 point, donc relativement important, sépare les première et dernière rubriques.

Pour chacun des critères, nous remarquons une forte proximité entre moyenne et médiane. Cela permet d'exclure d'ores et déjà l'existence d'une forte dissymétrie dans les distributions. Cette proximité est valorisante pour la moyenne qui restitue la pertinence concrète qu'on lui accorde spontanément et parfois abusivement.

- *Remarque* : il pourrait être intéressant de calculer un score de lecture globale. Cependant, il paraît dangereux d'accorder la même importance relative à chaque rubrique. Ainsi, on peut supposer que les rubriques "dossier" et "astuces" sont d'importances très différentes. Les responsables du magazine pourraient accorder des coefficients de pondération bien adaptés à chaque rubrique et déterminer ainsi un score moyen de lecture pertinent restituant bien la réalité.

La plus forte amplitude revient à l'indice de satisfaction qui évolue de 0,7 (les pas satisfaits du tout!) à 4,8 (les très satisfaits).

Les rubriques DOSSIER et NOUVEAUTES présentent de fortes amplitudes. Au contraire, l'attitude des enquêtés pour Internet est beaucoup moins contrastée. En effet, c'est pour cette rubrique que l'on note la plus faible amplitude.

Il y a relativement peu d'écart entre les distances interquartiles.

Dans cet exemple, les écarts-types, comparables du fait de l'identité d'unité, font apparaître peu de différence. On retrouve sensiblement la même hiérarchie des critères que celle que nous avons notée pour l'amplitude.

Les coefficients de variation montrent de fortes différences entre les critères. Les écarts-types étant proches, cela restitue l'effet des moyennes très différentes.

La rubrique INTERNET est munie du plus faible coefficient de variation (17%). On retrouve une assez bonne homogénéité de qualité de lecture de cette rubrique. Au contraire, DOSSIER et l'indice de satisfaction SATI ont de forts coefficients de variation.

Distribution de fréquences et histogrammes

Nous proposons de transformer chaque note en classes de modalités 1, 2, 3, 4 et 5, couramment utilisées dans les questionnaires.

Classe 1 : Note ≤ 1 Classe 4 : $3 <$ Note ≤ 4
Classe 2 : $1 <$ Note ≤ 2 Classe 5 : $4 <$ Note ≤ 5
Classe 3 : $2 <$ Note ≤ 3

Nous calculons la distribution des fréquences absolues (effectifs) au moyen de la fonction matricielle FREQUENCES pour laquelle il faut indiquer la plage des données en références relatives et la matrice intervalles en références absolues. On peut alors utiliser la poignée de recopie dès la 2e distribution.

Classes	LFORM	LDOS	LWEB	LASTU	LNOUV	SATI
1	0	4	0	0	0	4
2	18	27	1	31	20	31
3	51	59	32	79	49	51
4	49	31	73	14	46	30
5	6	3	18	0	9	8
totaux	*124*	*124*	*124*	*124*	*124*	*124*

Tableau 15.3 Distribution des fréquences absolues des critères de qualité de lecture et de l'indice de satisfaction.

Pour le calcul, nous déterminons les distributions de fréquences relatives (calcul de la 1re valeur + poignée de recopie) et construisons ensuite les histogrammes groupés :

Classes	LFORM	LDOS	LWEB	LASTU	LNOUV	SATI
1	0%	3%	0%	0%	0%	3%
2	14%	22%	1%	25%	16%	25%
3	**41%**	**48%**	26%	**64%**	**40%**	**41%**
4	40%	25%	**59%**	11%	37%	24%
5	5%	2%	14%	0%	7%	7%
totaux	*100%*	*100%*	*100%*	*100%*	*100%*	*100%*

(les classes modales sont indiquées en caractères gras)

Tableau 15.4 Distribution des fréquences relatives des critères de qualité de lecture et de l'indice de satisfaction.

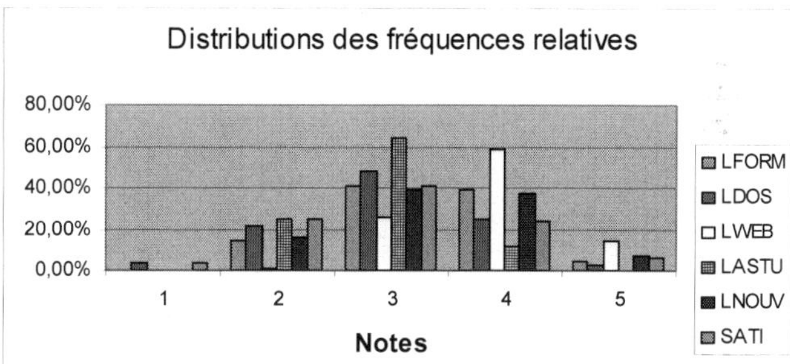

Figure 15.1 Histogramme des critères de qualité de lecture et de l'indice de satisfaction.

Nous remarquons le fort poids de la classe modale de LWEB (près de 59%), cette classe étant de plus, relative à une classe de notes élevées (3 à 4).

LFORM présente une classe modale située aussi dans une fourchette de notes élevées, LNOUV la suit de près. On constate le large spectre de valeurs prises par SATI.

Les paramètres de tendance centrale (moyenne et médiane) appartiennent aux classes modales ou à leurs limites.

En résumé on retiendra les très bons scores des rubriques Internet et Formations. Elles ont de meilleures moyennes et médianes qui de plus concernent de forts pourcentage de clients.

Statistique inférentielle.

Nous proposons d'associer aux moyennes les intervalles de confiance, par exemple, au niveau de confiance 95%.

	LFORM	LDOS	LWEB	LASTU	LNOUV	SATI
MOYENNE	3,03	2,61	3,48	2,46	2,98	2,64
INTERVALLE.CONFIANCE	0,14	0,14	0,10	0,10	0,14	0,16
a	2,89	2,47	3,37	2,36	2,84	2,48
b	3,17	2,75	3,58	2,56	3,11	2,80

Tableau 15.5 Intervalles de confiance des critères qualité de lecture et indice de satisfaction.

La fonction INTERVALLE.CONFIANCE donne la marge Δ. Nous avons également calculé l'intervalle de confiance $[a, b]$. On remarque que les valeurs de Δ sont très proches.

Il est intéressant que le classement des moyennes remarqué à titre simplement descriptif soit pratiquement validé par les intervalles de confiance.

Nous proposons de compléter ces résultats en recherchant si les différences des moyennes prises deux par deux sont significatives et si oui, à quel risque. Nous réalisons un test de Student (échantillons appariés) pour chaque couple de variables :

Probabilités critiques	LFORM	LDOS	LWEB	LASTU	LNOUV
LFORM					
LDOS	***9,33E-11***				
LWEB	***5,47E-15***	***4,48E-41***			
LASTU	***4,88E-07***	19,67%	***8,87E-19***		
LNOUV	44,64%	***3,14E-12***	***7,94E-19***	***8,99E-06***	
SATI	***1,45E-07***	47,01%	***4,75E-31***	13,32%	***3,35E-07***

(en gras : test significatifs)

Tableau 15.6 Probabilités critiques des tests de Student associés à chaque couple de critères.

Le schéma récapitulatif qui suit permet de faire la comparaison des moyennes et des intervalles de confiance. Sur ce schéma, S indique une différence des moyennes significative au risque $\alpha = 1^0/_{00}$ et NS une différence des moyennes non significative.

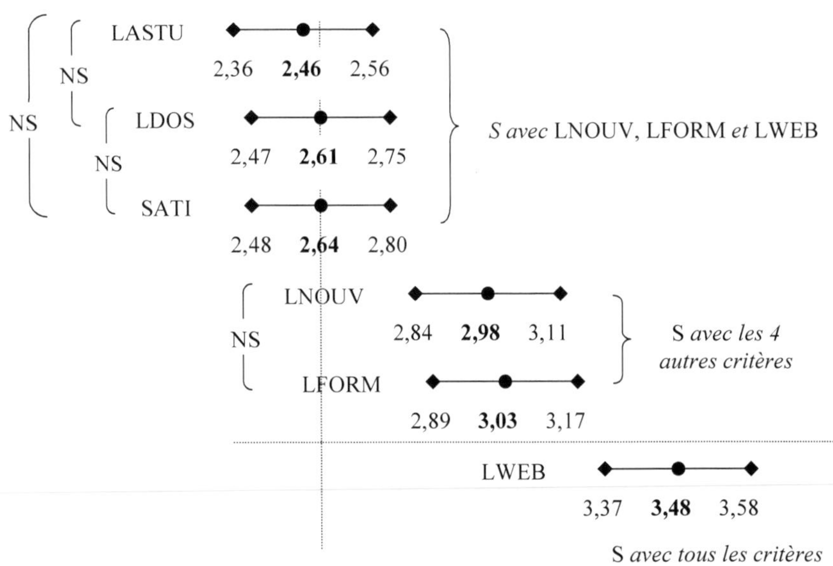

Figure 15.2 Schéma récapitulatif des positions relatives des intervalles de confiance.

- *Remarque :* la confrontation des tests de Student aux intervalles de confiance est concrètement enrichissante. Ce type de test de Student appartient classiquement à la statistique bivariée. Néanmoins, étant relatif à des échantillons appariés, il peut être considéré comme un test de conformité à zéro de la moyenne des écarts des notes. Par suite, on peut "à la limite" considérer ce test comme appartenant à la statistique unidimensionnelle.

15.3.1.2. Statistique bivariée

Statistique descriptive sur variables quantitatives

Paramètres statistiques

Pour orienter l'exploitation statistique vers l'objectif, on peut calculer le coefficient de corrélation de l'indice de satisfaction avec la note de qualité de lecture de chaque rubrique.

On propose de dépasser l'objectif et d'afficher la matrice de corrélation. On aura ainsi un aperçu des corrélations entre rubriques.

	LFORM	*LDOS*	*LWEB*	*LASTU*	*LNOUV*	*SATI*
LFORM	1,000					
LDOS	0,656	1,000				
LWEB	0,701	0,810	1,000			
LASTU	-0,560	-0,792	-0,765	1,000		
LNOUV	0,567	0,775	0,736	-0,725	1,000	
SATI	***0,595***	***0,792***	***0,761***	***-0,768***	***0,673***	1

Tableau 15.7 Matrice de corrélation entre les qualités de lecture et l'indice de satisfaction.

On remarque que l'indice de satisfaction est corrélé positivement de manière relativement marquée avec 4 critères sur 5 (qualité de lecture des rubriques formation, dossier, Internet et nouveautés). Schématiquement, l'indice de satisfaction a tendance à croître avec la qualité de lecture de ces rubriques. Par contre, c'est l'inverse avec la qualité de lecture des astuces pour logiciels (nette corrélation négative entre SATI et LASTU). Les enquêtés lisant attentivement les astuces de manipulation des logiciels achetés à LOGAGRI ont tendance à être globalement moins satisfaits du magazine.

Par ailleurs, la qualité de lecture des astuces est corrélée négativement avec la qualité de lecture des autres rubriques ; par suite, il apparaît que les enquêtés lisant attentivement les astuces logiciels ont tendance à lire plus superficiellement les autres rubriques. Ces résultats, certainement instructifs pour les concepteurs du magazine, seront probablement enrichis par les questions ouvertes généralement présentes dans ce genre de questionnaire.

Graphiques

Les nuages de points visualisent de manière simple et claire l'indice de satisfaction en fonction de chacun des critères. Moins synthétiques que le coefficient de corrélation, ces graphiques sont aussi nécessairement moins déformants et restituent fidèlement la réalité des données. Ils montrent bien les tendances évoquées par les corrélations. Afin d'obtenir un indicateur de la qualité du modèle "régression simple" ou encore de la dispersion autour de ce modèle, nous avons tracé la droite des moindres carrés et affiché le coefficient de détermination R^2.

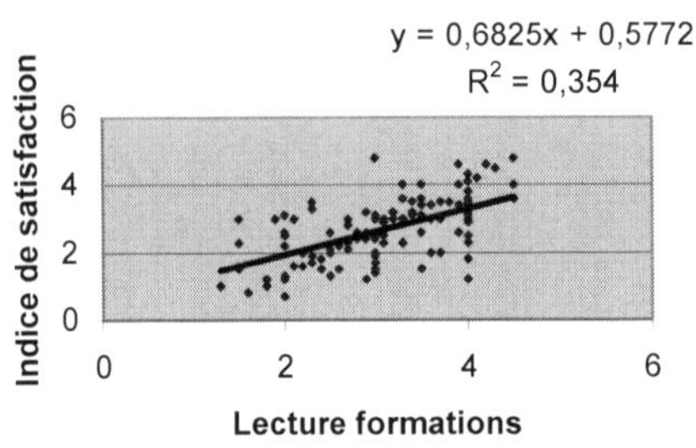

Dans le graphique ci-contre, on note une importante dispersion et la présence de quelques points marginaux. Si l'on prenait la liberté d'écarter les 4 points (4 ;1,2), (4 ;1,8), (3,5 ;1,5) et (3 ;4,8) parmi les 124, le coefficient de détermination augmenterait de plus de 10% (R^2=0,469).

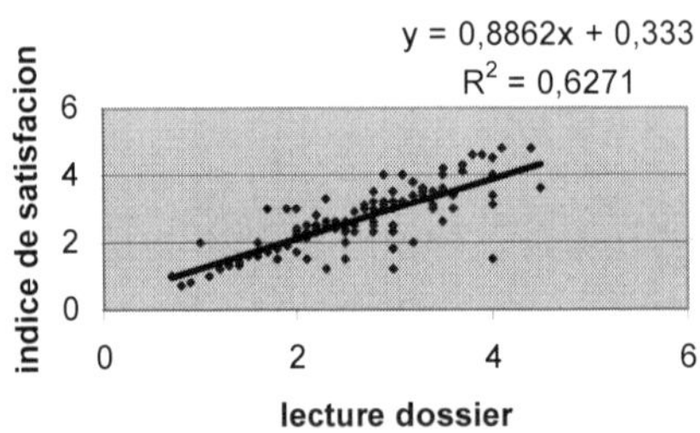

Sur le graphique ci-contre, le point (4 ; 1,5) est marginal

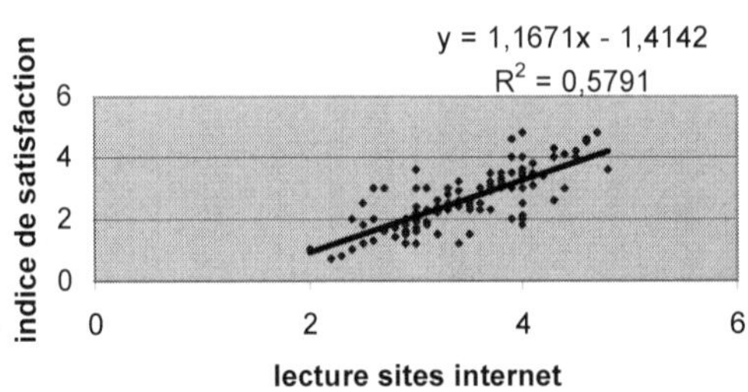

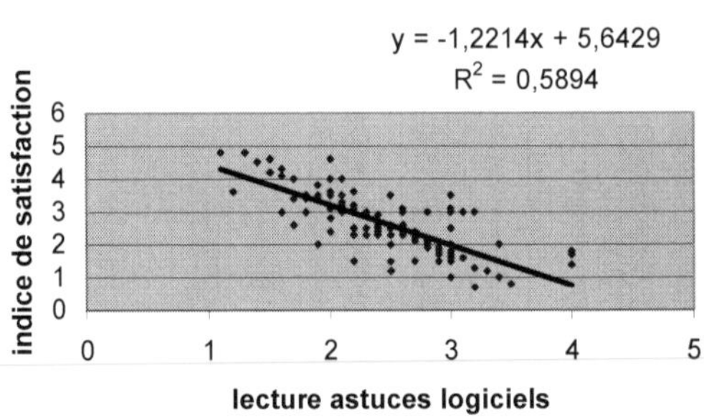

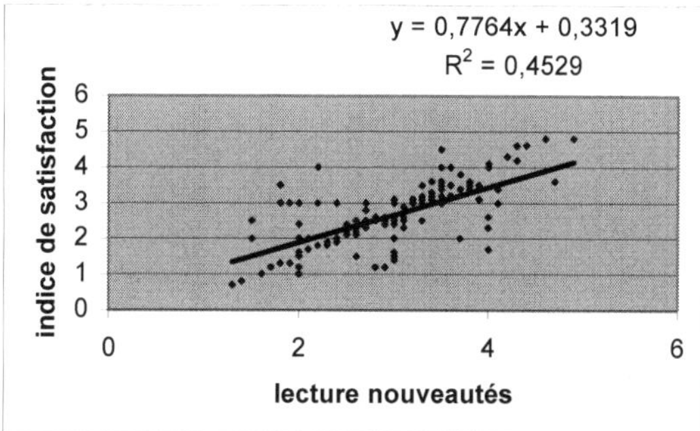

Figures 15.3 Nuages et droites de régression de l'indice de satisfaction de la qualité de lecture de chacune des rubriques.

Statistique descriptive sur variables qualitatives

Comme indiqué dans la proposition de démarche statistique, nous allons créer 5 variables qualitatives ordinales respectivement associées aux 5 variables quantitatives étudiées (découpage en classes). Ensuite, l'indice de satisfaction classé (SATIC) sera croisé avec chaque qualité de lecture classée.

Chaque tableau de contingence ainsi construit sera exploité de façon plus ou moins approfondie selon la clarté des résultats et selon les besoins.

Par exemple considérons la relation entre lecture des formations et indice de satisfaction. C'est le couple de critères où la corrélation est la moins nette et le nuage de points le plus dispersé. Il est donc intéressant d'essayer une autre stratégie statistique.

Après avoir créé les variables LFORMC et SATIC (formule logique ou tris successifs), formons le tableau croisé associé :

Notons O_{ij} les effectifs observés et C_{ij} les effectifs théoriques.

Nous avons écarté la classe 1 de LFORMC qui ne contient aucune observation. Compte tenu de la faiblesse des effectifs, il paraît plus adroit de fusionner les deux dernières lignes et les deux dernières colonnes.

Effectifs observés	SATIC					
LFORMC	1	2	3	4	5	*Totaux*
2	4	5	8	1	0	**18**
3	0	20	26	5	0	**51**
4	0	6	17	23	3	**49**
5	0	0	0	2	4	**6**
Totaux	*4*	*31*	*51*	*31*	*7*	**124**

On obtient le nouveau tableau de contingence 15.8.

Effectifs observés	SATIC			
LFORMC	1 ; 2	3	4 ; 5	*Totaux*
2	9	8	1	***18***
3	20	26	5	***51***
4 ; 5	6	17	32	***55***
Totaux	***35***	***51***	***38***	***124***

Tableaux 15.8 Effectifs observés dans le tableau de contingence indice de satisfaction et qualité de lecture des formations.

Réalisons les profils lignes et colonnes et visualisons les au moyen de graphiques.

Profils lignes	SATIC				
LFORMC	1 ; 2	3	4 ; 5	*Totaux*	***Poids***
2	50%	44%	6%	*100%*	***15%***
3	39%	51%	10%	*100%*	***41%***
4 ; 5	11%	31%	58%	*100%*	***44%***
Profil ligne moyen	***28%***	***41%***	***31%***	*100%*	100%

Tableau 15.9 Profils lignes des qualité de lecture des formations.

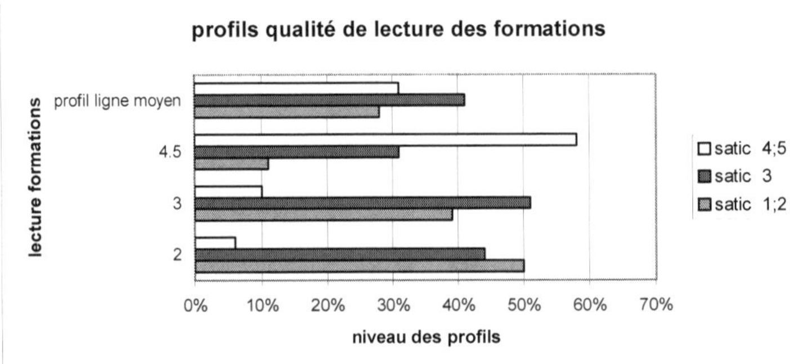

Figure 15.4 Histogrammes des profils lignes.

Profils colonnes	SATIC			
LFORMC	1 ; 2	3	4 ; 5	**Profil colonne moyen**
2	26%	16%	3%	**14%**
3	57%	51%	13%	**41%**
4 ; 5	17%	33%	84%	**44%**
Totaux	*100%*	*100%*	*100%*	*100%*
Poids	**28%**	**41%**	**30%**	

Tableau 15.10 Profils colonnes de l'indice de satisfaction.

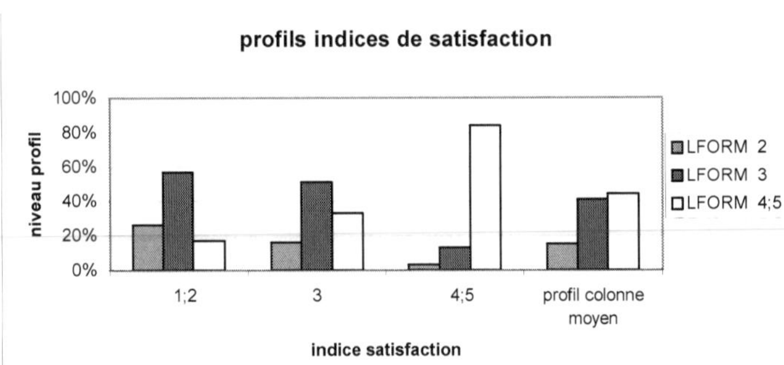

Figure 15.5 Histogrammes des profils colonnes.

Commentaires succincts des profils lignes

- 50% des personnes "survolant" la rubrique "formations" (profil ligne "2") sont globalement peu satisfaites du magazine ce qui fait près du double par rapport à l'ensemble des enquêtés (profil moyen : 28%).
  Au contraire, seulement 6% de ces personnes sont globalement satisfaites : c'est un pourcentage très inférieur à celui de l'ensemble (profil moyen : 31%).
  Le profil ligne "2" est un profil très particulier : il est très différent du profil moyen et représente dans l'enquête un poids relativement faible (15%).
- Pour le profil ligne "3" des personnes lisant la rubrique avec une attention moyenne, on remarque qu'un pourcentage important de ces personnes est peu ou moyennement satisfait (10% de plus que pour le profil moyen). Ceci représente 41% des enquêtés.
- Pour le profil ligne "4-5, un très fort pourcentage (58%) des enquêtés lisant attentivement ou très attentivement la rubrique est globalement satisfait ou très satisfait du magazine, soit près du double que sur l'ensemble. De plus, cette catégorie représente le plus fort pourcentage d'enquêtés (44%). Ce résultat est certainement encourageant pour les concepteurs du journal même si le progrès sera à rechercher pour les deux autres catégories relatives aux profils lignes 2 et 3.

Commentaires succincts des profils colonnes

- Parmi les personnes peu satisfaites (profil 1-2), un très fort pourcentage lit la rubrique avec une attention moyenne. Ce groupe représente 28% des enquêtés.
- Parmi les personnes moyennement satisfaites, un fort pourcentage (près de 51%) lit la rubrique avec une attention moyenne : cette catégorie représente 41% de l'échantillon.
- Parmi les personnes satisfaites à très satisfaites, 84% lisent attentivement la rubrique. Cette catégorie représente 31% des enquêtés.

Statistique inférentielle sur variables qualitatives

L'analyse descriptive a fait apparaître des profils bien contrastés, de fortes "correspondances" entre niveau de qualité de lecture de la rubrique formation et niveau de satisfaction.

Il est intéressant de tester l'indépendance de ces deux critères au moyen d'un test du Khi-deux. Nous calculons les effectifs théoriques et réalisons le test.

	SATIC			
LFORMC	**1 ; 2**	**3**	**4 ; 5**	***Totaux***
2	5,081	7,403	5,516	***18***
3	14,395	20,976	15,629	***51***
4 ; 5	15,524	22,621	16,855	***55***
Totaux	***35***	***51***	***38***	***124***

Tableau 15.11 Effectifs théoriques indice de satisfaction – qualité de lecture de la rubrique formation.

Le résultat du test du Khi-deux (1,003.E-7 montre que la liaison entre l'indice de satisfaction et la qualité de lecture de la rubrique formation est très hautement significative (probabilité critique extrêmement faible). L'analyse descriptive des profils, offrant des résultats particulièrement clairs, il ne paraît pas opportun d'approfondir ce test en recherchant les cellules explicatives.

Nous pourrions réaliser le même travail pour chaque tableau de contingence. Nous présentons ci-dessous les résultats (effectifs observés, effectifs théoriques) et le résultat du test du Khi-deux. Des fusions entre lignes et entre colonnes ont été réalisées lorsque les effectifs théoriques étaient trop faibles.

	SATIC					
LDOSC	**1**	**2**	**3**	**4**	**5**	Totaux
1	3	1	0	0	0	4
2	1	19	7	0	0	27
3	0	8	41	10	0	59
4	0	3	3	19	6	31
5	0	0	0	1	2	3
Totaux	4	31	51	30	8	124

Oij

	SATIC			
LDOSC	**<=2**	**2<note<=3**	**>3**	Totaux
<=2	24	7	0	31
2<note<=3	8	41	10	59
>3	3	3	28	34
Totaux	35	51	38	124

Cij

	SATIC			
LDOSC	**<=2**	**2<note<=3**	**>3**	Totaux
<=2	8,75	12,75	9,50	31
2<note<=3	16,65	24,27	18,08	59
>3	9,60	13,98	10,42	34
Totaux	35	51	38	124

TEST.KHIDEUX :
5,61 E-21
Liaison très hautement significative

Tableau 15.12.a Indice de satisfaction – qualité de lecture de la rubrique **dossier**.

Effectifs observés avant et après regroupement de classes et effectifs théoriques.

	SATIC					
LWEBC	**1**	**2**	**3**	**4**	**5**	Totaux
1	0	0	0	0	0	0
2	1	0	0	0	0	0
3	3	20	8	1	0	32
4	0	11	41	19	2	73
5	0	0	2	10	618	3
Totaux	4	31	51	30	8	124

Oij

	SATIC			
LWEBC	**<=2**	**2<note<=3**	**>3**	Totaux
<=3	24	8	1	33
>3	11	43	37	91
Totaux	35	51	38	124

Cij

	SATIC			
LWEBC	**<=2**	**2<note<=3**	**>3**	Totaux
<=3	9,31	13,57	10,11	33
>3	25,69	37,43	27,89	91
Totaux	35	51	38	124

TEST.KHIDEUX :
5,61 E-21
Liaison très hautement significative

Tableau 15.12.b Indice de satisfaction – qualité de lecture de la rubrique **Internet**.

Effectifs observés avant et après regroupement de classes et effectifs théoriques.

	SATIC					
LASTUC	1	2	3	4	5	Totaux
1	0	0	0	0	0	0
2	0	1	5	17	8	31
3	1	21	44	13	0	79
4	3	9	2	0	0	14
5	0	0	0	0	0	0
Totaux	4	31	51	30	8	124

Oij	SATIC			
LASTUC	<=2	2<note<=3	>3	Totaux
<=2	1	5	25	31
>2	34	46	13	93
Totaux	35	51	38	124

TEST.KHIDEUX :
2,12 E-11
Liaison très hautement significative

Cij	SATIC			
LASTUC	<=2	2<note<=3	>3	Totaux
<=2	8,75	12,75	9,50	31
>2	26,25	38,25	28,5	93
Totaux	35	51	38	124

Tableau 15.12.c Indice de satisfaction – qualité de lecture de la rubrique **astuces logiciels**.

Effectifs observés avant et après regroupement de classes et effectifs théoriques.

	SATIC					
LNOUVC	1	2	3	4	5	Totaux
1	0	0	0	0	0	0
2	4	9	6	1	0	20
3	0	19	28	2	0	49
4	0	3	16	25	2	46
5	0	0	1	2	6	8
Totaux	4	31	51	30	8	124

Oij	SATIC			
LNOUVC	<=2	2<note<=3	>3	Totaux
<=2	13	6	1	20
2<note<=3	19	28	2	49
3	3	17	35	55
Totaux	35	51	38	124

TEST.KHIDEUX :
1,22 E-12
Liaison très hautement significative

Cij	SATIC			
LNOUVC	<=2	2<note<=3	>3	Totaux
<=2	5,65	8,23	6,13	20
2<note<=3	13,83	20,15	15,02	49
>3	15,52	22,62	16,85	55
Totaux	35	51	38	124

Tableau 15.12.d Indice de satisfaction – qualité de lecture de la rubrique **nouveautés**.

Effectifs observés avant et après regroupement de classes et effectifs théoriques.

En résumé, l'indice de satisfaction est significativement dépendant de la qualité de lecture de chacune des rubriques. Ce résultat, issu de tests, s'appuie sur un recodage de la quasi totalité des variables selon le mode schématique "faible, moyen, fort".

15.3.1.3. Statistique multivariée inférentielle (variables quantitatives)

Pour rechercher l'influence éventuelle de la qualité de lecture des différentes rubriques sur l'indice de satisfaction globale, nous proposons d'utiliser une régression linéaire multiple.

La variable à expliquer est SATI, indice de satisfaction. Les variables explicatives sont :

- LFORM (lecture des formations)
- LDOS (lecture des dossiers)
- LWEB (lecture "Internet")
- LASTU (lecture des astuces logiciels)
- LNOUV (lecture des nouveautés).

Cette stratégie permettra l'intervention simultanée de l'ensemble des rubriques dans l'explication de l'indice de satisfaction.

	Degré de liberté	*SCE*	*CM*	*Fobservé*	*probabilité critique*
Régression	5	69,759	13,952	54,721	3,804E-29
Résidus	118	30,085	0,255		
Total	123	99,845			

Tableau 15.13 Tableau d'analyse de variance de la régression linéaire multiple.

Résultats

Le tableau d'*analyse de variance* ci-dessus explique l'indice de satisfaction à partir des qualités de lecture des différentes rubriques. Il permet de conclure que le modèle de régression est très hautement significatif. Sa *qualité* est satisfaisante car le coefficient de corrélation multiple est égal à 0,836 et le coefficient de détermination R^2, proportion de variabilité de l'indice de satisfaction expliquée par le modèle atteint près de 70% et le coefficient de détermination ajusté, part de variance de l'indice de satisfaction expliquée par le modèle, atteint 69%.

Modèle obtenu

SATI estimé = 1,478 + 0,053 LFORM + 0,390 LDOS + 0,334 LWEB
- 0,477 LASTU - 0,001 LNOUV

Les unités étant homogènes pour toutes les variables, on remarque l'importance des valeurs absolues des coefficients de LDOS, LWEB et LASTU.

Quand la note de lecture du dossier augmente de 1 point, les notes de lecture des autres rubriques étant inchangées, l'indice de satisfaction globale croît de 0,39.

Quand la note de lecture des extraits et références Internet augmente de 1 point, les notes de lecture des autres rubriques étant inchangées, l'indice augmente de 0,334.

On retrouve l'incidence opposée de la qualité de lecture des astuces logiciel ; quand cette note augmente de 1, les notes de lecture des autres rubriques étant inchangées, l'indice de satisfaction diminue de 0,477.

Test des coefficients

La note de qualité de lecture de chacune des rubriques contribue-t-elle de façon significative à expliquer l'indice de satisfaction ?

Voici les probabilités critiques relatives aux statistiques T de Student associées à chacun des coefficients :

	Probabilité critique associée à la statistique T	Significativité du test
LFORM	0,526	NS
LDOS	0,001	S (**)
LWEB	0,033	S (*)
LASTU	0,001	S(**)
LNOUV	0,993	NS

Tableau 15.14 Résultats des tests de Student associés aux coefficients des critères explicatifs, qualité de lecture des rubriques.

Les notes de qualité de lecture des rubriques Dossier, Internet et Astuces contribuent de manière significative à expliquer l'indice de satisfaction globale. Ceci ne signifie pas que l'on doive retirer du modèle les lectures des deux autres rubriques. Néanmoins, on peut rechercher un modèle plus allégé, à condition que la chute du coefficient de détermination ne soit pas trop importante.

Par ailleurs, dans notre exemple, il est intéressant de rappeler que, parmi les modèles à une seule variable explicative (régressions linéaires simples), le plus explicatif, fourni par "lecture dossier", affiche un coefficient de détermination atteignant déjà 62,7%. Si ce modèle est simple et de qualité, il ne présente pas toutefois l'intérêt du précédent.

Résidus

Il est prudent d'examiner les résidus. En effet, un fort résidu, indiquant un écart important entre les indices de satisfaction réel et estimé (ou prédit), peut mettre en évidence une observation aberrante, voire une erreur de saisie et, dans tous les cas, une donnée marginale.

Rappelons que la réalisation des tests de significativité nécessite la normalité des résidus. Nous conseillons le calcul de la distribution des fréquences relatives des résidus normalisés assortie de l'histogramme.

Résidus normalisés	*Fréquences absolues*	*Fréquences relatives*
-2,0	6	4,84%
-1,5	6	4,84%
-1,0	2	1,61%
-0,5	14	11,29%
0,0	30	24,19%
0,5	58	46,77%
1,0	14	11,29%
1,5	8	6,45%
2,0	7	5,65%
>2	2	1,61%

Tableau 15.15 Distribution des résidus de régression.

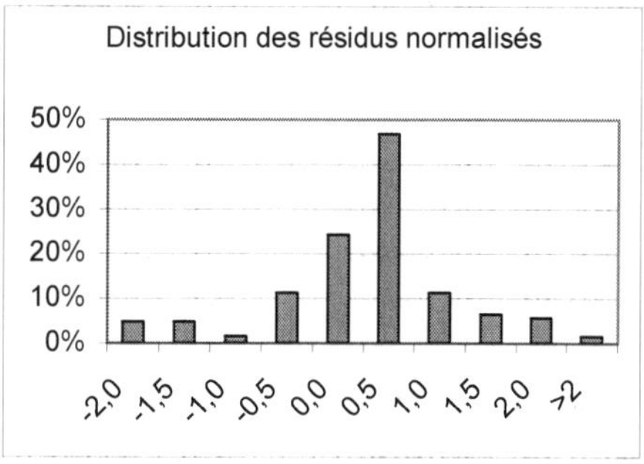

Figure 15.6 Histogramme des résidus de régression.

Nous remarquons que 4,84% des résidus ont une valeur inférieure ou égale à –2 : ce pourcentage est un peu fort puisque, dans le cas d'une distribution normale, on peut s'attendre à 2,5% des valeurs inférieures à –1,96. En examinant les valeurs des résidus normalisés, on remarque une valeur importante (-3,238) correspondant à la 56^{ie} observation et 2 autres valeurs voisines de –2,7 et correspondant aux observations n° 48 et n°103. Le pointage de ces enquêtes particulières peut éventuellement intéresser les responsables du magazine.

La distribution des fréquences, assortie de l'histogramme, montre une relative symétrie. Par cette seule analyse descriptive, on ne peut conclure à la normalité des résidus ; on peut cependant vérifier qu'il n'y a pas une importante contradiction avec la distribution normale.

Les résidus étant des erreurs, il est sage d'examiner les graphiques des résidus en fonction de chaque variable explicative. la présence d'une "structure" dans le nuage montrerait que le résidu n'est pas une véritable erreur, puisque l'on pourrait encore le modéliser à l'aide d'une fonction assortie d'une nouvelle erreur associée. La présence d'une structure peut aussi indiquer l'absence d'une variable explicative "intéressante". Dans notre cas, aucune structure n'apparaît dans ces nuages.

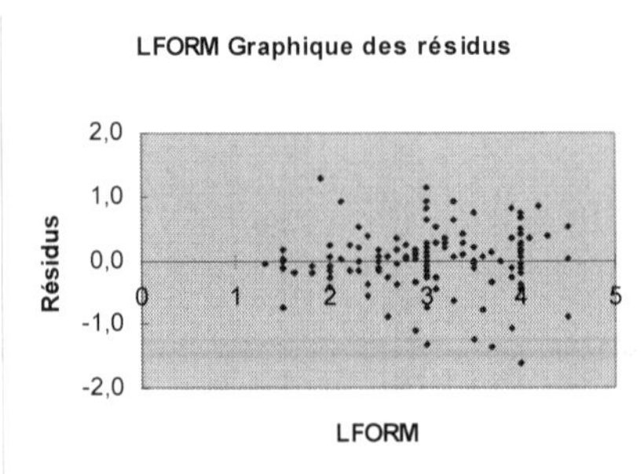

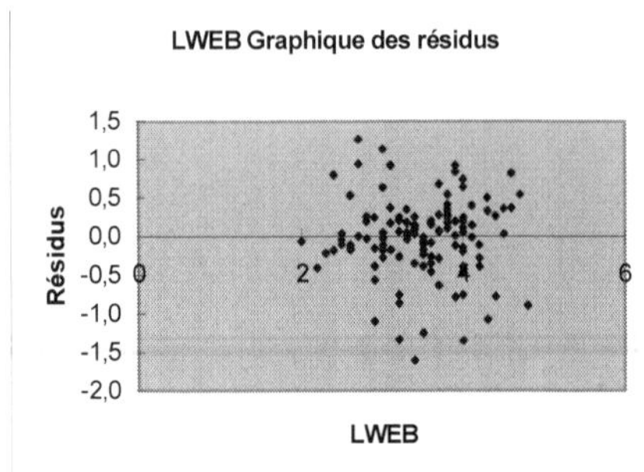

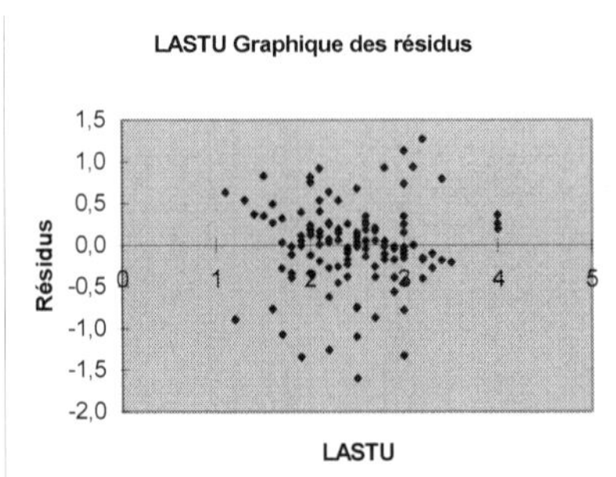

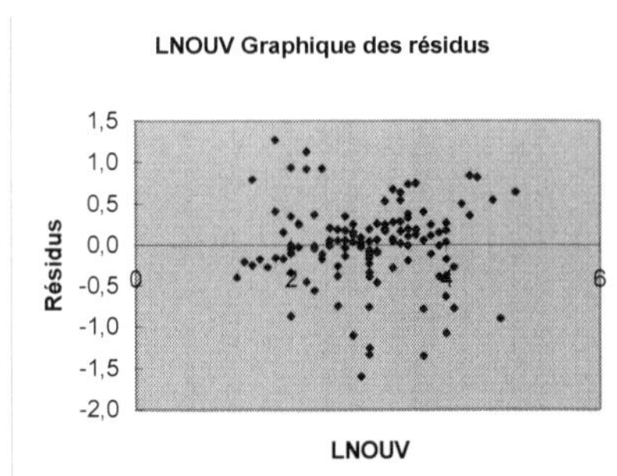

Figures 15.7 Nuage des résidus en fonction des critères explicatifs qualité de lecture des rubriques.

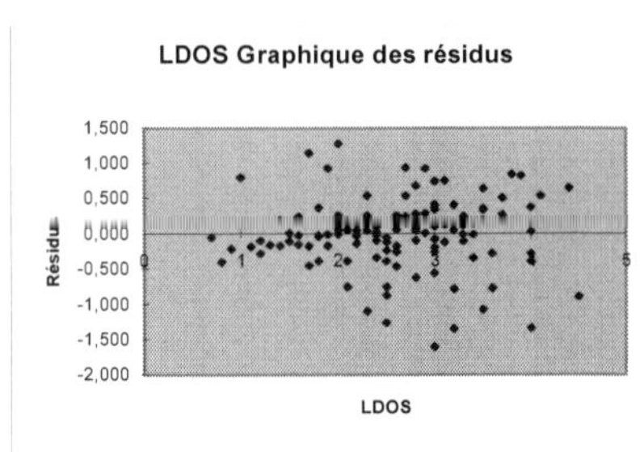

15.3.2. Axe 2 : intérêt des thèmes traités et indice de satisfaction (QT →QT)

15.3.2.1. Statistique univariée

Statistique descriptive

- Paramètres statistiques

	SATI	INTSU
MIN	0,7	1,2
QUARTILE 1	2	2,675
MEDIANE	2,6	3,3
QUARTILE 3	3,2	3,725
MAX	4,8	5
amplitude	4,1	3,8
IQR	1,2	1,05
MOYENNE	2,644	3,186
ECARTYPEP	0,897	0,785
CV	33,94%	24,64%
KURTOSIS	-0,324	-0,447
COEFFICIENT.ASYMETRIE	0,173	-0,320

Tableau 15.16 Paramètres statistiques de l'intérêt des sujets et de l'indice de satisfaction.

L'indice de satisfaction a déjà été commenté. La note d'intérêt des sujets se résume sensiblement de la même manière mais "améliorée" d'environ 1/2 point. Pour cet indicateur, on remarque également les proximités entre moyenne et médiane.

➢ *Remarque*

Notons D l'écart entre les notes de satisfaction et d'intérêt des sujets.

D = SATI – INTSU

Résumons D

– Médiane = -0500

– Moyenne = -0,540

– Ecart-type = 0,503.

- Distribution des fréquences et histogrammes groupés

Fréquences relatives		
Classes	**SATI**	**INTSU**
1,0	3,23%	0,00%
1,5	9,68%	2,42%
2,0	15,32%	8,87%
2,5	20,97%	10,48%
3,0	20,16%	19,35%
3,5	16,94%	21,77%
4,0	7,26%	24,19%
4,5	3,23%	10,48%
5,0	3,23%	2,42%
	100%	100%

Tableau 15.17 Distribution des fréquences relatives de l'intérêt des suiets et de l'indice de satisfaction.

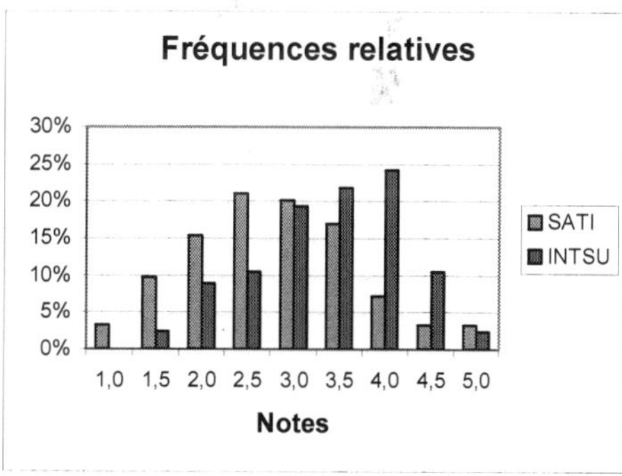

Figure 15.8 Histogramme de l'intérêt des sujets et de l'indice de satisfaction.

Comme on a pu le remarquer lors de l'examen des paramètres statistiques de positions, il apparaît le décalage vers la droite (fortes valeurs) de la distribution de la note d'intérêt des sujets par rapport à l'indice de satisfaction.

Médiane et moyenne n'appartiennent pas aux classes modales mais ceci est dû à la finesse de l'amplitude des classes (0,5 point) ; avec une amplitude de 1 point, l'appartenance est effective.

Statistique inférentielle

Indiquons l'intervalle de confiance sous sa forme d'écart aléatoire Δ autour de la moyenne observée dans l'échantillon.

Au niveau de confiance 95%, nous trouvons Δ = 0,16 pour l'intérêt des sujets et Δ = 0,14 pour l'indice de satisfaction.

Les deux critères ont des longueurs d'intervalle de confiance proches de 0,3. Par ailleurs nous avons noté un écart de 0,5 point entre les moyennes. En comparant ces deux valeurs, l'importance des écarts de moyenne semble évidente. Pour la mettre en évidence, nous allons déterminer les intervalles de confiance au niveau 95%. L'évaluation des intervalles de confiances donne $\left[2,5\ ;\ 2,8\right]$ pour l'indice de satisfaction et $\left[3\ ;\ 3,3\right]$ pour l'intérêt des sujets. Ces intervalles sont disjoints. Le score de l'intérêt des sujets semble donc dominer celui de l'indice de satisfaction.

15.3.2.2. Statistique bivariée

Statistique descriptive

Le résumé de la série double par le coefficient de corrélation donne le résultat

R = 0,829

L'intérêt des sujets traités et l'indice de satisfaction sont fortement corrélés positivement. L'augmentation de la note d'intérêt des sujets induit une augmentation de l'indice de satisfaction, ce qui est assez naturel.

Graphique : nuage bidimensionnel

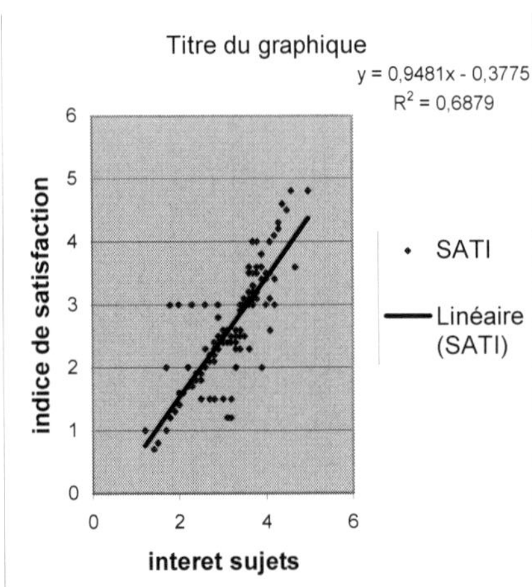

Le nuage s'étalant longitudinalement, nous avons affiché la droite des moindres carrés. Le coefficient de détermination nous montre que près de 70% de la variabilité de l'indice de satisfaction est expliquée par ce modèle de régression simple.

Expression du modèle :

Lorsque la note d'intérêt des sujets croît de 1 point, l'indice de satisfaction augmente de 0,948.

Figure 15.9 Droite de régression de l'indice de satisfaction en fonction de l'intérêt des sujets.

Statistique inférentielle

Pour tester l'égalité des deux notes moyenne d'intérêt des sujets et de satisfaction, on réalise le test de Student (échantillons appariés).

On trouve une probabilité critique de 2,3E-22. Le test est très hautement significatif. Les notes moyennes d'intérêt des sujets et de satisfaction sont significativement différentes (risque 2,3E-22).

15.3.3. Axe 3 : intérêt de thèmes traités selon les productions

15.3.3.1. Statistique bivariée

Stratégie 1 : données de base QT x QL

Statistique descriptive

On décrit la note d'intérêt des sujets pour chaque famille de production.

- Les paramètres statistiques sont indiqués sur le tableau 15.18 suivant.

	Grandes cultures	Élevage	Viticulture	Autres
	P1	P2	P3	P4
NBVAL	19	33	39	33
MIN	1,8	1,2	2	2,6
QUARTILE 1	2,55	1,9	3,3	3,2
MEDIANE	3	2,3	3,7	3,6
QUARTILE 3	3,45	2,8	3,9	4
MAX	4,2	3,7	4,6	5
Amplitude	2,4	2,5	2,6	2,4
IQR	0,9	0,9	0,6	0,8
MOYENNE	3,016	2,355	3,590	3,639
ECARTYPEP	0,632	0,585	0,511	0,573
CV	21%	25%	14%	16%

Tableau 15.18 Paramètres statistiques de l'intérêt des sujets selon la famille de production.

On remarque la proximité des moyennes et des médianes pour chacune des productions.

La production P_2 (élevage) se démarque nettement par sa "sévérité" (valeurs les plus basses). Les meilleurs scores moyens et médians sont relatifs à la viticulture et au rassemblement "autres productions".

Du point de vue de la dispersion, les différentes productions sont voisines : amplitude, IQR et écarts-types sont homogènes. Le coefficient de variation de la catégorie "Élevage" est plus élevé. Ceci est la conséquence de la faible valeur de la moyenne. On note un effet similaire quoique moins marqué pour les "grandes cultures" (P_1).

Enfin, en examinant les couples (Min, Max) et (Q_1, Q_3), on remarque la hiérarchie approximative suivante, dans le sens de la croissance d'intérêt :

1. Élevage ; 2. Grandes cultures ; 3. Viticulture ; 4. Autres productions. (3 et 4 proches).

- Distribution des fréquences et histogrammes groupés

Les amplitudes des quatre productions étant voisines de 2,5 et les "Min" étant décalés, nous avons choisi un intervalle de longueur de classe limitée à 0,5 point. Dans cet axe de recherche, nous avons besoin d'une approche plus fine des distributions.

Nous remarquons une assez bonne symétrie des distributions qui présente une allure de loi gaussienne. Nous retrouvons la "translation" des distributions déjà remarquée à travers les indices statistiques résumés. En partant des notes les plus basses vers les notes plus élevées, on trouve successivement l'élevage (P_2), les grandes cultures (P_1), la viticulture (P_3) et, très proches, les autres productions (P_4).

Il apparaît également que les classes modales contiennent la moyenne et la médiane pour les 4 productions. C'est assez naturel pour des distributions relativement symétriques.

	Fréquences absolues			
Classes	P_1	P_2	P_3	P_4
1,5	0	3	0	0
2,0	2	8	1	0
2,5	3	10	0	0
3,0	5	9	5	5
3,5	5	1	11	10
4,0	3	2	15	10
4,5	1	0	6	6
5,0	0	0	1	2
Totaux	19	33	39	33

	Fréquences relatives			
Classes	P_1	P_2	P_3	P_4
1,5	0%	9%	0%	0%
2,0	11%	24%	3%	0%
2,5	16%	31%	0%	0%
3,0	26%	27%	13%	15%
3,5	26%	3%	28%	30%
4,0	16%	6%	38%	31%
4,5	5%	0%	15%	18%
5,0	0%	0%	3%	6%
Totaux	100%	100%	100%	100%

Tableaux 15.19 Distributions des fréquences absolues et relatives de l'intérêt des sujets selon la production.

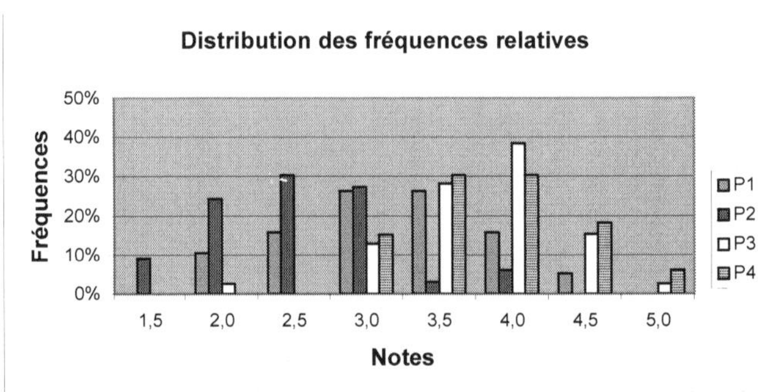

Figure 15.10 Histogrammes de l'intérêt des sujets selon la famille de production.

Statistique inférentielle

Est-ce que les notes moyennes d'intérêt des sujets sont identiques pour tous les types de production ? Pour répondre à cette question, l'outil classique est l'ANALYSE DE VARIANCE à un facteur, ici le facteur production.

Cependant, pour l'utiliser, nous devons nous assurer que les distributions des quatre productions sont gaussiennes et de même variance.

- Normalité des distributions

Nous venons de noter l'allure gaussienne des distributions. Un test de normalité pourrait être réalisé au moyen du test du Khi-deux. Ce test a des limites : nous savons qu'il est dépendant du découpage en classes. De plus, dans le cas souhaité d'acceptation de normalité, le risque β est inconnu. Cependant il nous rassure sur une certaine légitimité. Nous laissons au lecteur le soin de le réaliser (cf. §9.1.2).

Nous considèrerons les distributions sensiblement normales. De plus, les échantillons n'étant pas petits, l'approximation sera d'autant plus tolérable.

- Égalité des variances

Nous réalisons le test F au moyen d'Excel (résultat divisé par deux)

Couples de productions		(1/2)*TEST F
P_1	P_2	32,057%
P_1	P_3	11,911%
P_1	P_4	28,678%
P_2	P_3	20,879%
P_2	P_4	45,524%
P_3	P_4	24,415%

Tableau 15.20 Test d'égalité des variances de l'intérêt des sujets pour les couples de production (probabilités critiques).

Toutes les probabilités critiques sont supérieures, au niveau de test classique : 5%. Nous décidons de ne pas refuser l'égalité des variances. Nous considérons qu'il y a homoscédasticité de la note d'intérêt pour les 4 productions.

Nous réalisons maintenant l'analyse de variance à un facteur, le facteur production à 4 modalités P_1, P_2, P_3 et P_4.

Origine des dispersions	*SCE*	DDL	CM	*Fobservé*	*Probabilité critique*	*F théorique*
INTERCLASSES	*36,505*	3	12,168	36,595	7,23E-17	2,680
INTRACLASSES	*39,902*	120	0,333			
Total	*76,407*	123				

Tableau 15.21 Tableau de l'analyse de variance de l'intérêt des sujets selon le facteur production à 4 modalités P_1, P_2, P_3 et P_4.

L'analyse de variance est très hautement significative. Au moins une des quatre notes moyennes se distingue des autres. Dans l'étude descriptive, nous avons remarqué que la moyenne de la note d'intérêt pour la production "élevage" (P_2) était nettement plus petite que les autres. Nous proposons de faire une autre analyse de variance en écartant cette production. Il ne reste donc que trois modalités seulement : P_1, P_3 et P_4.

Origine des dispersions	*SCE*	DDL	CM	*Fobservé*	*Probabilité critique*	*F théorique*
INTERCLASSES	*5,397*	2	2,698	8,297	5,00E-04	3,100
INTRACLASSES	*28,620*	88	0,325			
Total	*34,017*	90				

Tableau 15.22 Tableau de l'analyse de variance après avoir écarté la production P_2.

Malgré la très forte croissance de la probabilité critique, cette analyse de variance reste significative.

Nous proposons enfin de comparer les notes moyennes en considérant les productions 2 à 2. Nous réalisons un test de Student par couple de productions, ce qui équivaut à une analyse de variance à un facteur à deux modalités.

Prises 2 par 2, les notes moyennes sont significativement différentes, exceptées celles de P_3 (viticulture) et P_4 (autres productions). L'analyse descriptive avait déjà mis en évidence l'étroite proximité entre ces deux familles de production.

Couples de productions		*Test de Student*
P_1	P_2	0,048%
P_1	P_3	0,059%
P_1	P_4	0,081%
P_2	P_3	0,000%
P_2	P_4	0,000%
P_3	P_4	70,29%

Tableau 15.23 Test de Student des couples de production (probabilités critiques).

Stratégie 2 : données de base QL **x** QL

Comme il a été expliqué dans les exploitations statistiques précédentes, la variable quantitative "note d'intérêt" peut, après découpage en classes, être transformée en variable qualitative. Un choix de classes a été réalisé lors de la détermination des distributions de fréquence (étude descriptive). En examinant la distribution des fréquences absolues, il apparaît, dans les classes extrêmes, des effectifs faibles, ce qui est logique, mais aussi des effectifs nuls. Nous décidons de regrouper les classes extrêmes et notons :

INT1 pour note $\leq 2,5$ (peu d'intérêt)
INT2 pour $2,5<$ note ≤ 3 (intérêt moyen)
INT3 pour $3 <$ note $\leq 3,5$ (bon intérêt)
INT4 pour note $> 3,5$ (très bon intérêt)

Le tableau de contingence (effectifs observés) correspondant est indiqué ci-contre.

Classes	Oij	P1	P2	P3	P4
<=2,5	INT1	*5*	*21*	*1*	*0*
3	INT2	5	9	5	5
3,5	INT3	5	1	11	10
>3,5	INT4	*4*	2	*22*	*18*

Tableau 15.24 Répartition des effectifs observés selon les niveaux d'intérêt des sujets et les productions

Statistique descriptive

Nous proposons de n'examiner que les profils selon les productions car pour notre question, ce sont les plus intéressants.

Intérêt	P1	P2	P3	P4	*Profil moyen*
INT1	*27%*	*64%*	*3%*	*0%*	*22%*
INT2	*26%*	*27%*	*13%*	*15%*	*19%*
INT3	*26%*	*3%*	*28%*	*30%*	*22%*
INT4	*21%*	*6%*	*56%*	*55%*	*37%*
Totaux	*100%*	*100%*	*100%*	*100%*	*100%*
Poids	*15%*	*27%*	*31%*	*27%*	

Tableau 15.25 Profils lignes productions.

Ce nouveau découpage en classes, plus grossier du fait de la fusion des classes extrêmes, met en évidence les résultats dominants.

Pour le profil "grandes cultures" (P_1), la répartition selon les quatre classes d'intérêt est sensiblement uniforme. On note le faible poids de cette catégorie dans l'échantillon enquêté.

Pour le profil "élevage" (P_2), près de 90% des enquêtés de cette catégorie ont trouvé peu d'intérêt ou un intérêt moyen aux sujets traités (contre près de 40% dans l'ensemble des enquêtés).

En ce qui concerne les profils "viticulture " (P_3) et "autres productions (P_4), ces catégories ont massivement apprécié les thèmes traités. Près de 85% des enquêtés de ces catégories ont marqué un bon ou très bon intérêt, contre environ 59% pour l'ensemble. On peut souligner que ces catégories ont un poids important dans l'échantillon (respectivement 31% et 27%). Qualitativement, on retrouve les résultats des analyses précédentes mais l'expression de ces pourcentages par production et toutes productions confondues sont généralement très appréciées et très parlantes pour les commanditaires de ce type d'enquête.

Statistique inférentielle

Nous proposons de réaliser une test du Khi-deux pour voir si l'intérêt des sujets traités est homogène selon les productions.

Cij	P1	P2	P3	P4
INT1	*4,137*	*7,185*	*8,492*	*7,185*
INT2	*3,677*	*6,387*	*7,548*	*6,387*
INT3	*4,137*	*7,185*	*8,492*	*7,185*
INT4	*7,048*	*12,242*	*14,468*	*12,242*

Tableau 15.26 Effectifs théoriques intérêt des sujets – type de production.

Comme on le pressentait, le résultat de TEST.KHIDEUX montre que le test est très hautement significatif. L'intérêt varie selon le type de production.

Les profils selon les productions sont suffisamment clairs pour éviter toute nouvelle recherche.

En considérant les calculs relatifs à ce test, une petite critique s'impose. Certains effectifs théoriques (production "grandes cultures" P_1) sont un peu faibles. Généralement, on considère que l'effectif théorique doit être au moins égal à 5, même si 3 est parfois toléré. On peut fusionner d'une part les 2 premières classes de niveau d'intérêt et d'autre part les 2 dernières et on refait le test.

Tableau de contingence : effectifs observés

Oij	P1	P2	P3	P4
INT1-INT2	10	30	6	5
INT3-INT4	9	3	33	28

Test Khi-deux : 8,018E-12.

Tableau de contingence : effectifs théoriques

Cij	P1	P2	P3	P4
INT1-INT2	7,81	13,57	16,04	13,57
INT3-INT4	11,19	19,43	22,96	19,43

Tableau 15.27 Effectifs observés ($O_{i\,j}$) et théoriques ($C_{i\,j}$) des niveaux d'intérêt des sujets (après regroupement des classes) selon les productions .

Le résultat est similaire, mais la richesse des données est cependant un peu trop masquée puisque nous n'avons plus que 2 niveaux d'intérêt que l'on peut qualifier, par exemple, de "faible" et "fort".

15.4. CONCLUSION

En résumé, nous retiendrons que la catégorie "élevage" est peu intéressée par les sujets traités contrairement aux famille "viticulture" et "Autres productions" ; la famille "Grandes cultures" a quant à elle des appréciations partagées.

On peut supposer que les "éleveurs", perturbés par les récentes crises, souhaitaient peut-être des informations sur ces sujets...

Pour les concepteurs du magazine, le résultat des "viticulteurs" est clair. Le bon résultat de la famille "Autres productions", catégorie "fourre-tout", souvent nécessaire dans ce genre d'enquête, n'est pas vraiment surprenant. Un éventail de producteurs confrontés à la diversité des sujets peut, globalement, générer un bon intérêt. Ce résultat, même peu ciblé, est certainement encourageant.

D'autres axes de recherches pourraient être exploités avec ces données tels que par exemple mettre en rapport les qualité de lecture des rubriques et l'intérêt des sujets, travailler par famille de production, etc. Avec l'outil Excel, les démarches seraient relativement voisines.

En conclusion, nous avons décrit les données, montré la souplesse de transformation des variables et enfin essayé d'évaluer des risques. Par des stratégies statistiques différentes, nous avons abouti aux mêmes conclusions concrètes. Pour les praticiens, c'est le but fondamental de la démarche statistique.

En statistique appliquée, le souci réel est de fiabiliser les résultats.

16. CONSEILS AU PRATICIEN DEBUTANT...

Dans ce chapitre, en guise de conclusion, nous nous permettons de donner quelques recommandations au praticien débutant. Dans une approche rapide et donc simplificatrice, nous pensons à deux profils bien distincts de tels utilisateurs : le statisticien sans pratique et le professionnel sans culture statistique.

1. Le praticien ayant reçu une solide et classique formation en statistique

Nous savons (par expérience!) qu'il maîtrise plutôt bien la construction des outils théoriques notamment dans leurs aspects mathématiques. La formation ne privilégie pas l'utilisation concrète de l'outil ni le travail sur des données réelles. Il est quelque peu déboussolé devant cette réalité, son immense diversité et la multiplicité des facteurs en interaction. Il est démuni face à la difficulté de faire épouser à ce réel la beauté parfaite des lois mathématiques pourtant nombreuses et qui lui sont familières.

2. Le praticien par nécessité et besoin mais sans culture statistique

Son profil est quasiment à l'opposé du précédent. Il travaille dans un domaine exigeant l'analyse et la stratégie statistique. Malgré les plaisanteries courantes sur la Statistique, il la considère généralement comme une technique, une science qui lui permettent de résoudre obligatoirement ses problèmes et de leur trouver une réponse unique et précise. Il a parfois un peu de mal à appréhender l'aspect aléatoire d'un échantillon ou d'une enquête et à accepter la présence de risques. Il maîtrise bien la réalité de ses données.

3. On peut rajouter à ces portraits celui des étudiants dans les disciplines nécessitant l'utilisation de la statistique. Intermédiaire entre les deux types que nous venons de décrire, il évolue généralement rapidement vers le deuxième.

A tous ces utilisateurs, nous conseillons de commencer à *décrire des données réelles.* Excel est un très bon outil pour cette initiation.

Nous suggérons tout d'abord d'observer attentivement les données puis de les classer, les ordonner. Ensuite il faut se familiariser "concrètement" avec les outils les plus simples et les plus classiques de statistique descriptive.

Après avoir appris à résumer les données concrètes par des paramètres statistiques et à les illustrer par des graphiques, il est instructif de faire un va-et-vient entre les données et les résultats trouvés. Cela permet de bien saisir les indicateurs pertinents qui schématisent les données mais aussi l'inévitable déformation qu'induisent les outils statistiques. Tester la sensibilité des résultats en écartant les valeurs extrêmes, en modifiant des valeurs, en adoptant plusieurs découpages en classes pour la réalisation d'histogrammes sont des stratégies ludiques et particulièrement formatrices pour apprivoiser à la fois les données concrètes et l'utilisation des outils.

Après l'apprentissage de la statistique descriptive classique, nous conseillons plus spécifiquement au praticien du deuxième type, praticien par nécessité, de se familiariser avec le calcul des probabilités et d'aller en quelque sorte à la rencontre de l'aléatoire!

Nous conseillons de "jouer" avec les simulations, d'essayer ainsi d'approcher les résultats de convergence tels que la loi des grands nombres, le théorème central limite. Cela lui permettra de rentrer en douceur dans la statistique inférentielle. Nous lui conseillons par exemple d'extraire d'une population bien définie plusieurs échantillons aléatoires de même taille. L'analyse descriptive des moyennes de ces échantillons conduit de façon naturelle à une prise de conscience des fluctuations aléatoires de ces moyennes, à la nécessité de définir la "marge d'erreur", l'intervalle de probabilité (ou de pari), les tests. Réitérer une telle extraction en augmentant la taille de l'échantillon et c'est alors la distribution normale des moyennes qui va se dessiner et lisser les histogrammes de l'analyse descriptive... Un tel parcours conduit inévitablement à prendre conscience de la fragilité de certains résultats et de la notion de risques. Cela est d'autant plus vrai que dans le réel, on travaille souvent à partir d'un petit nombre d'échantillons voire d'un seul.

La convivialité d'Excel permet d'entrer très progressivement dans les statistiques et de prendre de plus en plus de hauteur vis à vis des données. Elle facilite l'initiation ainsi que le travail en équipe puisque ce logiciel est très largement répandu.

Il nous paraît ensuite important d'encourager le praticien à poursuivre sa formation en étudiant d'autres techniques statistiques comme l'analyse exploratoire des données, l'analyse de données qui permettent de mieux "embrasser" la richesse de la réalité. Des logiciels spécifiques de statistique seront alors nécessaires. Nous conseillons de choisir des logiciels communiquant facilement avec Excel tant au niveau des données que des résultats ("importation" et "exportation").

Pour terminer, le praticien, parti du réel y revient! Nous lui rappelons que ce sont avant tout les données (issues bien entendu d'un recueil correct) qui ont raison et non la technique statistique. Lorsqu'on travaille sur des réalités de terrain, nous savons que nous sommes contraints à adopter des compromis avec la théorie tant au niveau des types de variables que des conditions de validité, etc. Le plus sage est déjà d'inventorier ces entorses et ensuite de rechercher d'autres stratégies statistiques permettant d'approcher le même aspect concret. Une relative stabilité dans les résultats concrets est sécurisante. Nous incitons le praticien à se poser des questions : quelle fiabilité (ou fragilité) accorder à telle décision ? Est-ce que les décisions envisagées sont logiques par rapport au concret ? Peut-on valider sans danger les résultats ? *Dans tous les cas, le bons sens doit être privilégié.*

Nous recommandons aussi une grande *prudence* dans la recherche d'explications de résultats de corrélations ou de correspondances. Nous pensons que seul le commanditaire de l'étude, qui connaît bien son domaine peut oser avancer la causalité ou l'hypothèse d'artéfacts éventuels.

Enfin, nous avons tous entendu des propos ressemblant à "on peut faire dire tout ce que l'on veut aux statistiques". Ils ne sont pas tout à fait dénués de vérité puisque les outils statistiques laissent une part de liberté dans la prise de décision. Cela commence par la relative autonomie dans l'art de poser les questions dans une enquête. Qui n'a jamais décelé dans certains questionnaires un manque certain d'*objectivité* ? Il y a ensuite la façon d'exploiter les données, de les classer, de les regrouper, de les recoder. Le choix de la hauteur du risque pris dans la décision reste un problème pour le moins délicat. On peut enfin jouer fortement sur le "look" de la présentation des résultats. Plus on travaille dans le réel et plus on prend conscience de cette souplesse et de cette malléabilité de l'outil statistique.

Objectivité, prudence et bon sens devraient être les maîtres mots des utilisateurs!

On comprend que tout cela nous apprend à apprécier mais aussi à nous étonner, à rester critique et, dans le meilleur des cas, à décoder les résultats statistiques dans les domaines économiques ou techniques , publiés ici ou là sur les nombreux médias mis à notre disposition.

En conclusion, la statistique nous confronte à notre éthique personnelle...

ANNEXE

PRINCIPALES FONCTIONNALITES EXCEL UTILISEES DANS CET OUVRAGE

1ère PARTIE : PRATIQUES STATISTIQUES AVEC EXCEL 2007 (ET SUIVANTS)

****

Avant propos

De nombreux professionnels et étudiants utilisent Excel. Ce logiciel pratique et convivial évolue en permanence et de nouvelles versions voient le jour périodiquement. On y retrouve chaque fois les fonctionnalités classiques souvent améliorées.

La version actuelle (2007 puis 2010) est apparue avec Vista et son "look", véritable révolution par rapport aux versions antérieures nécessite un petit apprentissage pour les habitués dans versions antérieures *("où est-ce qu'ils ont mis...?")*. Que les "anciens" se rassurent, une fois retrouvé l'outil recherché, ils découvriront les boîtes de dialogue habituelles et quelquefois enrichies.

Dans la 1ère partie de cette annexe, nous indiquons aux utilisateurs des versions antérieures comment accéder dans le nouvel Excel aux fonctionnalités utilisées en statistique.

Dans la 2ème partie, nous rappelons quelques principes de manipulations classiques, généralement connues mais importantes pour les études statistiques faites dans le présent ouvrage.

1. Approche globale

Excel 2007 propose les *mêmes fonctions statistiques qu'auparavant* avec quelques enrichissements. La différence apparente provient juste de la disposition des fonctionnalités offertes. Bien sûr, nous pouvons consulter l'Aide du logiciel, très riche et plutôt claire mais examiner tous les menus offre déjà de nombreuses possibilités.

Attention à la nouvelle extension des fichiers (.xlsx) qui n'est pas lisible par les versions antérieures; mais on peut enregistrer le fichier en .xls dans la boîte de dialogue "Enregistrer sous..." (Type de fichier).

A ceux qui ont peu pratiqué les statistiques avec Excel 2007, nous indiquons quelques repères utiles pour ces pratiques.

Tout d'abord, le "bouton Office", en haut et à gauche de la fenêtre, commun à Excel, Word , Access et PowerPoint, permet d'accéder à diverses fonctionnalités. En particulier, c'est dans la fenêtre ouverte qu'on trouve, en bas et à droite le bouton des *options Excel* que l'on pourra activer ou désactiver à loisir en fonction de leur utilité. Par exemple:

- *Standard*
- *Formule* : modification possible des options liées au calcul des formules, aux performances et au traitement des erreurs.
  Style de référence (L1C1) très courant dans les calculs mathématiques et statistiques car il utilise la notation matricielle.
- *Personnaliser* (un plus pour les graphiques)
- *Compléments* : dans "compléments d'applications actifs", "Analysis Toolpack" peut apporter de précieux outils en statistique tel le module "Analyse des données".

Après cette approche globale des points fondamentaux, nous proposons de nous pencher sur deux outils d'utilisation courante en statistique : l'utilitaire d'analyse et les graphiques.

2. Comment activer l'utilitaire d'analyse

Remarque préliminaire : dans les versions Excel antérieures à 2007, on clique sur "Outils/Macros complémentaires".

Dans Excel 2007, il est nécessaire de l'activer pour sa première utilisation.

Comment atteindre l'Utilitaire d'analyse ? L'Aide indique :"cliquer sur Analyse des données qui se trouve dans le groupe Analyse lequel est situé sous l'onglet Données".

Si la commande Analyse des données n'est pas disponible, aller dans "Options Excel", "Compléments" et activer Toolpack en utilisant gérer, atteindre.

3. Graphiques avec Excel 2007

L'élaboration des graphiques est très voisine de celle d'Excel antérieur à 2007.

Supposons que l'on souhaite tracer une droite de régression par exemple celle de la page 59). Après avoir cliqué "Insertion", on obtient le groupe "Graphique". On sélectionne les données (colonne de gauche : variable explicative; colonne de droite : variable à expliquer) et on active "nuage de points" pour afficher le graphique.

Après un clic droit sur un point du nuage, on peut activer par un clic gauche "ajouter une courbe de tendance". Une boîte "options de tendance" propose plusieurs modèles parmi lesquels on choisira le modèle approprié. Quand le nuage de points s'y prête, on choisit linéaire, ce modèle, fréquemment adopté, permettant des analyses statistiques plus élaborées.

En bas de cette fenêtre, on peut activer "afficher l'équation sur le graphique" ainsi que "afficher le coefficient de détermination (R^2) sur le graphique".

Pour ajouter des légendes, des titres, etc., cliquer dans le cadre contenant le graphique. Plusieurs onglets s'ajoutent sur la barre du haut, juste après l'onglet "Développeur" : "Création", "Disposition", "Mise en forme".

Ainsi, avec l'onglet "Disposition/Analyse", on peut aussi afficher l'équation de la droite de régression.

Remarque : comme dans les anciens Excel, le clic droit de la souris offre de nombreuses possibilités. Nous conseillons de l'utiliser fréquemment !

2ème *PARTIE : PRINCIPAUX OUTILS UTILISES EN STATISTIQUE*

1. Système de références (A1 ou L1C1)
2. Poignée de recopie
3. Références absolues et relatives
4. Fonctions et boîtes de dialogue
5. Nommer une plage de cellules
6. Gestion des "manquants"
7. Formules matricielles
8. Tableau croisé dynamique

****

1. SYSTEME DE REFERENCE (A1 OU L1C1)

Il s'agit du procédé permettant de localiser une cellule et, par extension, une plage de cellules.

Par défaut, Excel utilise le style de référence "A1" qui étiquette les colonnes par des lettres (de A à IV, pour couvrir 256 colonnes) et les lignes par des numéros (de 1 à 65536). Ces lettres et numéros portent le nom d'en-têtes de ligne et de colonne.

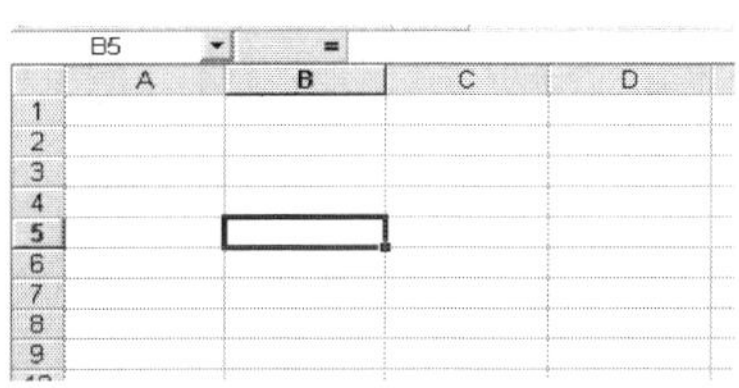

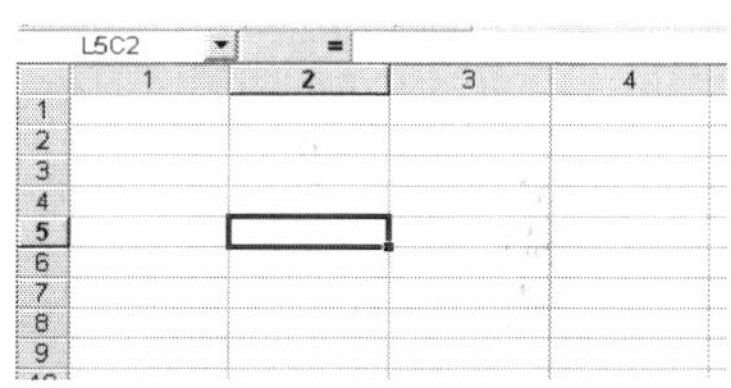

Dans le système de référence dit "L1C1", les colonnes sont elles aussi numérotées (de 1 à 256). La cellule B5 ci-dessus s'appelle alors L5C2 (ligne 5 et colonne 2).

Pour passer d'un système à l'autre, il faut utiliser l'onglet "Général" (zone Paramètres) du menu Outils / Options.

En fonction du système que l'on a choisi, les formules de calcul s'écrivent de façon différente. Par exemple, la somme des 3 cellules portant les valeurs 9, 2 et 3 ci-dessous, obtenue en sélectionnant la cellule en dessous de celle portant le libellé "Total" puis en cliquant le bouton Σ (barre d'outils standard) ou en appelant la fonction SOMME, s'écrit :

- =SOMME (B2:D2) dans le système de références A1 (= somme des cellules comprises entre les cellules B2 et D2, bornes comprises); il s'agit de références "absolues", c'est à dire par rapport au référentiel de la feuille Excel : colonnes B et D, ligne 2.

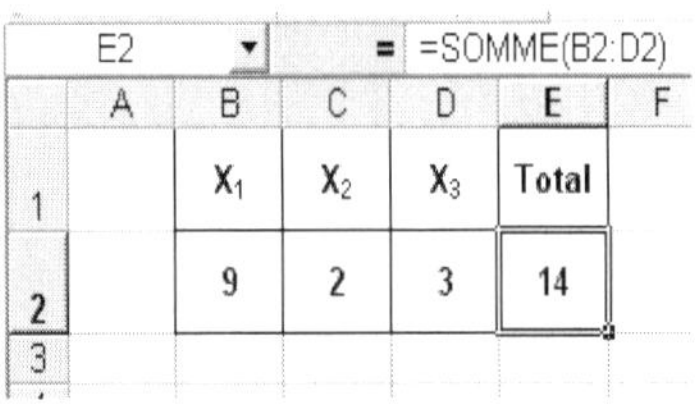

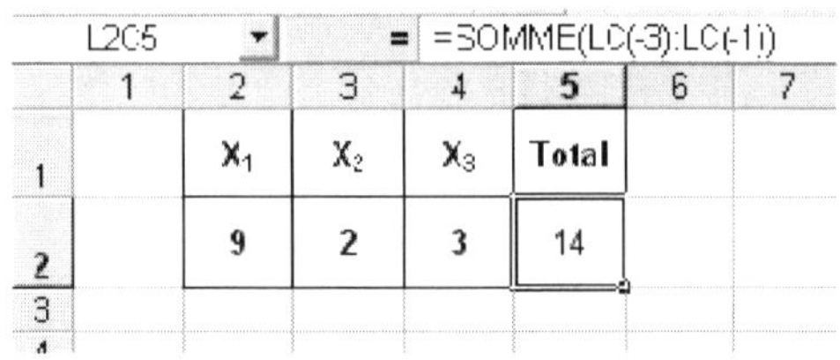

- =SOMME(LC(-3):LC(-1)) dans le système L1C1. Dans ce système, les références sont faites par rapport à la cellule devant recevoir le résultat de la fonction(= somme des cellules comprises sur la même ligne, entre les colonnes situées respectivement 3 colonnes avant, c'est à dire à gauche et 1 colonne avant). Dans ce système, Excel utilise par défaut des références "relatives". L'expression =SOMME(L2C2:L2C4) écrites avec des références "absolues" aurait, bien entendu donné le même résultat. Dans le paragraphe 3, on verra comment, inversement, on peut écrire des références relatives avec un système de référence A1.

2. POIGNEE DE RECOPIE

Pour certains types de calculs, il peut être très pratique d'utiliser la « poignée de recopie ».

Exemple 1

Soit un ensemble de variables relatives aux mêmes observations (observations = individus = unités statistiques = u s). Pour chacune de ces variables, on souhaite calculer les paramètres statistiques classiques : moyenne, écart-type, SCE...

VARIABLES → Observations ↓	X_1	....	X_p
1	x_{11}	....	x_{1p}
...	....	....	....
n	x_{n1}	....	x_{np}

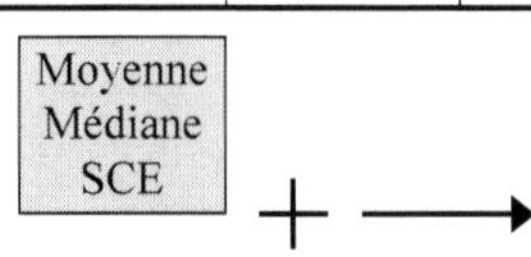

Pour la première variable X_1, on calcule tous les paramètres statistiques recherchés (moyenne, médiane, etc...), on sélectionne ensuite la plage de cellules contenant ces résultats et on "tire" à droite. Cela veut dire qu'on effectue un "cliquer-glisser" avec la souris à partir du petit signe + qui apparaît en bas à droite de la sélection ("poignée de recopie"). Les formules de la plage sélectionnée se recopieront sur les colonnes de droite en s'adaptant en fonction de leur position. Cette procédure est équivalente à la "recopie à droite".

Exemple 2 : Calcul de nouvelles variables, à partir de variables initiales

Soit un ensemble d'une ou plusieurs variables relatives aux mêmes observations. On s'intéresse à de nouvelles variables calculées à partir des variables de départ. Supposons que l'on s'intéresse par exemple à la différence des 2 premières variables.

VARIABLES → Observations ↓	X_1	X_2	$D = X_1 - X_2$
1	x_{11}	x_{12}	$x_{11} - x_{12}$
2	x_{12}	x_{22}	....
....	....	....	....
n	x_{n1}	x_{n2}	$x_{n1} - x_{n2}$

On calcule la différence $x_{11} - x_{12}$ en saisissant la formule

"= cellule contenant x_{11} – cellule contenant x_{12} "

On sélectionne ensuite la cellule contenant le résultat et on tire la poignée de recopie vers le bas.

- *Remarque :* Il est également possible de recopier "vers le haut" ou "vers la gauche". Il suffit de positionner la poignée en haut à gauche de la cellule, d'appuyer sur la touche CTRL et de faire glisser dans le sens souhaité. Ce type de recopie est beaucoup moins fréquent mais peut être utile par exemple dans le cas de suppressions accidentelles de cellules.

Il faut noter que la procédure par "poignée de recopie" suppose que l'on travaille en références relatives. Le paragraphe suivant détaille cette notion.

3. REFERENCES ABSOLUES ET RELATIVES

	1	2	3	
1	3			
2		3	3	
3		3	0	
4		3	0	
5		3	0	
6		3	0	
7		3	0	
8				

La différence entre références absolues et références relatives s'appréhende facilement si l'on fait le petit test suivant: choisissons le système de référence L1C1 et saisissons une valeur quelconque, par exemple 3 dans la cellule L1C1.

Dans la cellule L2C2, on a saisi la formule =L1C1 (référence absolue), nous obtenons la même valeur 3. On a effectué la même saisie dans les cellules situées en dessous : on obtient encore 3.

Dans la cellule L2C3 par contre, on a saisi =L(-1)C(-2), c'est à dire "égale la valeur située une ligne au-dessus et 2 colonnes à gauche": on obtient bien entendu encore 3. Mais si on fait la même saisie dans les cellules situées en dessous, on obtient cette fois 0 car cette formule fait maintenant référence, non plus à la cellule L1C1 mais à la cellule ligne 2, colonne 1.

Dans le deuxième exemple du paragraphe précédent, il est clair que si la formule de la cellule en grisé exprimant la différence entre les deux cellules de gauche était écrite avec des références absolues, la poignée de recopie aurait transporté "en dessous" la même différence

x_{11} - x_{12} . On comprend toute l'importance de ces notions de références absolues et relatives dans le processus de copie, notamment celui qui utilise la poignée de recopie.

Par défaut, dans les formules dans lesquelles sont "incriminées" des cellules (en cliquant dessus), Excel utilise des références relatives de sorte que les copies et recopies sont conformes à ce que l'on cherche à calculer.

D2 = =B2-C2

	A	B	C	D
1	VARIABLES ==>OBSERVATIONS	X_1	X_2	D = X_1 - X_2
2	1	7	4	3
3	2	12	2	10
4	....	....	....	....
5	n	5	1	4
6				

Dans le système de référence choisi ci-dessus, on a effectué la différence entre les cellules contenant 7 et 4 en saisissant dans la cellule D2 grisée la formule obtenue au moyen des opérations suivantes : saisie du signe "=" , clic sur la cellule B2, saisie du signe "-", clic sur la cellule C2 et "Entrée", ce qui donne "=B2-C2" et le résultat 3.

En recopiant vers le bas (poignée de recopie) , on trouve 10, ..., 4. En sélectionnant D3, on verra que la barre de formule contient "=B3-C3" et non pas "=B2-C2" : la formule copiée s'est "adaptée" à la cellule de destination. Les cellules sont bien référencées en relatif.

Comment faire alors pour que, dans cette recopie, la formule se transporte "sans adaptation" ? Étant donné que les colonnes concernées par les différences sont toujours B et C, il faut faire en sorte qu'Excel ne change pas le numéro de la ligne. Il faut donc la "fixer". Pour cela, il suffit de saisir dans D2 la formule "=B$2-C$2" dans laquelle on a positionné un signe "$" devant l'élément à fixer en l'occurrence la ligne. La recopie vers le bas transporte cette formule sans modification de sorte qu'au lieu de 10 et de 4, on verra toujours 3, différence entre B2 et C2.

Nous avons fixé la ligne. Dans d'autres cas, on peut aussi fixer la colonne ou bien fixer les deux ou enfin, comme au début, ne rien fixer du tout, soit 4 possibilités d'écriture. Pour passer de l'une à l'autre, on peut saisir directement le signe "$" à l'endroit souhaité ou, après avoir sélectionné la référence de la cellule concernée (voire la formule entière si besoin est) dans la barre de formule, appuyer un certain nombre de fois sur la touche F4 du clavier ce qui permet de balayer les 4 possibilités. Le tableau suivant résume ces dernières dans les deux systèmes de référence "A1" et L1C1". On suppose dans ce tableau qu'une formule contenue dans la cellule D8 ou L8C4 fasse référence à la cellule F5.

	"A1"	*"L1C1"*	*Cellule située...*
Rien n'est fixé	F5	L(-3)C(2)	...3 lignes au dessus, 2 colonnes à droite
Colonne fixée	**$F**5	L(-3)**C6**	...3 lignes au dessus, colonne 6
Ligne fixée	**F$5**	**L5**C(2)	...ligne 5, 2 colonnes à droite
Ligne et colonne fixée	**$F$5**	**L5C6**	...ligne 5, colonne 6

Appliquons ces procédés à un problème plus statistique. A partir du tableau des effectifs observés O_{ij} (première partie du tableau ci-dessous), proposons-nous de calculer les effectifs théoriques correspondants C_{ij} . Après avoir déterminé la valeur de l'effectif théorique "X_1Y_1", une recopie (poignée) à droite permettra de calculer les deux valeurs "X_1Y_2" et "X_1Y_3"; puis, après avoir sélectionné les 3 cellules de la ligne, une nouvelle recopie vers le bas (poignée) fournira les 9 autres valeurs. Pour que ces recopies fournissent les valeurs correctes, il s'agit d'écrire correctement la formule à saisir dans la cellule "X_1Y_1", à savoir :

$$C_{ij} = \frac{\text{Total ligne } (Y_1) \times \text{Total colonne } (X_1)}{\text{Total général}} \quad \text{soit} \quad \frac{14 \times 46}{122}$$

B9 = =$E2*B$6/$E$6

	A	B	C	D	E
1	Effectifs observés	Y_1	Y_2	Y_3	Total
2	X_1	9	2	3	14
3	X_2	5	16	11	32
4	X_3	19	14	13	46
5	X_4	13	13	4	30
6	Total	46	45	31	122
7					
8	Effectifs théoriques	Y_1	Y_2	Y_3	
9	X_1	5,2787	5,1639	3,5574	
10	X_2	12,066	11,803	8,1311	
11	X_3	17,344	16,967	11,689	
12	X_4	11,311	11,066	7,623	
13					

On cliquera successivement sur: cellule B9, =, cellule E2, *, cellule B6, /, cellule E6 et sur Entrée. Dans le système A1, par défaut, Excel affiche =E2*B6/E6; dans le système L1C1, Excel affiche =L(-7)C(3)*L(-3)C/L(-3)C(3); comme nous l'avons indiqué, Excel détermine tout en références relatives. Même si le résultat est exact pour la cellule B9 ("X_1Y_1"), il ne faut pas conserver cette formule si l'on veut ensuite faire des recopies correctes.

Dans la barre de formule, il faudra sélectionner chacune des 3 cellules concernées par l'opération et, par des appuis successifs sur la touche F4, aboutir à la formule adéquate pour les recopies :

=$E2*B$6/$E$6 dans le système A1 ou =L(-7)C5*L6C/L6C5 dans le système L1C1.

Dans le premier terme $E2 ou L(-7)C5, le signe $ indique que la colonne E (colonne 5) est fixée (référence absolue) quelle que soit la cellule de destination du calcul, et que la ligne 2 (ou 7 lignes au-dessus) varie (référence relative) en fonction de cette cellule.

Cette formule donne évidemment le même résultat dans la cellule "X_1Y_1". On peut maintenant faire les deux recopies vers la droite et vers le bas indiquées précédemment.

Dans le présent ouvrage, nous n'utiliserons que le référentiel L1C1, beaucoup plus "mathématique". Il rappelle le langage matriciel "ligne-colonne", est plus facile à manipuler dans les tableaux multi-variables, permet une échange correct avec d'autres logiciels de statistique.

4. FONCTIONS ET BOITES DE DIALOGUE

Une cellule d'une feuille Excel peut contenir une valeur (-12,91), du texte ("Totaux"), une formule de type arithmétique (=4*PI()), une formule contenant une ou plusieurs références à d'autres cellules comme on l'a vu dans le paragraphe précédent ou bien une fonction.

Les fonctions sont des formules prédéfinies qui effectuent des calculs en utilisant des valeurs particulières appelées arguments, dans un certain ordre (ou structure). Par exemple, la fonction ABS(argument) permet d'introduire dans une cellule la valeur absolue de l'argument indiqué. Pour cette fonction ABS cet argument peut être une valeur (-12), une référence à une cellule (L1C12), une autre fonction combinée ou pas, etc. Par exemple, si la cellule L1C1 contient la formule =COS(PI()) dont le résultat est -1, l'introduction dans la cellule L1C2 de la formule =ABS(LC(-1)) donnera 1. Certaines fonctions nécessitent la saisie d'arguments à valeurs logiques ("vrai" ou "faux").

Il est clair que pour la fonction utilisée, l'argument doit être valide. C'est ainsi que l'introduction dans une cellule de la fonction =ABS("total") fournit le "résultat" #VALEUR indiquant qu'un tel contenu de cellule ne peut être évalué par le logiciel puisqu'on ne saurait calculer la valeur absolue d'un texte !

Ces principes généraux étant établis, nous invitons le lecteur à se reporter à l'aide en ligne du logiciel ou à des manuels pour découvrir la puissance de ces procédures. Nous indiquerons simplement ici les deux façons d'introduire une fonction dans une cellule.

Lorsqu'on connaît bien la fonction et les arguments qui la paramètrent, on l'introduit directement dans la cellule sans oublier le signe "=" qui doit la précéder sinon Excel croit qu'il s'agit d'un texte. Par exemple, comme on vient de le voir, on peut saisir dans une cellule la fonction ABS() en écrivant "=abs(-12)". Si la saisie est valide, le logiciel met le nom de la fonction en majuscules et fait le calcul. La barre de formule contient toujours la formule, la cellule donne son résultat.

Si par contre, la fonction possède plusieurs arguments dont on connaît mal l'ordre et/ou la signification, on peut passer par sa "boîte de dialogue" qui s'affiche lorsqu'on clique sur le menu Insertion / Fonction… et que l'on a choisi la fonction désirée dans la liste proposée.

Pour cette même fonction ABS, un novice en Excel aurait donc sous les yeux la boîte ci-contre :

Dans la zone Nombre, il saisirait –12 et validerait. Cette procédure donne le même résultat que précédemment : la barre de formule contient la formule, la cellule le résultat. La saisie dans les zones des boîtes de dialogue peut être aussi simple ou plus compliquée : elle peut être une combinaison de calculs arithmétiques non effectués (12-3+PI()), contenir des références de cellules, etc. L'important est que cette saisie soit valide pour la fonction considérée.

L'avantage de cette procédure réside dans le fait que les arguments à saisir sont documentés en direct : le seul clic dans une zone active l'aide sur l'argument à saisir. Le résultat du calcul apparaît même avant validation dans le bas de la boîte.

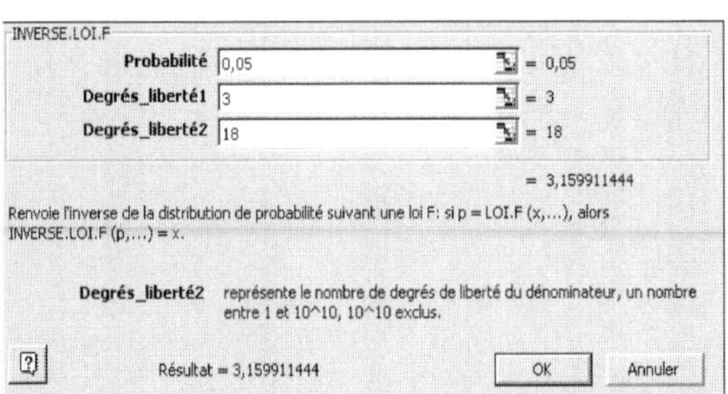

La fonction INVERSE.LOI.F (ne pas oublier les points entre les mots…) peut donc être insérée dans une cellule directement : =INVERSE.LOI.F(0,05;3;18) ou par l'intermédiaire de la boîte de dialogue ci-contre.

Signalons aussi qu'un certain nombre de fonctions admettent un nombre d'arguments variable. C'est ainsi que la fonction MOYENNE peut être écrite sous les formes suivantes :

=MOYENNE(1;2;3;4;5) qui donne la moyenne 3 des 5 arguments indiqués

=MOYENNE(L1C1:L3C5) qui donne la moyenne des valeurs contenues dans la plage indiquée (1 seul argument)

=MOYENNE(L1C1:L3C5;12) qui donne la moyenne des valeurs contenues dans la plage indiquée et de la valeur 12 (2 arguments).

Pour ce type de fonction, le nombre maximum d'arguments possibles est de 30. Lorsqu'on atteint le 5e , il apparaît sur la boîte une barre de défilement permettant d'accéder à la saisie des arguments suivants. Les fonctions MIN, MAX, SOMME, etc. sont de ce type.

Précisons enfin que lorsqu'une cellule contient une formule, on peut rappeler sa boîte de dialogue en cliquant sur le signe "=" situé à gauche de la zone de saisie. Cela permet en particulier de corriger ou d'adapter ladite formule.

Afin de ne pas surcharger l'ouvrage, nous ne montrons les boîtes de dialogue que pour des fonctions "compliquées" ou pour lesquelles un complément d'information est nécessaire.

Signalons également que l'Utilitaire d'analyse du logiciel utilise également des boîtes de dialogue. Il ne s'agit pas alors de faciliter la saisie d'une formule, mais d'indiquer au logiciel les données à prendre en compte pour effectuer une certaine analyse.

Les résultats de cette dernière peuvent être affichés sur une plage de la même feuille de travail ou sur une nouvelle feuille voire un nouveau classeur (option à cocher).

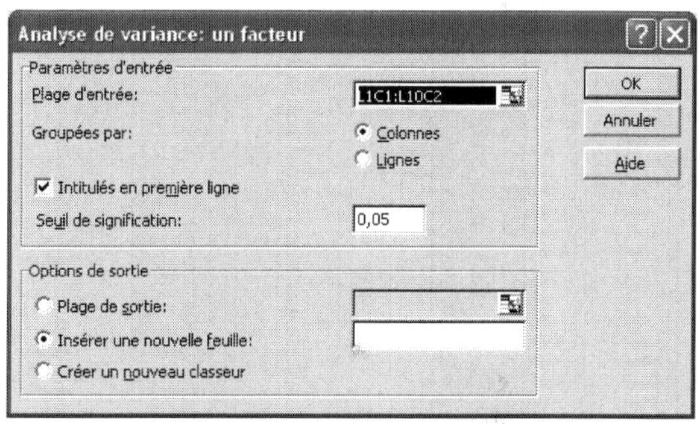

5. ATTRIBUTION D'UN NOM A UNE PLAGE DE CELLULES

Dans EXCEL, on peut donner un nom à une plage de valeurs : matrice colonne ou matrice quelconque (voir figure page suivante). La procédure est la suivante :

- sélectionner la plage de cellules contenant les valeurs (sans le ou les titres) ; dans le cas d'une matrice quelconque, bien sélectionner toute la plage
- cliquer dans la « zone des noms » (à gauche et juste au-dessus de la ligne portant les identifiants des colonnes)
- saisir le nom désiré (pas de blanc ni de trait d'union; on peut utiliser à la place le "tiret bas")
- faire « ENTREE »
- vérifier en ouvrant la zone de saisie (flèche vers le bas) (bibliothèque des noms) que la dénomination de la plage est effective.

Utilité : pour renseigner les boîtes Assistant, il est souvent plus rapide de sélectionner la plage des valeurs directement dans la bibliothèque des noms, surtout si ces plages sont de grande étendue comme c'est souvent le cas en statistique.

Valeurs
100
150
...
...
115

X_1	X_2	...	...	X_p
5	100	10	25	121
9	15	11	...	...
...	...	...	...	...
...	...	...	...	...
20	150	...	...	...

Matrice colonne Matrice quelconque

- *Remarques :* après avoir sélectionné la plage de cellules, on peut également la nommer en utilisant le menu Insertion / Nom / Définir et saisir le nom désiré selon les même règles que précédemment. Il peut être utile de savoir que l'on peut affecter un nom à des plages de cellules non adjacentes.
- *Remarque importante*

Lorsque l'on a nommé une plage, on ne peut pas utiliser , sans intervention, la poignée de recopie. Tout d'abord, il convient de noter que l'utilisation de la poignée de recopie "n'agrandit pas" l'étendue de la plage repérée pas son nom. Par ailleurs, étant donné qu'un nom n'est affecté qu'à une sélection bien précise dans la feuille, ses références ne peuvent être qu'absolues, de sorte qu'une recopie à l'aide de la poignée du type de celle que nous avons effectuée précédemment donne des résultats incorrects. Par exemple, si l'on appelle "Valeurs_de_X1" la plage des valeurs 12 à 15 du tableau ci-dessous, et que dans les cellules sous le 15, on appelle successivement les fonctions statistiques MIN, MAX, MOYENNE et ECARTYPE sur cette plage, on obtient les valeurs correctes pour cette colonne.

Valeurs_de_X1 = 12

	1	2	3	4
1		X_1	X_2	X_3
2		12	6	5
3		3	5	8
4		8	4	7
5		11	12	10
6		20	22	11
7		15	14	9
8	MIN	3		
9	MAX	20		
10	MOYENNE	11,5		
11	ECARTYPE	5,82237065		
12				

Mais si l'on sélectionne les cellules L8C2:L11C2 et que l'on utilise la poignée de recopie vers la droite pour déterminer ces paramètres statistiques pour X2 et X3, on obtiendra les mêmes valeurs qui sont celles relatives à la plage "Valeurs_de_X1".

Pour pallier cette difficulté, on peut, soit nommer les plages après avoir fait les calculs ou bien affecter des noms simples à ces plages (par exemple X1, X2 et X3), faire les recopies (fausses) et rectifier les formules en corrigeant les noms de plage.

6. GESTION DES MANQUANTS

Il est important de noter que les fonctions statistiques classiques d'Excel gèrent "les manquants".

Prenons un exemple. Supposons que l'on veuille calculer la moyenne de chacun des critères C_1, C_2 et C_3 du tableau ci-contre. Pour calculer la cellule L10C2 (=MOYENNE(sélection)), du fait que le logiciel ignore les cellules vides ("manquants"), on sélectionnera les 8 cellules situées au-dessus; on pourra alors recopier à droite (poignée) pour calculer les moyennes des C_1 et des C_2. On a même intérêt à calculer la 1ère moyenne dans une cellule située beaucoup plus bas que L10C2 au cas où une nouvelle série C_i comporterait un nombre de valeurs plus important.

L10C2 = =MIN(L(-8)C:L(-1)C)

	1	2	3	4	5
1		C_1	C_2	C_3	
2	1	12	3	5	
3	2	9	9	9	
4	3	10	15	12	
5	4	5	20	18	
6	5		21	20	
7	6		12	23	
8	7			4	
9	8			7	
10	MOYENNE	5			
11					

7. FORMULES MATRICIELLES

Les formules matricielles peuvent être utilisées pour effectuer de nombreux types de calcul. Nous allons montrer leur spécificité dans les cas où leur utilisation simplifie avantageusement les calculs et dans les cas où elle s'impose "presque obligatoirement".

Nous proposons d'illustrer la mise en œuvre de ce type de formule en nous appuyant sur un exemple très courant en statistique, la détermination de la distribution de fréquences.

On considère une série de notes de mathématiques dans une classe de 30 élèves (ces notes doivent être saisies sur une seule colonne) :

7,0	9,5	11,0	5,0	12,0	12,0	12,5	13,0	10,0	7,0	13,0	4,0	13,0	13,5	9,0
14,0	14,0	12,0	15,5	15,5	16,0	11,0	17,0	18,5	19,0	13,0	17,0	19,0	19,5	19,5

On souhaite obtenir la distribution en effectif selon des classes que l'on choisit. Nous décidons de prendre par exemple des classes d'amplitude 3 à partir de 8. Nous considérons les 5 classes suivantes :

$$\text{note} \leq 8 \;,\; 8 < \text{note} \leq 11 \;,\; 11 < \text{note} \leq 14 \;,\; 14 < \text{note} \leq 17 \;,\; \text{note} > 17 \;.$$

Classes
8
11
14
17
>17

Sur la feuille Excel, il faut saisir ces classes sous la forme ci-contre. Pour obtenir la distribution de fréquences, on doit tout d'abord sélectionner la plage d'accueil des résultats (en général une matrice composée de plusieurs cellules adjacentes ou contiguës). Dans notre exemple, on doit sélectionner une plage d'une colonne sur 5 lignes. On appelle ensuite la fonction FREQUENCE dont on saisit les arguments :

- Tableau-données : la plage des trente notes
- Matrice-intervalles : plage des valeurs des classes que nous avons saisies.

Pour valider, au lieu de faire "Entrée", il faut faire CTRL+Maj+Entrée. L'ensemble des résultats s'affiche sur la plage de réception. Toutes les cellules de cette plage portent la même formule, celle que nous avons saisie. Le logiciel a encadré cette formule d'une paire d'accolades indiquant son caractère matriciel.

classes	FREQUENCE
8	4
11	5
14	11
17	5
>17	5

Quelques règles s'appliquent aux procédures matricielles: la plus importante est qu'une fois saisie une formule matricielle pour une plage destination, il n'est plus possible de modifier l'une de ses cellules isolément: il faut modifier la formule matricielle (en faisant toujours Ctrl + Maj + Entrée pour valider) ou la supprimer pour rendre à chaque cellule son individualité.

- *Remarque :* il faut faire très attention aux dimensions de la plage de réception qui varie selon les types de fonctions matricielles utilisées et le volume des résultats souhaités. Si l'étendue de la plage est trop petite, on n'obtient pas tous les résultats voulus. Si elle est trop grande, on obtient des valeurs d'erreur du type #N/A.

8. TABLEAU CROISE DYNAMIQUE

Nous proposons d'expliquer l'élaboration d'un tableau croisé dynamique dans un type d'application rencontré en statistique, par exemple dans un dépouillement d'enquête.

Considérons une enquête d'étude de marché de vente directe de viande bovine. Supposons que l'on s'intéresse au mode de vente selon le lieu d'habitation. Pour chacun des critères, on dispose de modalités bien définies.

Pour le lieu d'habitation, on propose 5 modalités notées H_1 (ville de Toulouse), H_2 (ensemble de communes précisées de la banlieue de Toulouse), H_3 (ville de Saint-Gaudens), H_4 (ensemble de communes précisées de la banlieue de Saint-Gaudens) et H_5 (autres lieux).

On propose trois modes de vente codés V_1 (vente à la ferme), V_2 (vente sur les marchés) et V_3 (vente à domicile).

Chacune des personnes enquêtées doit choisir uniquement le mode de vente qu'il préfère. Les données recueillies sont saisies en colonnes sur une feuille Excel.

Il suffit de suivre les étapes proposées par l'Assistant de tableau croisé dynamique (menu Données). A la question "où se trouvent les données à analyser", on choisit "Liste ou base de données Excel". Le "type de rapport à créer" est évidemment "tableau croisé dynamique ".

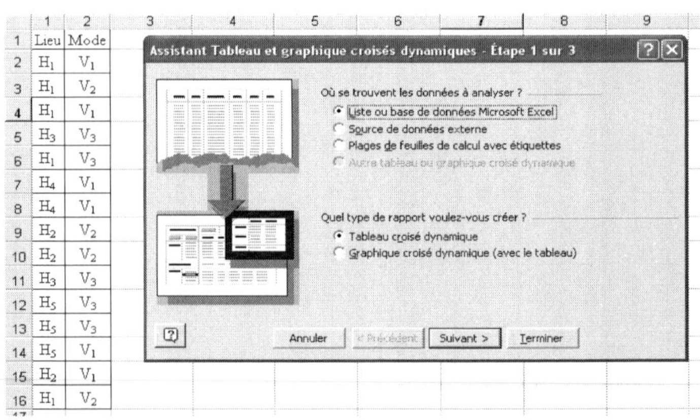

A l'étape suivante, on situera les données en sélectionnant la plage des observations (avec les titres des variables).

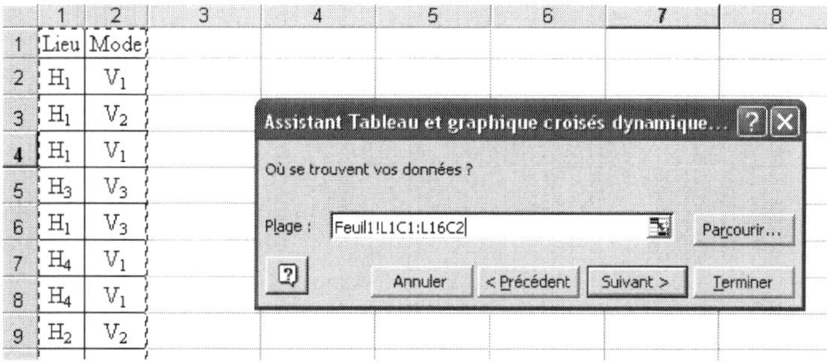

A l'étape 3/3, on indique l'endroit où l'on veut situer les résultats.

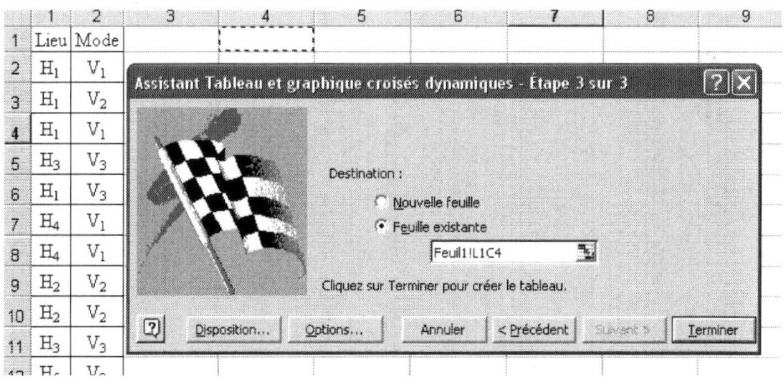

Après avoir cliqué sur "Terminer", on obtient une structure de tableau vide sur laquelle il suffit de faire glisser les étiquettes concernées.

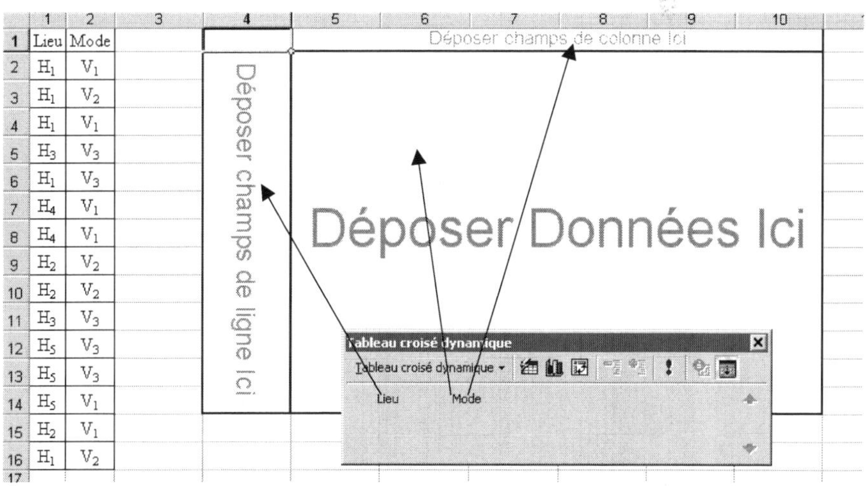

Excel affiche le tableau croisé d'effectifs assorti des totaux lignes et colonnes. Ce tableau pourra être enjolivé à loisir.

	1	2
1	Lieu	Mode
2	H_1	V_1
3	H_1	V_2
4	H_1	V_1
5	H_3	V_3
6	H_1	V_3
7	H_4	V_1
8	H_4	V_1
9	[illegible]	[illegible]

NB Mode	Mode			
Lieu	V1	V2	V3	Total
H1	2	2	1	5
H2	1	2		3
H3			2	2
H4	2			2
H5	1		2	3
Total	6	4	5	15

On remarque la présence de cellules vides ("manquants") ce qui traduit l'absence d'effectif au croisement de 2 modalités. Si l'on souhaite afficher cette nullité (en prévision de futurs calculs), on fait un clic droit sur l'une des cellules du tableau, on sélectionne "options du tableau, on active "cellules vides" et dans la fenêtre correspondante, on saisit "0". On obtient alors le tableau de contingence à étudier.

NB Mode	Mode			
Lieu	V1	V2	V3	Total
H1	2	2	1	5
H2	1	2	0	3
H3	0	0	2	2
H4	2	0	0	2
H5	1	0	2	3
Total	6	4	5	15

TABLE DES FONCTIONS STATISTIQUES D'EXCEL

Le nom de la fonction statistique telle qu'elle figure dans Excel est indiqué en majuscules. Le lecteur pourra consulter l'aide en ligne pour en obtenir une rapide définition.

1. PARAMETRES STATISTIQUES

1.1 Série statistique unidimensionnelle

	Page de première utilisation
CENTILE	28
COEFFICIENT.ASYMETRIE	28
ECARTYPE	107
ECARTYPEP	28
FREQUENCE	21
KURTOSIS	28
MAX	28
MEDIANE	28
MIN	27
MODE	28
MOYENNE	28
QUARTILE	27
RANG	28
SOMME.CARRE.ECARTS	150
VAR	173
VAR.P	28

1.2 Série statistique bidimensionnelle

COEFFICIENT.CORRELATION	57
COVARIANCE	57

2. VARIABLES ALEATOIRES. LOIS DE PROBABILITE

INVERSE.LOI.F	77
KHIDEUX.INVERSE	74
LOI.F	76
LOI.KHIDEUX	73
LOI.NORMALE	71
LOI.NORMALE.INVERSE	72
LOI.NORMALE.STANDARD	72
LOI.NORMALE.STANDARD.INVERSE	73
LOI.STUDENT	75
LOI.STUDENT.INVERSE	75

3. INTERVALLE DE CONFIANCE. TESTS STATISTIQUES

INTERVALLE.CONFIANCE	91
TEST.F	183
TEST.KHIDEUX	129
TEST.STUDENT	163

4. DROITE DE REGRESSION

ORDONNEE.ORIGINE	60
PENTE	60

5. REGRESSION LINEAIRE SIMPLE ET MULTIPLE

DROITEREG	222
TENDANCE	222

6. DIVERS

ABS	167
NBSI	16
NBVAL	27
SOMPROD	36

BIBLIOGRAPHIE

- AFNOR (Recueil des normes françaises 1996) : Méthodes statistiques, tome 4 : maîtrise statistique des processus. Éditeur ?
- Badia J., Bastida R., Haït J-R. (1997) : Statistique sans mathématique. Ellipses.
- Carnec H., Dagoury J-M., Seroux R., Thomas M. (2000) : Itinéraires en Statistiques et Probabilités. Ellipses.
- Dagnélie J. (1998) : Statistique théorique et appliquée, tome 1 : Statistique descriptive et base de l'inférence statistique et tome 2 : Inférence statistique à une et deux dimensions. De Boeck – Université.
- Daudin J-J., Robin S., Vuillet C. (1999) : Statistique inférentielle idées, démarches, exemples. Société Française de Statistique et Presses Universitaires de Rennes.
- Deroo M., Dussaix A-M. (1985) : Pratique et analyse des enquêtes par sondage. PUF.
- Foucard T (1997) : l'analyse des données Mode d'emploi. Presses Universitaires de Rennes.
- Georgin J.P., Gouet M. (1999) : Statistiques avec Excel, créer ses outils et tests, passerelles avec d'autres tableurs. Eyrolles.
- Janvier M., Kazi-Aoual F., Hakim M., Elkettani Y., Marco M., Guijarro V. sous la direction de Brethon A., Carraux G., Saporta G., Verdoire E. (2002) : Techniques de la Statistique. Cours sur Internet : (www.agro-montpellier.fr/cnam-lr/statnet/cours.htm)
- Monino J-L., Kosianski J-M., Le Cornu F. (2000) : Statistique descriptive. Dunod
- Tomassone R., Lesquoy E., Millier C. (1983) : La régression, nouveaux regards sur une ancienne méthode statistique. Masson.
- Wonacott T.H., Wonnacot R.J. (1991) : Statistique. Economica.

INDEX

TABLE DES MATIERES

TROISIEME PARTIE : ETUDE DE CAS

Achevé d'imprimer
sur les presses de la reprographie de l'université Rennes 2
juillet 2018

Imprimé en France